大型体育赛事转播音频技术

Audio Engineering for Comprehensive Sport Events Broadcasting

王树森 著

中国广播影视出版社

图书在版编目（CIP）数据

大型体育赛事转播音频技术 / 王树森著 . -- 北京：中国广播影视出版社，2020. 4
ISBN 978-7-5043-8389-1

Ⅰ. ①大… Ⅱ. ①王… Ⅲ. ①运动竞赛—电视节目—音频技术 Ⅴ. ①TN912

中国版本图书馆CIP数据核字（2019）第 284837 号

大型体育赛事转播音频技术

王树森 **著**

责任编辑 任逸超
封面设计 新立风格
责任校对 龚　晨

出版发行 中国广播影视出版社
电　　话 010-86093580　010-86093583
社　　址 北京市西城区真武庙二条 9 号
邮　　编 100045
网　　址 www. crtp. com. cn
电子信箱 crtp8@sina.com

经　　销 全国各地新华书店
印　　刷 三河市人民印务有限公司

开　　本 787 毫米 × 1092 毫米　1/16
字　　数 300（千）字
印　　张 18. 75 印张
版　　次 2020 年 4 月第 1 版　2020 年 4 月第 1 次印刷

书　　号 ISBN 978-7-5043-8389-1
定　　价 68. 00 元

前言

随着我国改革开放继续深化，国际交往日益频繁，在华举办的大型国际活动越来越多，其形式也越来越复杂多样。给在广播电视、声光视讯、演艺科技等领域负责大型活动的从业人员提出了新的课题和考验。如何高质量、高效率地完成大型活动的演出扩声、录音、录像和电视转播，成为行业内最关心的话题。本书作为《大型活动音视频制作教程丛书》第一册《大型体育赛事转播音频技术》，着重介绍体育赛事的转播音频技术。作者在多年的工作实践中，认真研读了国际赛事转播组织的各种技术手册，比如，国际奥委会关于媒体的技术手册、关于场馆技术手册、转播设施与服务手册，以及关于规划和协调手册等。从中归纳出许多组织和实施体育竞赛转播的规则和流程，并用到工作实践中。经过多年的经验积累对系统技术也有了较深刻的理解，从而对关键的系统做了比较详细的归纳和总结。

本书分为八个章节。其中第一章简要地阐述了国际公用信号与单边专用信号的区别与各自的构成，给出了国际公用信号的制作原则和主要内容。对单边专用信号的制作仅仅提出了一些要求，没有更多地进行赘述。这是因为单边专用信号除了评论声系统外都是由持权转播商自己在赛事制作的。主播机构主要是承担国际公用信号的制作。第二章详细地列举了主播机构的组成和它们各个部门的主要任务。在第三章中本书用大量篇幅讲述了主播机构为持权转播商承担的最重要的任务之一——评论席系统的建设和管理运行。第四章是本书的核心内容，介绍了国际公用信号中音频信号的制作和传输技术系统。第五章介绍了赛时转播团队所有工作人员间的通话系统。第六章讲述环绕声系统在大型国际体育赛事中的应用技术。第七章和第八章参照第四章和第六章给出的指导原则和方法，列举了几种典型的体育赛事的环绕声制作实例。在附录中总结了一些英语对话、短文和词汇，供读者学习和训练时参考。

本书出版时，正值我国10年前作为主办国举办了北京2008年第29届夏季奥运会后，将又一次举办国际性大型体育赛事——2022年北京冬季奥运会之际。相信本书能够为业界提供一些有用的信息，特别是提供一本有效的培训教材。

目　录

第一章　国际公用信号与单边专用信号的构成
The Composing of Multilateral and Unilateral Signals

引　言

犹如足球世界杯、奥运会、亚运会等大型体育赛事都会进行广播电视转播。实际上，大多数人是通过观看电视和收听广播来了解这些赛事信息的。据统计，北京2008年奥运会就有近40亿广播电视受众，是历届最多的一次。

为了满足各国电台电视台转播国际大型体育赛事各项比赛的需求，大部分的国际赛事都会组建一支国际化的专业转播队伍，对赛事转播做好前期准备工作、组织各种竞赛项目的赛时转播团队及赛时转播的运行和管理。由这个队伍组织制作的转播信号被称作“国际公用信号”（International Signal，又称Multilateral），这个队伍被称为“主播机构”（Host Broadcaster）。究竟主播机构是怎样组建的？国际公用信号都包括哪些内容？这些信号在哪些区域采集？本章将就这些问题进行初步探讨。

第一节　国际公用信号

国际大型体育赛事的转播与一般的体育实况转播有很大的不同。进行国际大型赛事转播时，对于某个国家的电视台、电台来说，其最终播出的节目信号由两部分组成。一部分是“国际公用信号”；另一部分是“单边专用信号”（Unilateral）。“国际公用信号”是由国际大型赛事广播服务组织负责提供的；而“单边专用信号”则是由持权转播机构（Rights Holding Broadcasters）在主播机构的组织下独立完成的。这两组信号的结合才是电视观众和电台听众看到和听到的体育转播节目。图 1-1 给出了主播机构和持权转播机构在信号制作上的分工与合作。

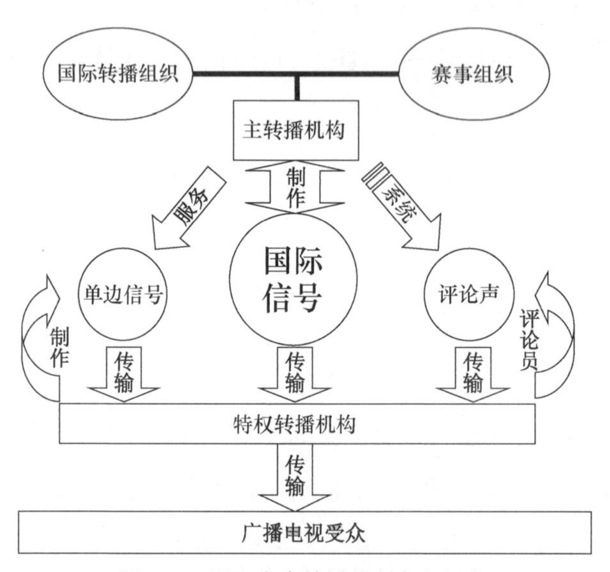

图 1-1　国际赛事转播的角色和任务

主播机构提供的国际公用信号，是按照国际转播组织提出的要求和标准制作出的广播电视信号。它符合奥林匹克精神，公正、平等、无偏见和胜者优先的原则。国际公用信号是被国际公认的、可供世界各国电视机构所使用的最基础的、单一的信号源。通俗一点说，所谓“国际公用信号”，顾名思义，这个信号是被世界各国的转播机构“公用”的，既然是公用的就要具备一定的特性，并遵从如下原则。

1. 国际公用信号的制作原则

- 完整性

国际公用信号必须是一套完整的转播信号。这里，主要包含如下意义：第一，它必须包括全部竞赛项目的决赛和大部分的预赛和晋级赛；第二，只要确定直播的比赛和非比赛项目，就要不间断地覆盖竞赛和演出的全程；第三，对于任何一个转播项目，都要独立构成完整的、可供直播的“节目段”，除了没有评论声外，它已经是一段完成了的电视“节目”。

• 唯一性

国际公用信号必须是一套唯一的转播信号。它的唯一性主要是由两方面来保证的。第一，依靠所有权制度。国际转播组织通常具有赛事转播的所有权。各国转播机构将通过申请取得授权，成为“持权转播机构”；第二，“国际公用信号”由唯一一家指定的“主播机构”负责制作。在各个比赛场馆，只有一套转播技术和管理系统，任何其他的转播机构所制作的信号都属于“单边信号”，并且要在“主播机构”的“管理”和“服务”之内进行。

• 平等原则

国际公用信号的内容必须遵从平等原则制作。平等应由以下几个方面来集中体现：第一，无歧视、无偏见。这一点主要是从政治、文化范畴建立平等方面体现。国际体育赛事是世界各国各民族运动员的盛会，不管参赛的运动员来自哪个国家，属于哪个民族，他们虽然代表着国家的利益和荣誉，但是他们所表现的是人类共同的精神和体魄的崇高追求。在转播信号中，要时刻体现出平等竞争、共同参与的理念。为此，主播机构为国际赛事转播制定了严格的标准，以此来保证这个范畴内的平等。第二，分享镜头的时间长度平等原则。这主要是说，各国运动员在各项比赛中，不会因为国度不同而享有不同时长的转播镜头。为了保证这一原则的实施，就要规定一些分镜头规则。这些规则有时与竞赛项目无关，比如起点和终点、发奖仪式等的分镜头原则，有些随竞赛项目的不同而有所不同，比如集体竞技项目和个人竞技项目在平等的原则基础上会有不同的分镜头规则，等等。

• 公信力原则

国际公用信号必须是一套被世界各国转播机构认可的转播信号。这种认可度或称公信力，不是主播机构主观臆想出来的，而是经过多年积累，从各国转播机构的需求中提炼总结出来的。

• 合理性

国际公用信号制作所遵从的原则必须具有合理性。只强调公平、公正等原则，而忽略了体育比赛本身观赏的合理性，也不能成为“优秀”的公用信号。在合理性原则方面，最有代表性的原则便是“胜者优先”的原则。虽然对各国的运动员要采取平等的原则对待，但是为了符合体育竞技的观赏规律，对获胜的运动员会特殊地给予更多的关注，这同时也符合公平的原则，因为获胜的机会是均等的。

• 高水准原则

既然被称作国际公用信号，将被世界各国的转播机构所广泛采用，这个信号就要按照目前国际上最高的水准进行制作。比如，历届奥运会转播都体现了广播电视制作手段和技术设备实施的最高的水平。每届奥运会都会采用先进的制作理念，为其服务的技术也层出不穷。北京奥运会就在总结雅典奥运会的成功经验的基础上，全面采用了高清技术，转播所有场次的比赛。除了采用的关键技术和理念是高水准外，制作质量也必须满足高水平标准。

• 高可靠性

国际公用信号将作为各国转播机构转播节目的“支柱”型信号源，因此，它的可靠性则是这套信号是否被认可的第一要素。主播机构为了转播信号制作和传输过程的安全可靠，将花费大量的人力和财力，设计投入可靠性保障的各类技术和设施，用来保证转播信号绝对的高质量和不间断提供。国际公用信号包括国际视频信号和国际音频信号（电台国际声和电视台国际声）。

2. 国际公用信号包括的主要内容

• 开始和结束动画
• 比赛现场采集的视频信号
• 慢动作镜头信号
• 国际赛事组织转场动画
• 英文字幕和计时计分信号
• 景观视频信号
• 比赛现场采集的音频信号
• 插播音乐信号
• 虚拟技术
• 赞助商标志

3. 国际公用信号的格式

北京奥运会首次全面采用了高清电视和5.1多通道环绕声制作国际公用信号。

作为视频信号的一部分，还将对有些项目提供虚拟影像，用来增强视觉效果。

● 视频格式

国际公用视频信号将采用高清制式制作，提供 D3/1080i 隔行扫描标准数字电视显示格式，传输速率为 50 场/秒（25 帧/秒），屏幕宽高比为 16∶9。根据持权转播机构需要，可以在国际广播中心和场馆制作综合区得到视频标清信号，这时的显示格式仅为 625 行扫描线、传输速率为 50 场/秒、屏幕宽高比为 4∶3。

高清视频信号的数字信号格式将遵从 SMPTE 292-M HD SDI 标准，其他标清视频信号的数字信号格式将遵从 SMPTE 292-M SDI 标准。

信号电平：播出时，视频全信号峰值电平为 800mV。

比特率：高清数字信号的比特率为 1.485Gbps。标清为 270Mbps。

高清视频信号的分量串行数字信号采样率如下：亮度为 74.25MHz，色度为 2×37.125MHz，采样比例为 4∶2∶2，字长通常为 10 比特。

标清视频信号的分量串行数字信号采样率如下为亮度为 13.5MHz，色度为 2×6.25MHz，采样比例为 4∶2∶2，字长通常为 10 比特。

同步：提供给持权转播机构的所有数字国际视音频信号都将与其他国际视音频信号同步。单边数字信号将不进行同步处理。

● 音频格式

电视国际音频信号将采用标准立体声和多通道 5.1 环绕声两种制式制作，广播国际音频信号将采用标准立体声制式制作。

所有的国际音频信号制作和传输线路（电路）在转播制作综合区范围内都采用 AES/EBU 音频信号标准，110 欧姆，平衡，通道标准电平为-18dBfs。

传声器通道的分配和传输在转播制作综合区范围内将提供模拟音频信号，视前段传声器通道的分配和传输方式的不同，可以使设定电平为-10dBu 或者+4dBu。

提供给电视台的国际声在任何情况下都将嵌入数字视频流中进行传输，传输通道的分配如下：

◆ 通道 1：立体声左

◆ 通道 2：立体声右

◆ 通道 3：前左

◆通道4：前右

◆通道5：中

◆通道6：低频效果

◆通道7：后左

◆通道8：后右

标清-视频串行数字接口的电视国际信号将按下述传输通道的分配方式传输已嵌入的电视台的国际声：

◆通道1：立体声左

◆通道2：立体声右

在数字视频流中传输的音频信号（不管是高清-视频串行数字接口格式，还是标清-视频串行数字接口格式）都将与视频信号进行同步处理。

数字系统标准电平为-18dBfs=0VU。

●提供给电台的国际声

提供给电台的国际声信号与提供给电视台的国际声信号将截然分开。电台国际声信号用两个模拟电路将左声道和右声道单独地分配给持权转播机构。

●时间码

主播机构将提供EBU时间码格式。参考时间为北京时间，这个时间是在格林威治时间上加8小时。要注意的是，北京时间没有“夏令时”。

●磁带录像机格式/资料录像

磁带录像机格式为DVCPRO HD。

第二节　单边专用信号

上面谈到了国际公用信号的许多特点，但是，正是这些特点也就使得它缺少“个性”。大家知道，国际体育比赛虽然具有统一的标准和规则，但是各国受众的欣赏角度是有很大差异的。由于体育项目是在民间开展的，自然受不同文化的影响。不同的国度，不同的民族，有着不同的观赏情趣和“好恶”。尤其是再考虑到国家荣誉和民族情结，在观赏体育比赛时，受众对比赛项目的选择，很大程度上取决于这个项目本国的运动员可否获得奖牌。另一方面，体育爱好者或者某个体育明星的支持者，与其说是看体育比赛，不如说是在看他们所崇拜的偶像，这使他们对电视转播画面的要求将是十分独特的。以上这些要求，是国际公用信号满足不了的。这时，就需要各国的转播机构根据本国受众的需要，在国际公用信号的基础上，加上适合自己单方面的信号内容，来弥补国际公用信号在个性化方面的“不足”。这种由各国转播机构独立制作的信号被称为“单边专业信号”。

1. 单边制作专用机位

由于国际公用信号的性质决定，不会出现特殊为某一个国家的运动员提供的画面。在赛事期间，各国电台、电视台将根据各自的需要在其选定的场馆内，单独铺设固定和采访摄像机位，用来拍摄与本国相关的比赛场次，以此来补充国际公用信号的不足。负责制作国际公用信号的主播机构，同时负责为单边转播机构提供相应的服务。比如，在主要的摄像机位中留出一定数量的机位供单边使用。除此之外，还有专门为单边制作而准备的混合区，专门用于赛后在场边采访获奖运动员。赛前赛后单边注入点，专门用于赛前和赛后插播报道赛况等。

2. 评论声信号的制作

各国评论员的评论声也是单边专用信号。说它是单边信号有以下两层含义：首先，体育比赛是使用转播机构的本国语言进行解说的，主播机构不聘用任何专职评论员对任何比赛进行解说，在比赛现场进行现场解说的体育评论员来自世界各国；其次，评论声将独立制作和传输，不包含在前面提到的国际公用信号中。尽管评论声是由单边制作的，准确地说，应该是“解说”的。但是，像奥运会这样的大型体育赛事中的评论席系统，都是由主播机构提供设备设施支持的，各国的转播机构只要派评论员到现场解说就可以了，评论员所需要的一切工作条件都将由主播机构准备完成。

3. 单边专用信号包括的内容

- 比赛现场采集的视频信号；
- 体育评论员评论声信号；
- 体育评论员出镜头视频信号；
- 混合区采访的视音频信号；
- 新闻发布视音频信号。

第三节　国际公用信号的采集和制作

大型国际体育赛事的广播和电视转播的准备工作是一项复杂的系统工程。主播机构提供的信号都是通过临时搭建的技术系统设备设施采集、加工、分配和传输来完成的。由于为这些赛事新建或改建的场馆，赛后都要继续用于其他用途，不可能为转播建设许多永久性设施。因此，主播机构就要根据赛事日程和地点的安排预先设计好转播所需要的各种设施和技术系统。主播机构通常需要在比赛场馆（Competition Venues）内、转播综合区（Broadcast Compound）、国际广播中心（International Broadcast Center）等地点做好相应的准备工作。

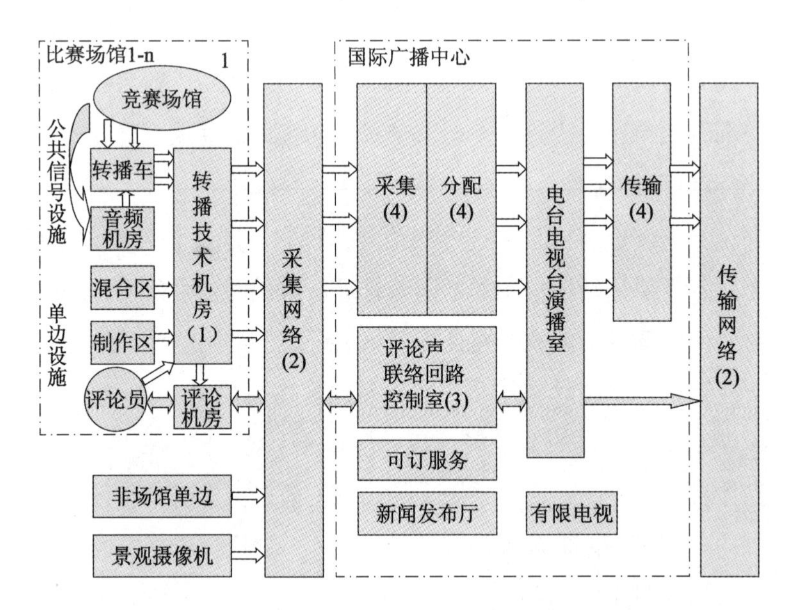

图 1–2　大型国际体育赛事转播的主要区域和任务

这些准备工作将由各个部门负责完成，主播机构通常有如下一些功能部门组成：

管理层、规划部、制作部、场馆技术部、评论席系统部、通讯传输部、国际广播中心、转播机构关系部和物流部等。

因为所有的比赛将在场馆内进行，所以采集国际公用信号所需要的设施将临时在场馆内搭建。在比赛现场采集的图像和声音信号将首先传输到位于场馆附近的转播技术综合区，再从这里送往国际广播中心。下面简单介绍一下这些主要的区域和在这里要完成的主要任务。

1. 摄像机机位（Camera Platform）

实况电视转播的主要图像信号以及部分国际声信号是由预先架设在场馆内的摄像机采集的。因此，摄像机机位的选择就是电视转播的第一个重要任务，也是所有国际体育赛事比赛场馆内位置分配最先考虑的要素。

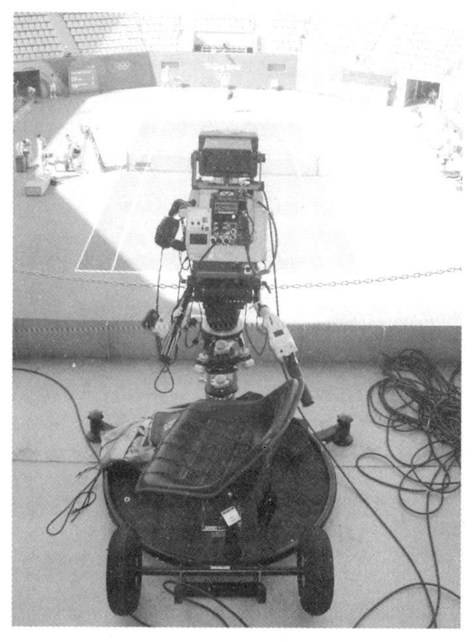

图 1-3　设置在看台上的摄像机机位

摄像机机位占用的位置分成两类：一类是在比赛场地（Field of Play），这类机位通常是用于拍摄运动员的近景。选择机位的优先原则是不能影响比赛的进行和运动员的安全，其次才是更好的视角。另一类是在看台上，这类机位往往用于拍摄全景和中景。在看台上搭建摄像机机位较为复杂。因为，看台是已经建好的，为了找到合适的机位需要搭建临时的平台。要注意的是搭建的平台不能占用通道，平台的结构要足够稳定，避免摄像机拍摄的画面摇摆。

根据体育比赛项目的不同，在一个场馆里将设置数量不等的摄像机机位。有时，还要设置特殊机位来满足视频采集的需要，比如：地面轨道摄像机、悬挂绳道摄像机等。

图 1-4　设置在比赛场地内的摄像机（轨道型）

为了让全世界的电视观众能够在欣赏激烈的体育赛事的同时，了解赛事举办城市的风貌和历史文化，还将在标志性地点架设景观摄像机（Beauty-camera）。当然，这种景观摄像机仅采集视频信号。

图 1-5　设置在北京八达岭长城的景观摄像机位置

摄像机机位和所用摄像机的镜头，通常是由制作部门的专家选定的。在各个摄像机机位将架设该机位所需的摄像机，摄像机所需要的视音频和通话综合电缆将由场馆技术部的工程师设计和铺设完成，其另一端将连接到位于场馆附近的停泊在转播技术综合区内的转播车（OB-Van）上。摄像机和转播车设备的操作将由与主播机构签署了合作协议的"单项体育转播团队"进行，完成此单项体育比赛的"国际公用信号"的制作。摄像机上安装的传声器则由音频设计人员负责选型、租订并协助音频主管进行安置。

2. 评论员解说席位（Commentary Positions）

体育转播的解说是各国电视观众观看比赛重要的辅助信息来源。为了及时、准确地获取现场的比赛信息和进程，评论员必须坐在全场最适合观看的位置。

图 1-6　设置在观众看台上的转播评论席

由评论席设计专家选定位置后，赛事主办单位按照预先设计好的席位尺寸生产统一的评论桌，根据场馆看台平台的情况临时固定在看台上。评论桌的结构和固定方法要充分考虑到评论席设备的摆放和各种线缆的铺设。评论席将安装解说用音频单元（Commentary Unit）、有线电视监视器（CATV）、评论员专用计算机实时信息触摸屏系统（CIS）和电话。其中，解说用音频单元和有线电视系统设备设施都是在准备期间选型订购的。这些设备的连线及供电将连接到位于场馆内的评论席控制室。在项目准备阶段，系统工程师还要为有线电视监视系统设计分配组件和布线。

3. 评论席控制室（Commentary Control Room）

评论席控制室是主播机构设置在场馆内的唯一设备机房。它的主要任务是在赛时为在场馆内工作的评论员（Commentators）提供全面的服务。包括提供评论声（Commentary Sound）的采集、监听和传输；评论员与导播的通话（Coordination Sound）的传输；临时特殊需求和设备运行保障。控制室的工作人员在赛时相当于在电台、电视台直播机房工作的技术人员，要时刻坚守岗位，集中精力监听每一路解说的通道（通常每个人负责 10 个通道），及时发现问题，正确处理故障。

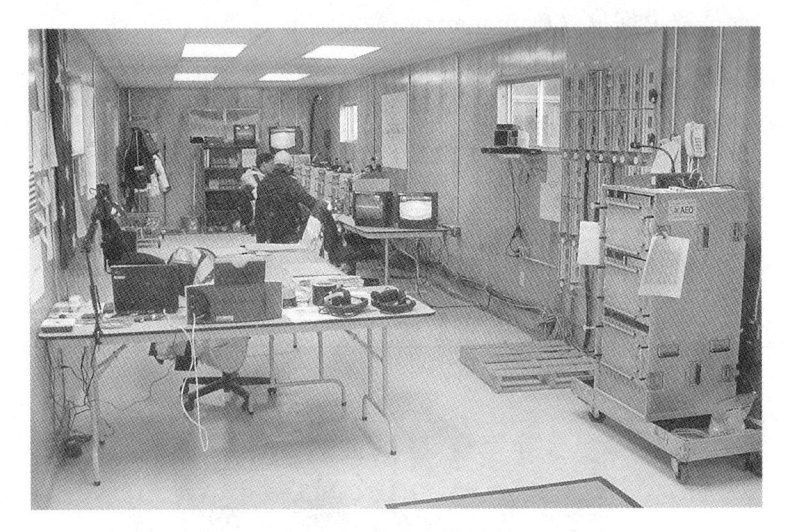

图 1-7　评论席控制室

评论席控制室的另外一个主要任务是，将混合区（Mixed Zone）、赛前/赛后单边注入点（Pre & Post）及主播机构和持权转播机构各个工位的通话信号传输到国际广播中心。

评论声音信号和通话信号在这里经过模数转换后，经场馆内的通讯机房（TER）直接传输给国际广播中心的评论声系统交换中心（Commentary Switching Center），再从那里分配给持权转播机构和必要的通话工位。

4. 混合采访区（Mixed Zone）

运动员比赛结束后，电台、电视台和其他媒体将对其进行采访拍摄。这些活动将在预先设置的采访区内进行。主播机构将在此区域为持权转播机构搭建定制的机位。这里的摄像机也将直接与位于场馆附近的转播车相连接。

图 1-8　混合采访区

5. 传声器位置（Microphone Position）

音频专家除了将根据摄像机机位和其覆盖的区域，在摄像机上安装合适的传声器外，还要在其他特定的地点设计安装传声器，用来采集比赛现场的运动效果声、观众声和环境声。这是一项十分复杂的任务。传声器位置的设置首先要注意不能影响运动员比赛和安全。另外，尽量不要被摄入镜头。在此基础上，要安装在尽量靠近比赛场地和运动员的地方，以减少周围的环境噪声。音频专家要根据运动项目的特点确定有效的拾音地点和相对位置，要达到满意的效果必须经过仔细的分析和多次实践。对于那些室外的运动项目，传声器在摆放时还要考虑到防风、防雨和防晒。有时根据需要还会采用一些无线传声器，这时要考虑摆放的位置易于更换电池。场馆内布置的传声器有时会经过前级混音后再连接到转播车（见图 1-9）。

6. 转播车（OB Van）

每一个场馆都建设一个综合区。如果几个场馆坐落在一起，可以考虑共用综合区。综合区是主播机构在该场馆区内唯一的技术运行区。

图 1-9　放置在赛场内的传声器

综合区应尽量靠近场馆。要选择易于铺设线缆的一侧。综合区要有足够的面积用来停放和移动高大且狭长的电视转播车。综合区地面要平整、坚实，足以承受数十吨重的转播车的压力。综合区通常用围栏和帐幕圈围，使其在场馆区内独立于其他区域。停放在这里的转播车负责信号的前期制作。

图 1-10　停放在转播综合区的转播车

7. 转播技术运行机房（TOC）

这是主播机构在综合区内唯一的技术运行机房，它是该场馆的技术中心。经转播车制作的国际公用视音频信号和单边信号都要在这里进行监测并从这里传输到国际广播中心。通讯传输设备也设置在这个机房里，完成所有信号的传输。在这里安装的设备是高度标准化的，从设备的品牌和选型，到机柜的安置都完全按照指定的标准执行。这样可以保证所有场馆的机房都是一致的，有利于管理和操作。制定和按照标准设计机房也是场馆技术部门的工程师们在准备阶段的大量的、主要的工作任务。

图 1-11　转播综合区内的音频机房

8. 音频机房（Auclio Cabin）

通常情况下，场馆内采集的音频信号是在位于综合区内的转播车内进行混合调音的。为了方便监听和调整声像，在北京奥运会以及后续的大型国际赛事的大部分综合区内都专门建设了音频机房。机房是临时搭建而成的，内部进行了适当的隔声和吸声处理。监听系统将按照环绕声的标准安置。

9. 国际广播中心（IBC）

国际广播中心是专门为转播机构使用的独立的建筑或某建筑的一部分，它是大型国际体育赛事转播的心脏，通常位于奥林匹克主体育场的附近或城市中心电

视台内。

所有场馆采集和制作的国际公用信号和单边专用信号，都将通过通讯系统传输到国际广播中心。在这里通过必要的处理和监测，分配和传输给持权转播机构。

信号采集、分配与传输机房（CDT）：这里是国际广播中心的核心机房，通常位于建筑的中心区域。为了提供国际公用信号，主播机构将把线缆铺设到每一个持权转播机构的制作机房。

图 1–12　国际广播中心内的 CDT 机房

评论声和通话信号采集、分配与传输机房（CSC）：这个机房的主要功能是采集和传输、分配评论员评论声和协调、通话的音频信号。其中最为重要的是评论声。在大型体育赛事转播的公用信号的制作工作中，评论声是唯一的一种非“公用”信号，但是，它却是“公共”制作的信号（除了评论员来自各个国家的电视台）。原因是，评论席系统的所有服务都是由主播机构承担的。称它为“单边”是因为这个信号不包含在提供给持权转播机构的国际公用信号内。它是单独提供给持权转播机构的。评论员评论声以及所有的在转播制作工作中，工作人员之间需要的协调、通话回路都要汇集到这里，通过一个巨大的矩阵切换系统再分配到相应的用户端。

图 1-13　国际广播中心内的 CSC 机房

10. 转播制作信号质量监测与展示区

这个区域的功能就是监视和监听传送的国际公用信号的质量和效果。这里也是供在国际广播中心工作和来访的人员欣赏优质画面和精彩音响的地方。由于北京奥运会转播采用了高清晰度电视标准，音频也采用了 5.1 环绕声格式，电视观众聆听到了首次制作的奥运转播环绕声体育音响的震撼人心的效果。

图 1-14　国际广播中心内的音频监听机房

11. 持权转播机构演播与制作区

国际广播中心通常会为持权转播机构准备足够的空间，用来建设临时演播室和机房。所有的持权转播机构都会组建精英团队，携带精良的设备系统进驻国际广播中心。这里演播室成群，机房林立，各国的电视台和电台都会在这里安营扎寨，把它当作本国“转播大战”的前沿阵地，及时、全面地转播国际赛事盛况和精彩比赛是他们的目标。主播机构在准备阶段就会为计划入驻国际广播中心的转播机构划分好用房，提供基本的服务，比如供电、空调、通讯和网络。即将入驻的电视台、电台通常会根据各自的需要自行装修演播室和设备机房。

图 1–15　国际广播中心内的持权转播机构区域

本章总结

大型国际体育赛事转播中将音视频信号分成国际公用信号和单边专用信号两部分，并且分别进行制作，成为目前大型活动尤其是体育比赛转播的标准模式，被世界各国的电台、电视台等转播媒体所接受。主播机构将在这类活动的转播中起到越来越重要的作用，提供越来越全面的服务和高质量的信号。通过本章的学习，大家初步了解了“国际公用信号”和“单边专用信号”的关系，以及国际公用信号的主要制作流程。

本章习题

1. 国际体育赛事转播信号为什么要分为“国际公用信号”和“单边专用信号”？

2. 赛场的视音频信号是怎样采集并传输到“国际广播中心”的？

3. 负责“国际公用信号”制作的机构通常被称作什么组织？

4. 负责单项赛事“国际公用信号”制作的团队通常由什么人员组成？

5. 北京2008年奥运会转播采用了什么视频和音频技术标准和制试？

第二章　主播机构及其主要职责

Host Broadcaster and Its Main Responsibility for Broadcasting

引　言

体育比赛的电视转播质量越来越受到电视节目制作商的重视。其中代表最高制作质量的应属大型体育赛事的电视转播，比如，足球世界杯电视转播和奥运会电视转播等。这种大型体育赛事电视转播的组织和管理工作非常复杂，可以将从准备期到竞赛期整个成为一个巨大的工程项目。

由于参与国际性大型体育赛事的各国转播机构常常多达数十家，甚至上百家，对于那些高需求的比赛场馆将无法承载那么多的转播机构同时进行实况转播。主办机构在数十年的组织工作中，不断摸索出一个合理的解决办法，就是由一个中立的机构负责提供大部分的实况转播信号，按照需求提供给各国转播机构，与他们各自在现场补充制作的部分实况转播信号一起构成完整的、适合本国需要的广播电视播出信号。我们称这个中立的转播机构为“主播机构”，由他们提供的实况转播信号被称为“国际公用信号”。

主播机构的重要职责首先是设计和构建国际广播中心，它是主播机构和各国电台和电视台进行奥运转播的总部。主播机构还要在各个场馆和国际广播中心为持权转播商协调和提供广播设施和服务，比如广播电视和通讯设备。在提供服务的意义上，主播机构在组委会内部代表持权转播商提出需求。另外，主播机构还要根据需要，承担为持权转播商和国际奥委会担当专题制片人和维护奥林匹克数据库服务的责任。

由于主播机构除了全面提供国际公共信号外，还要为持权转播商提供全面的制作服务和部分单边信号，比如提供体育评论员解说信号，使得转播系统构成极其复杂。

为了圆满地完成这样一个巨大的系统工程，需要建立一整套管理办法、系统规范和规章制度。这就是我们通常所说的标准化。有了标准就可以使转播工作做到统一、规范、优质和高效。国际公共信号制作的标准包括技术标准和制作标准。本章将更多地介绍技术标准和由它形成的技术系统，涉及技术系统描述时，我们会引用制作标准对系统的内在要求，但对于制作标准本身则请学员参考其他相关教材。

第一节 以场所分类的准备工作

主播机构提供的信号都是通过临时搭建的技术系统设备设施采集、加工、分配和传输来完成的。由于为奥运会比赛新建或改建的场馆赛后都要继续用于其他用途，不可能为转播建设许多永久性设施。因此，主播机构就要根据赛事日程和地点的安排预先设计好转播所需要的各种设施和技术系统。主播机构通常需要在比赛场馆内、比赛场馆院落区、国际广播中心以及转播设备供给库房等地点做好相应的准备工作。

一、比赛场馆内所要做的准备工作

因为所有的比赛将在场馆内进行，所以转播所需要的设施将临时在场馆内搭建。

1. 摄像机机位

实况电视转播的图像主要是由预先架设在场馆内的摄像机采集的，因此摄像机机位的选择就是电视转播的第一个重要任务，也是目前奥运会比赛场馆内位置分配最先考虑的要素。

2. 评论员解说席位

体育转播的解说是各国电视观众观看比赛重要的辅助信息来源。为了及时、

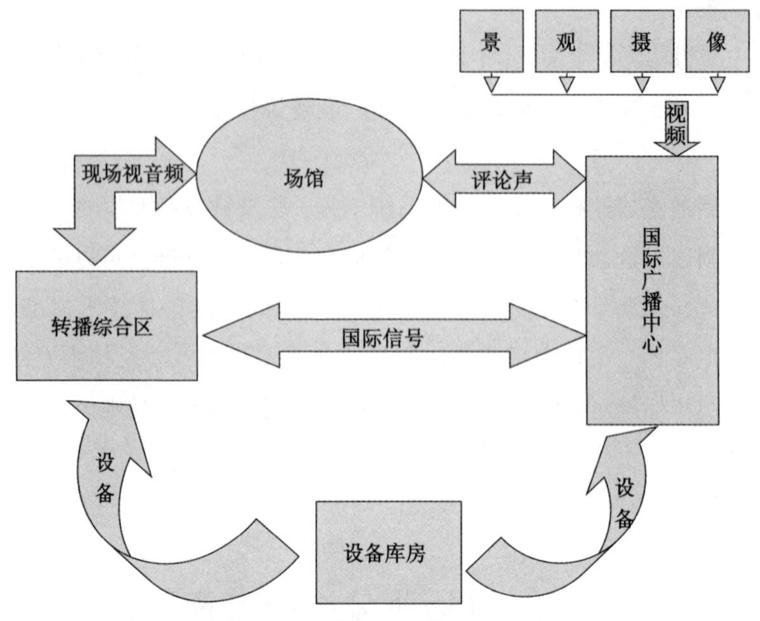

图 2-1　主播机构主要规划区域

准确地获取现场的比赛信息和进程，评论员必须坐在全场最适合观看的位置。一般的原则是：

- 位于正对比赛场地的中央，具有最佳视角和高度的席位上；
- 有起点和终点线的体育项目应正对起点和终点线；
- 起点和终点线分开的，应该正对终点线；
- 评论员前方整个竞赛区范围内不允许有任何物体遮挡视线；
- 考虑让出摄像机位置，并躲开摄像机位置有可能造成的遮挡。

在选择评论席位置时经常遇到许多意想不到的问题，这时就要根据国际奥委会的规定与相关组织协商解决。评论员解说席位通常是带桌席位，有两种尺寸可供持权转播商选择：

- 一种是标准的，尺寸约为 2 平方米，配备标准设备或根据需要只配备有线电视；
- 另一种是双倍深度的，除了配备标准设备外，还配备摄像设备，主要用于评论员出镜使用。

评论席系统专家根据组委会提供的有效图纸及通过亲自到现场考察得到的第一手信息，考虑选定该场馆的评论席区域位置，通过 CAD 图纸的形式向组委会提出需求，并取得批准。主办单位将在赛前三个月按照预先设计好的席位尺寸在现场统一搭建评论席。评论席系统团队将组织安装队伍，在评论席区域的供电和信息线缆完成的情况下，安装评论席所需的评论声采集设备。

评论席需要的设备和设施包括：

- 评论声采集单元
- CATV 监视屏
- CIS（如果此场馆为 CIS 提供场馆）
- UPS（为 CIS 供电）
- 电话
- ISDN
- 台灯

3. 评论席控制室

评论席控制室是主播机构设置在场馆内的唯一设备机房。它的主要任务是在赛时为在场馆内工作的评论员提供全面的服务，包括提供解说声的采集、监听和传输；评论员与导播通话的传输；临时特殊需求和设备运行保障。控制室的工作人员在赛时相当于在电台、电视台直播机房工作的技术人员，要时刻坚守岗位，集中精力监听每一路解说的通道（通常每个人负责 10 个通道），及时发现问题，正确处理故障。评论席控制室配置的设备设施包括：

- 解说单元控制机箱单元（可控制 10 个解说单元）
- 评论声和协调通话声系统交换接线盘
- 模数转换和数字信号传输设备
- 有线电视调制和分配系统和监视器
- 评论员专用计算机实时信息触摸屏系统（CIS）
- 奥运会信息系统（Info）
- PC 机、打印机、传真机、电话机
- ISDN、LAN
- UPS 供电系统

解说声音信号在这里经过模数转换后经场馆内的通讯机房传输给国际广播中心的评论声系统交换中心，再从这里分配给持权转播商用于转播节目。控制室内的所有设备设施都将在准备阶段设计、选型和订购。

4. 转播信息办公室

转播信息办公室是主播机构在场馆内唯一的提供信息服务的部门。这里的工作人员在赛前将为评论员分发运动员出场名单，在比赛期间通知比赛进程及变更事项，在赛后及时通报成绩单，还要负责采访区的联络工作。转播信息办公室的设备配置比较简单，主要有监视器、评论员专用计算机实时信息触摸屏系统（CIS）、奥运会信息系统（Info）、PC机、打印机、传真机、电话机、ISDN、LAN和UPS供电系统。

5. 采访区

运动员比赛结束后，电台、电视台和其他媒体将对其进行采访拍摄。这些活动将在预先设置的采访区内进行。主播机构将为在此区域为持权转播商搭建定制的机位。这里的摄像机也将直接与位于场馆附近的转播车相连接。在这个区域的旁边还要设置一个赛前赛后报道区，为有此需求的持权转播商提供便利。

6. 拾音设计

音频专家将根据摄像机机位和其覆盖的区域在摄像机上及其他特定的地点设计安装传声器，用来采集比赛现场的运动声和环境声。这是一项十分复杂的任务。传声器位置的设置首先要注意不能影响运动员比赛和安全，另外，尽量不要被摄入镜头。在此基础上，要安装在尽量靠近比赛场地和运动员的地方，以减少周围的环境噪声。音频专家要根据运动项目的特点确定有效的拾音地点和相对位置，要达到满意的效果必须经过仔细的分析和多次实践。对于那些室外的运动项目，传声器在摆放时还要考虑到防风、防雨和防晒。有时根据需要还会采用一些无线传声器，这时，要考虑摆放的位置易于更换电池。场馆内布置的传声器有时会经过前级混音后再连接到转播车。

二、转播技术综合区内所要做的准备工作

一般来说，比赛场馆都坐落在一个很大的院落内。在奥运会举办期间，这个院落将分为前院区和后院区。前院区用于观众出入；后院区则是比赛运行部门和媒体工作人员的活动区，前后院区不能穿行。在后院区内主播机构将开辟出一块空地作为转播技术综合区。

1. 转播技术综合区

通常，每一个场馆都会建设一个综合区。如果几个场馆坐落在一起，可以考虑共用综合区。综合区是主播机构在该场馆区内唯一的技术运行区。它包括如下功能区：

- 主播机构转播技术运行机房；
- 主播机构管理办公区；
- 主播机构转播车停放区；
- 持权转播商技术用房；
- 持权转播商转播车停放区；
- 主播机构音频机房；
- 主播机构动画机房；
- 无线通讯设备区；
- 发电机安放区；
- 主播机构人员餐饮和生活区。

综合区应尽量靠近场馆。要选择易于铺设线缆的一侧。综合区要有足够的面积用来停放和移动高大且狭长的电视转播车。综合区地面要平整、坚实，足以承受数十吨重的转播车的压力。综合区通常用围栏和帐幕圈围，使其在场馆区内独立于其他区域。

2. 转播技术运行机房

这是主播机构在综合区内唯一的技术运行机房。它是该场馆的技术中心。经转播车制作的国际公共视音频信号和单边信号都要在这里进行监测并从这里传输到国际广播中心。通讯传输设备也设置在这个机房里，完成所有信号的传输。在这里，安装的设备是高度标准化的，从设备的品牌和选型，到机柜的安置都完全按照指定的标准执行。这样可以保证所有场馆的机房都是一致的，有利于管理和操作。制定和按照标准设计机房也是场馆工程部门的工程师在准备阶段的大量的、主要的工作任务。

3. 音频机房

这是北京奥运会转播的一大特点。往届的音频信号的混合大多是在转播车上进行的。由于北京奥运会首次使用高清晰度电视标准，国际公共电视用音频信号将采用 5.1 环绕声格式，为了方便监听和调整声像，在综合区内专门建设了音频机房。机房是临时搭建而成的，内部进行了适当的隔声和吸声处理。监听系统将按照环绕声的标准安置。

音频机房的主要设备包括：

- 调音台
- 扬声器
- 接口箱
- CATV 监视屏

4. 其他区域

主播机构还要在场馆院落的后院区申请下车点和停车位。

三、国际广播中心所要做的准备工作

国际广播中心是专门为转播商使用的独立建筑或某建筑的一部分。它是奥运会转播的心脏。通常位于奥林匹克主体育场的附近。北京奥运会将使用的国际广播中心坐落在奥林匹克公园内，与主体育场相邻。国际广播中心分为如下主要区域：

- 主播机构办公室；
- 转播节目质量监测与展示区；
- 主播机构国际公共信号采集、分配与传输机房（CDT）；
- 主播机构单边专用信号采集、分配与传输机房（CSC）；
- 主播机构制作信号记录存储数据库；
- 持权转播商演播与制作区；
- 通讯卫星发送与接收地面站等。

所有场馆采集和制作的国际公共信号和单边专用信号都将通过通讯系统传输到国际广播中心。在这里通过必要的处理和监测，分配和传输给持权转播商。该中心的布局设计和装修施工通常由主播机构负责，这也是一项十分艰巨的任务。一般来说，该中心所在的建筑不是专门为转播建设的。主播机构在建筑结构完成后才能进行改造和装修，以使该建筑能够为国际广播中心所使用。另外，中心内功能全面，技术要求高，人员和设备集中，给供电、空调和安全保障系统提出了很高的要求。

主播机构从一开始就要对国际广播中心的布局提出设计意见，一旦方案确定，就要着手进行装修设计。由于中心内机房林立，设备成群，连接这些设备的缆线不计其数。设计人员要精心地选择线缆通道。不同的线缆用不同的通道，不能混淆，并要间隔一定的距离。

1. 国际公共信号采集、分配与传输机房（CDT）

这里是国际广播中心的核心机房，通常位于中心区域。它的明显标志就是那硕大的电视监视墙。监视墙分为三部分：第一部分用来监视来自所有场馆传来的视频信号，通常达到150多个监视器；第二部分监视传送给持权转播商的国际公共信号，通常有40多个通道；第三部分则是监视持权转播商回传给场馆及传送回国内的播出的信号。与电视墙相对应的就是它们背后树立的一排排机柜。北京2008年奥运会令世人瞩目，将会有更多的电台、电视台前来北京转播本届奥运会。到那时，这个本来就很具规模的机房会迎来它有史以来的最大负荷。为了提供国际公共信号，主播机构将把线缆铺设到每一个持权转播商的制作机房。

2. 单边专用信号采集、分配与传输机房（CSC）

这个机房的主要功能是采集和传输、分配评论员解说声和协调、通话的音频信号。其中最为重要的是评论员解说声。在奥运转播的公共信号的制作工作中，评论员解说声是唯一的一种非“公共”信号，但是，它却是“公共”制作的信号（除了评论员来自各个国家的电视台）。原因是，评论席系统的所有服务都是由主播机构承担的。称它为“单边”是因为这个信号不包含在提供给持权转播商的国际公共信号内。它是单独提供给持权转播商的。除了评论员解说声以外，所有的在转播制作工作中需要的协调、通话回路都要汇集到这里，通过一个巨大的矩阵切换系统再分配到相应的用户端。这些回路包括：

- 评论席回路，连接评论席控制室与单边专用信号采集、分配与传输机房；
- 制作回路，连接场馆制作区和国际广播中心的质量监测中心；
- 技术回路，连接场馆转播技术运行机房和国际广播中心的国际公共信号采集、分配与传输机房；
- 运行回路，连接场馆转播经理办公室和国际广播中心的运行管理中心；
- 单边回路，连接场馆转单边插入点的联络官和位于国际广播中心内的持权转播商演播室。

3. 转播制作信号质量监测与展示区

这个区域的功能就是监视和监听传送的国际公共信号的质量和效果。这里也是供在国际广播中心工作和来访的人员欣赏优质画面和精彩音响的地方。由于第29届奥运会转播采用高清晰度电视标准，音频也采用5.1环绕声格式，使大家聆听到了首次制作的震撼人心的奥运转播环绕声体育音响效果。

4. 持权转播商演播与制作区

国际广播中心将为持权转播商准备足够的空间，用来建设临时演播室和机房。所有的持权转播商都会组建精英团队，携带精良的设备系统进驻国际广播中心。这里将演播室成群，机房林立，各国的电视台和电台都将在这里安营扎寨，把它当作本国奥运转播大战的前沿阵地，及时、全面地转播奥运盛况和精彩赛事是他们的目标。主播机构在准备阶段将为计划入驻国际广播中心的转播商划分好用房，提供基本的服务，比如供电（不包括UPS不间断电源）、空调、通讯和网络。即将入驻的电视台、电台会根据各自的需要自行装修演播室和设备机房。

四、转播设备供给库房

除了各个场馆和国际广播中心以外，主播机构还要求组委会为其租用一个巨大的设备供给库房。库房通常位于保税区内。这是由于奥运转播用的很大一部分大宗设备是从国外租赁的，转播结束后还要运出境外。因此，需要存储在保税区。库房最好临近机场。在转播准备期，库房是一个储运站和加工车间，有一些现场安装需要的线缆和插接件可以在库房做预加工，还有一些零散设备根据系统设计需要在这里进行组装。赛时库房则成为备品备件的周转库，一旦发现设备故障，需要调换，便可以从这里迅速发送到使用地点。

主播机构的转播准备工作任务繁杂，通常需要4年时间。在这4年时间里，所有工位都根据需要相继到位，直到奥运会开幕，准备期任务才宣告结束。

第二节　以功能分类的准备工作

在管理和组织方面，主播机构经过多年的经验积累形成了十分合理和有效的分工合作机制。各部门之间既分工又合作，协调有序，配合有力，极大地提高了工作效率。下面对主要职能部门的分工作简要的介绍。图 2-2 表明主播机构的主要组织构成。

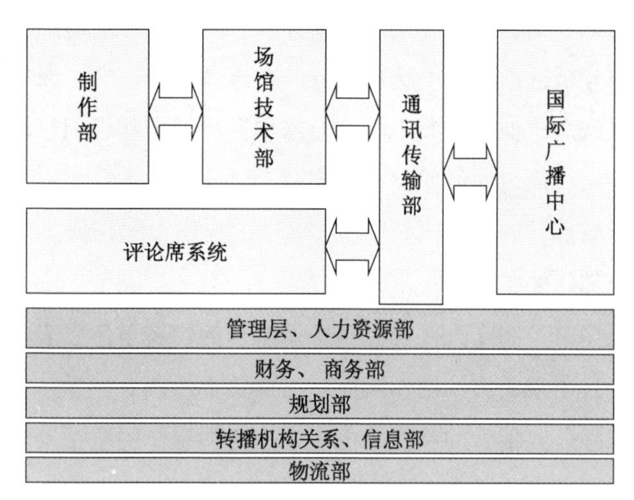

图 2-2　主播机构常用的组织构成举例

一、制作部门的任务和职责

主播机构的制作部门是国际公共信号提供的主体。它在准备期的中心任务就是制定国际公共信号所包括的内容和实施方案，具体任务包括：

1. 创建各项体育运动的转播理念；

2. 提出具体转播方案；

3. 编制制作指导手册；

4. 确定各场馆摄像机位；

5. 确定室外项目场地的比赛线路和摄像机位；

6. 提出摄像机类型的需求；

7. 设计各项活动和体育运动的分镜头标准；

8. 设计各项活动和体育运动的动画；

9. 制定各项活动和体育运动转播的时间表；

10. 负责组织和召开制作团队大会。

准备期间的工作是大量的，为了做好每一个体育项目的制作，制作部门通常将制作人分成几个团队，每个团队负责一定数量的项目。一般来说，一个团队所负责的项目具有一定的共性。有时候也会根据制作人的特点分配相应的项目。通常，制作人所负责的都是他们所擅长的项目。

各个制作团队在制定制作方案时都要深入了解该体育项目的全部规则和比赛流程。要精心地分析这项运动的精彩部分，并选择最合适的手段把它通过镜头和声音传达给电视观众。他们还要不断地与该项运动的国际组织接触，向他们提出拍摄的设想和要求，征得他们的同意和支持。

在主播机构内部，制作部门是“先行军”，制作人的任何决定和方案的修改都直接影响其他部门的工作。

在与外界交往时，制作人往往充当主播机构的代表角色发表意见，介绍情况和团队成员，一旦出现矛盾，制作人应该出面负责协调。

在赛时，国际公共信号的制作是由事先选定的制作团队帮助完成的。这些团队的成员在准备期并不在主播机构工作。他们大部分来自世界各国的主要电视台。只有在赛前的一段时间里，他们才被集中在一起，通过简短的培训各就各位并承担各自的制作任务。他们的主要任务是负责操作摄像机和传声器等视音频设备，采集比赛现场的图像与声音，经过工作在转播车里的导播人员的切换、调音等操作制作出国际公共信号。

通常，制作团队所使用的摄像机、传声器、转播车等技术设备也是由随队到来的专业技术人员负责调试和维护的。场馆工程部门的人员只负责从转播车提取信号经过技术运行中心监视、监看，传输到国际广播中心。

而这时制作部门的任务则主要是指挥、协调和监督各个团队的制作工作。包括如下主要内容：

- 交代制作理念，给出相关规定和要求；
- 按照计划发出制作和传输开始，进程和结束的指令；
- 管理和监督各团队的制作流程；
- 监视、监听国际公共信号的制作质量；
- 保障国际公共信号在风格上的一致性；
- 处理制作过程中出现的各种问题。

当然，有的时候制作部门也要承担一小部分赛事的制作。这时它将组成自己的制作队伍。

二、场馆技术部门的任务和职责

场馆技术部是主播机构技术部门里最重要也是规模最大的部门。它的中心任务是为国际公共信号的制作提供技术设备和设施的保障，具体包括如下任务：

1. 确定转播技术综合区的位置并提出对该区域的技术要求；

2. 设计综合区内各办公和制作设施的建设位置并提出对这些设施的技术要求；

3. 提出转播车配置技术要求，并且确定租赁的来源；

4. 提出转播技术运营中心的技术要求，并且负责设计设备系统；

5. 选定各种摄像机和与之相关的辅助设备设施来满足图像制作的要求；

6. 选定各种传声器和与之相关的辅助设备设施来满足音频制作的要求；

7. 提出音频机房的技术要求，并且负责选购设备系统；

8. 提出各个场馆的布线方案并指挥完成主要线路的铺设；

9. 提出各个场馆的照明方案并提出改进意见；

10. 提出各个场馆的计时计分系统的技术要求，配合组委会计时计分信息提供部门提出转播应用方案和设备设施系统的选购；

11. 提出动画技术要求，配合制作部门动画设计小组提出动画技术制作系统方案和设备设施系统的选购；

12. 提出各个场馆的用电要求并设计各个系统的供电分配方案；

由于奥运会共有28个体育大项，分别在40多个场馆内进行比赛，对于场馆工程部来说，准备工作量很大。因此，场馆工程部的工作人员也要分为不同的团队，分别负责一部分场馆。为了合作方便，易于管理，这些团队通常与制作团队相对应。场馆的设备安装和线缆的铺设将由一个专业的安装队伍来完成。这个队伍的带头人将选择富有经验的专家来担任，其他成员将在本地招聘。

在赛时，场馆工程部的工作人员除了计时计分系统和音频小组外，都将分配到相应的场馆运营团队里担任技术管理或者技术服务工作。场馆技术运行团队是一个庞大的队伍，将在赛前临时组成。除了上述在准备期已经开始工作的人员以外，绝大部分工作人员都将在赛前的十几天里从世界各地聚集于此。他们一般都具备奥运转播经验。他们的主要任务是对系统进行最终的连接、检测、试运行和赛时的操作。

三、国际广播中心工程部门的任务和职责

前面已经提到，主播机构的重要任务之一，就是负责建设国际广播中心。这是由主播机构独立完成的最主要项目。组委会只负责交付一个符合使用要求的“裸”建筑给主播机构，其他的工作都将由主播机构完成。这些工作任务主要包括：

1. 负责内部建筑结构设计和基本装修；
2. 负责风、水、电系统设计和施工；
3. 负责通讯系统设计和施工；
4. 负责主播机构用房的精装修；
5. 负责国际公共信号采集、分配与传输控制机房的技术系统配置和安装；
6. 负责单边专用信号采集、分配与传输控制机房的技术系统配置和安装；
7. 负责其他主播机构用房的技术系统配置和安装；
8. 负责规划和分配持权转播商用房；
9. 负责设计所有线缆的布线方案并完成铺设；
10. 负责设计有线电视系统和线缆的铺设。

在准备期国际广播中心团队的成员被分成两部分，一部分直属该团队，比如建筑结构部门、供电部门、空调部门和主控部门的人员；其他成员来自于许多功能部门：存储部门、监测部门、4 线传输部门、通讯部门、制作部门、信息部门、服务部门、物流部门等。这些部门的相关成员在行政和管理上隶属于各自的功能部门，但主要分管国际广播中心建设项目中的事务，参与所有与国际广播中心有关的会议、讨论和考察。因为国际广播中心是一个跨部门、跨专业的综合体，需要所有相关部门的协同配合，因此它的组织工作比较复杂。

与场馆工程部一样，大量设备的安装和线缆的铺设都将由专业的安装队伍来完成。

在赛时，参与国际广播中心准备期的成员都将在国际广播中心相应的岗位就职。这时他们的主要任务则是指挥和协调各个场馆的技术团队做好每一个传输单

元的制作工作，通过技术手段将这些制作好的传输单元按照持权转播商的预先订购要求传送给他们。

四、评论席系统部门的任务和职责

评论席系统团队是主播机构中相对独立的团队，因为它的任务主要是为单边专用信号提供服务。也就是说，由评论席系统团队负责的所有设备设施都是直接为持权转播商准备的。上面所提到的国际公共信号不包括评论声，评论声作为单边信号传输给持权转播商。因此，评论席系统团队的日常工作更多的是与组委会和各持权转播商合作。评论席系统团队在准备期的主要任务包括：

1. 预估和确定各场馆所需准备的评论席数量；

2. 确定各场馆评论席的位置和面积；

3. 提出评论席（评论桌、平台等）结构设计方案；

4. 确定各场馆评论席控制室的位置和面积；

5. 设计评论席控制室内部设备设施布局；

6. 设计采集和分界区系统接线盘；

7. 确定各场馆转播信息办公室的位置和面积；

8. 选定评论员小盒、控制单元和模拟/数字转换设备；

9. 设计评论席控制室到评论席、转播信息办公室和混合区的布线路径，选定线缆和连接器；

10. 设计评论席控制室到评论席有线电视系统，选定视频设备、分配器件、线缆和连接器；

11. 计算有线电视同轴电缆到各评论席的长度；

12. 设计有线电视安装与布线用施工图；

13. 组织各场馆评论席布线和设备安装；

14. 组织各场馆评论席控制室设备和设施安装；

15. 设计 4 线交换中心系统，选定相关设备并组织安装；

16. 组织 4 线交换中心系统设备设施安装；

17. 设计主播机构所有部门的有线电话系统，选定设备并组织安装。

评论席系统团队的工作在比赛场馆的座席设计完成后便开始了。首先是与组委会的票务、建筑结构、媒体运行、体育赛事、赛事运行管理、安保及贵宾等与坐席相关的部门一起讨论座席分配方案。评论席的位置初步选定后，由组委会提出评论席控制室的初步位置建议，评论席系统团队对此建议进行评估，必要时提出改动意见，征得组委会批准后确定用房的具体位置和面积。

由于评论席是为持权转播商准备的，必须在一定的时间内提交设计方案，供持权转播商订购。经过一段时间的订购后，评论席系统团队就掌握了比较准确的需求，可以再次安排评论席的最终位置和数量。一般来说，前期方案在数量上应该留有一定的余地。

评论席系统设备的安装和线缆的铺设也是大量的，并且要在一定的时间段内同时完成。这就要求事先挑选大量的具有实际经验的人员，通过简短的培训后，上岗完成安装任务。有一部分安装人员将在安装任务完成后留下来，继续参与赛事转播的操作工作。与场馆运技术运行团队一样，在赛前十几天所有的运行人员从世界各地集中起来，分配到各个场馆的操作队伍评论席控制室进行系统调试和赛时具体操作。他们的主要任务是通过安装在评论席和控制室的设备系统采集所有评论员的解说声，协调通话声转换成数字信号后通过通讯系统传到国际广播中心的 4 线系统交换中心。

在赛时，准备期的人员将集中在国际广播中心，负责指挥和协调各个场馆技术团队做好每一个传输单元的评论声传输工作；通过技术手段将这些评论声按照持权转播商的预先订购要求传送给相应国家的电视台和电台。

五、通讯工程部门的任务和职责

前面已经提到，奥运会比赛场馆多达 40 多个，分布在城市的各个区域，甚至还有协办城市，距离主办城市有上千公里的路程。这些场馆转播的信号都要同步传输到国际广播中心，再从这里传向世界各地。比如北京 2008 年奥运会共有 44 个场馆在 16 天里进行 28 个大项的体育比赛。这些场馆有 37 个分布在北京的朝阳区、海淀区、石景山区、崇文区、顺义区和丰台区等地区，另外 7 个则位于香港、上海、天津、秦皇岛、青岛和沈阳。场馆与国际广播中心之间信号的传输，利用无线系统拍摄的体育项目的转播信号传输以及从北京向全世界发送实况转播信号这些工作都是由主播机构和指定的通讯服务合作伙伴共同完成的。

他们的主要任务包括：

1. 承担主播机构和持权转播商提出的赛时通讯服务（国际公共信号、单边信号和残奥会传输采集网络）；

2. 负责在供商和场馆工程部门之间协调制作设备所使用的无线电频率；

3. 申请无线电频率在无线制作和相关设备上应用的许可证；

4. 负责提供无线传输塔的设备设施；

5. 景观摄像机与国际广播中心的连接；

6. 负责数字卫星新闻采集设备服务（利用卫星将数字卫星新闻设备采集的信号传送到国际广播中心）；

7. 负责建设卫星营地用于上行/下行持权转播商要求传输的信号（国内和国际）；

8. 负责将无线接收的电视节目插入国家广播中心的主播机构提供的公共电视频道内；

9. 提供集群无线通讯系统用于场馆内外运行；

10. 分配网络（空中奥运会）。

为了完成这些艰巨的任务，主播机构首先要同通讯服务合作伙伴紧密合作，共同制定传输方案，选择传输手段，订购技术设备系统。所有的信号主要是利用光纤网络作为主用通道进行传输，而利用卫星作为备份通道传输。在国际广播中心附近建设卫星传输中心（通常称为卫星营地），它的任务除了对主播信号进行备份传输外，还承担奥运会特有的“空中奥运”的传输任务。

六、规划部门的任务和职责

奥运转播是一个巨大的系统工程，需要精明强干的管理队伍，具备强有力的项目管理经验和有效的管理手段。主播机构的管理组织里都有一个庞大的规划部门，负责整个项目的计划、组织管理、对外沟通、进度跟踪和检查。它的主要任务可以概括如下：

1. 制定准备期工程进度时间/任务表并计划推动项目进行；

2. 建立工程进度关键事项检查表并负责组织更新内容；

3. 与组委会媒体部门联络，接收信息、传递信息；

4. 接收和整理组委会提供的各种文件和图纸并提供给相应的团队；

5. 收集各团队对组委会提供方案建议的意见和看法，起草报告回复给组委会；

6. 联络和组织各个团队对外会议和场馆考察；

7. 召开商内部工程进度协调会议；

8. 召开各个团队例会。

规划部门人员的分工也是按照制作团队场馆的分配进行的。当然，除此之外还有一个小组负责国际广播中心建设的组织管理。除了最高管理层，规划部门是主播机构的唯一的持权与组委会直接联络的部门，凡是与工程项目有关的文件、图纸、信件都要通过规划部门往来交换。

在赛时，规划部门的人员将在转播指挥中心办公室工作，负责转播工作的指挥和协调。

七、持权转播商关系和信息部门的任务和职责

持权转播商关系和信息部门主管主播机构的对外关系和信息发布平台。它的主要任务有三项：转播事务联络、转播关系建立和信息出版。

1. 转播商事务联络

• 负责为主播机构和组委会介绍和组织与持权转播商前期的接触；

• 根据持权转播商对场馆提出的单边设施使用要求（比如：摄像机平台、混合区位置等）与场馆方面交涉，以取得批准。

2. 转播关系建立

• 为转播商组织、协调并安排场馆考察；

• 举行所有的与转播商有关的会议，包括世界转播商大会。

3. 信息出版

• 为转播商（世界转播商大会手册、转播商手册）、组委会和主播机构编写、编辑和制作主播机构手册；

• 更新和维护主播机构网站；

• 利用电子邮件、网站、新闻报道等手段与持权转播商之间建立信息沟通渠道；

• 更新竞赛计划。

在赛时，持权转播商关系和信息部门的任务将分布在各场馆和国际广播中心。在场馆里它将在现场负责转播商的单边需求，包括，混合区、单边摄像机位、评论席和观察员席位等；在国际广播中心里它将主管信息办公室，负责为转播商提供信息、为转播商协调国际广播中心内的每日摘要、管理国际广播中心当日通行证办公室。

八、转播业务服务部门的任务和职责

主播机构的所有工作都是为持权转播商服务的。如果把制作部门提供的国际公共信号和工程部门提供的设备设施看作是商品的话，那么，转播业务服务部门便是市场营销部门，由此可见它的作用是非常重要的，任务也是十分繁重的。它的中心任务就是掌管主播机构本届奥运会转播计划提供的服务内容和价格，及时通报给持权转播商，在规定的时段内收集他们的订单，将订购情况反馈给提供服务的部门，由各部门对提供的服务“产品”内容和规模进行调整，以适应订购的需要。这个工作流程是贯穿在整个准备期间的。它的最终成果是一个叫作“订购单”的手册，它通常包括如下内容：

1. 主播机构提供的服务内容

• 国际广播中心的空间和结构

“裸”空间、“裸”空间内用户提出的结构方面的定制服务、办公室家具、储物空间、保税区储物空间、国际广播中心所属的景观摄像点。

• 国际广播中心卫星营地

营地“裸”空间、营地供电系统、营地技术耗电量、营地市电耗电量。

• 国际广播中心技术设施

有线电视、模拟电视接收机、国际公共信号打包、电台国际声打包、国际广播中心内部高清回路、国际广播中心内部标清回路、其他回路的延长、国际广播中心内部模拟回路、其他线缆、国际广播中心内部模拟 4 线回路线缆铺设、国际广播中心内持权转播商间的连线（同轴、音频及光纤）、国际广播中心内持权转播商间的 4 线连线、国际广播中心与主控室的通话系统、其他设施。

- 国际广播中心可订购的技术设施

广播演播室、线性视频编辑、后期制作间、评论间、国际广播中心直播景观摄像点、视频回放。

- 场馆技术设施

标准评论席、带标清摄像机的评论席、综合区空间、临建房、单边摄像机平台、综合区供电、综合区技术耗电量、综合区市电耗电量、其他单边服务。

- 场馆可订购的技术设施

电子新闻采访平台、赛前/赛后单边传输、在主体育场可订购的电视混合区、在奥运村和其他地点直播景观摄像点与插入点。

- 转播通讯（本地）

高清国际公共信号（场馆到国际广播中心）、标清国际公共信号（场馆到国际广播中心）、标清用于监看的回送国际公共信号（国际广播中心场馆到）、四线、评论声和协调回路。

本地转播通讯服务、数字卫星新闻采集设备。

- 转播通讯（国际）

从国际广播中心送出的国际公共信号、从国际广播中心送出的国际 4 线音频回路信号。

2. 组委会提供的服务内容

- 固定电话
- 移动通讯服务
- 信息系统和技术
- 复印件和打印机

在赛时，转播业务服务部门的主要任务是运行订购办公室。首先，它将负责接待转播商进入国际广播中心，然后接受临时设备设施和服务的补订。最重要的是，它将全面负责热门需求的订购。这通常是一件很艰巨的任务。

九、物流部门的任务和职责

顾名思义，物流是主播机构的后勤服务部门。它的主要任务是：为主播机构的员工办理注册和登记、住宿和餐饮安排、交通和运输服务。

1. 注册和接待

参与奥运会的各类人员的注册是一个十分重要和繁杂的工作。注册核准是由国际奥委会的专门组织通过网上完成的，为了确保及时注册成功，物流部门要给出注册指导，帮助解决注册中出现的各种问题。因为主播机构的人员会在不同的时间从世界各地到来，尤其是奥运会开幕前的一两周内将有近千人到达，物流部门要制定详尽的计划，做好接待工作。

2. 住宿和餐饮安排

在赛时，将有近4000名员工为主播机构工作，他们的住宿和餐饮将由物流部门负责安排。

3. 交通和运输服务

为了保障转播工作的顺利进行，近4000名员工按时到达工作岗位是一天里第一件重要的事情。物流部门除了制定周密的计划，还要应付临时出现的各种紧急情况。

除了上述功能部门以外，主播机构还设有人力资源部、财务与采购部、IT部和制图部，分别在人力资源管理、财务管理、设备设施购买合同的谈判、办公自动化以及工程图纸的计算机辅助设计等方面为各个功能部门提供服务和支持。

第三节　准备期的工作方式和各种文件

主播机构在准备期间的工作方式主要通过以下主要具体方式体现的：

- 以文字和图纸方式提供需求和系统解决方案；
- 召开讨论会；
- 撰写会议纪要；
- 组织现场考察；
- 起草考察报告；
- 倾听反馈意见；
- 调整方案；
- 再次提交方案；

- 取得对方对方案的确认；
- 起草场馆工作进度报告；
- 起草大会文件；
- 编制培训手册；
- 编制运行手册等。

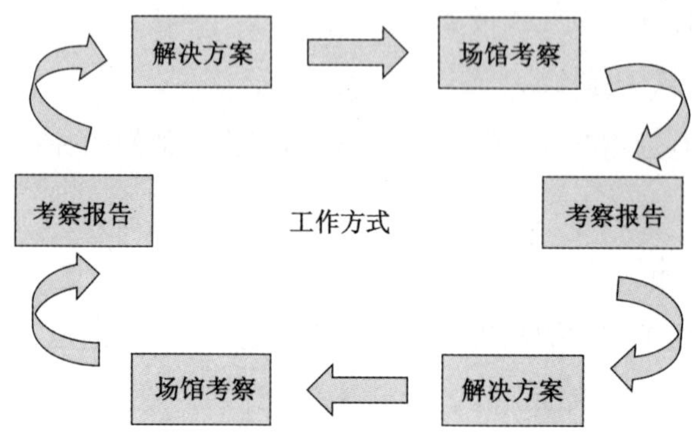

图 2-3　主播机构典型的工作方式示意图

在这种工作方式下，会产生许多重要的文件和图纸。这些文件和所附的大量的图纸将及时表达主播机构的需求和工作进程，提供有参考价值的信息，描述存在的问题和提供解决这些问题的建议，对总结当前工作和指导今后的任务起到了重要的作用。下面就介绍几种主要的文件类型及其中心内容。

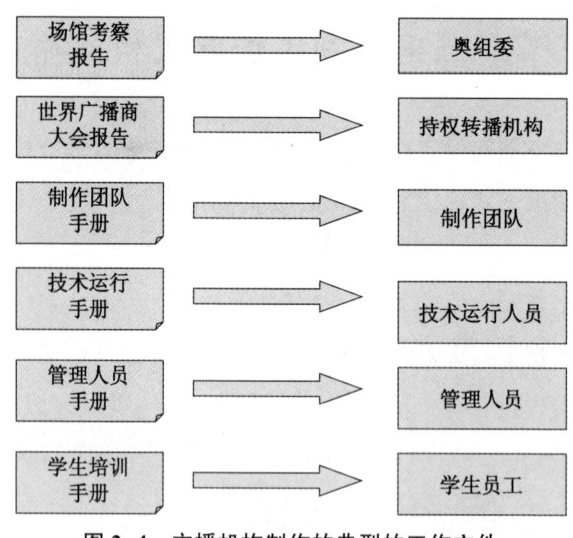

图 2-4　主播机构制作的典型的工作文件

一、面向组委会的文件——场馆考察报告

在做好以上提到的主要工作区域的准备工作的同时，主播机构要不定期地准备工程进度考察报告提供给组委会各个部门。这份报告集中体现了这段准备工作的进度和仍然存在的问题及建议采取的解决方案。一般将近四年的时间里提交三到四次报告。报告是针对每一个场馆的，因此，每一个场馆都要有一份完整的报告。报告的主要内容涉及：

1. 目前存在的问题列表；

2. 场馆的基本数据；

3. 根据赛事时间表建立的时间/任务计划表（甘特图）其中涉及的任务大项，包括：

a）转播综合区、人员和车辆出入口、路径和停泊、线缆路径、场馆技术运行中心机房；

b）评论席及其控制室、转播信息办公室、摄像机平台、赛前/赛后采访区、电话通讯系统、公共广播、计时计分、场地照明、混合区、测试、培训、主播机构员工；

c）持权转播商人员、媒体选项、残奥会。

4. 体育比赛项目；

5. 制作规划；

6. 技术设施和内部结构，其中包括如下大项：

a）转播综合区概述、位置、布局、技术制作系统、场馆要求、电源分配方案、功率需求、照明、布线方案、线缆路经图、其他技术服务；

b）组委会提供的服务包括：竞赛实时信息系统、信息2008、无线通话、计算机/打印机/传真机/复印机、电话、ISDN/ADSL、移动电话；

c）主播机构提供的服务包括：视音频信号、评论声和协调通话回路、有线电视及其他。

7. 单边设施。供持权转播商使用的单边设备和设施包括：

a）单边电子采访平台和场地区域位置和布局；

b）单边混合区、单边赛前/赛后采访区位置和布局；

c）评论席位置；

d）评论席控制室位置和布局；

e）转播信息办公室位置和布局；

f）评论席控制室供电；

g）评论席控制室到评论席的布线图；

h）评论席控制室到混合区、赛前/赛后采访区的布线图。

8. 媒体运行概要；

9. 物流：住宿、出入、运输、电子采访摄像设备卸载停靠、车辆停放、班车及停放、饮料与小吃服务、洗手间、保卫、标牌、通行证、用车；

a）组委会提供的服务包括：办公家具、办公共品、一级救护用品、评论席座椅、评论席台灯；

b）主播机构提供的服务包括：早点、午餐、晚餐、运输、制服、人员。

10. 附件：

a）用于电视转播的照明的特殊要求；

b）场馆内线缆铺设用沟槽说明；

c）评论席控制室到评论席的布线说明。

二、面向持权转播商的文件——世界广播大会简明手册

由于主播机构除了制作国际公共信号提供给各个持权转播商外，还要代表持权转播商提出要求，并为他们提供单边设施的服务。因此，主播机构还要在准备期定期举办持权转播商大会，汇报和通报准备情况，听取意见，调整方案，使得各项准备工作更能接近持权转播商的真实需要。会上主播机构要提交转播简明手册。在手册中主播机构要简要但要求尽量准确地提供本届奥运会有关转播方面的信息。尤其要把提供的各项服务向持权转播商解释清楚，让他们了解这些服务的意义和作用，为订购这些服务项目作好充分的准备。

转播简明手册所涉及的主要内容有：

1. 关于主播机构：主播机构介绍、组织结构、组织发展情况、准备期组织部门、赛时组织部门、时间表、转播培训计划。

2. 奥运会介绍：竞赛日程表、相比上届奥运会体育项目的更改、场馆名称

表、场馆分布。

3. 国际公共信号的制作：转播理念、高清晰度电视、各体育小项的转播信号单元、动画、提供评论员实时信息系统的运动项目、实时数据系统、景观摄像机、专题、各场馆的制作计划。

4. 场馆准备情况：场馆名称、比赛项目、转播设施在场馆的位置分布、竞赛日程、竞赛场地数量、场馆座席数量。

5. 转播传输方式：实况转播或录像、转播信号单元数量、是否提供评论员实时信息系统、评论席数量、观察员席数量、转播综合区面积、转播覆盖方法概述、转播车数量、摄像机种类和数量、录像机的种类和数量、特殊设备的种类和数量、字幕机、公共信号用摄像机机位。

6. 技术运行与工程准备进度：概述、技术系统总流程图。

- 视频技术指标：数字视频信号格式、信号电平、采样率、时间同步。
- 音频技术指标：数字音频信号格式、录像机音频格式、计时计分系统。
- 场馆单边信号制作设施：
- 评论席："带装备"的评论席的基本服务、"带摄像机"的评论席的基本服务、评论席可订购的服务、评论员实时信息系统、观察员席、评论席和观察员席数量。
- 评论席控制室：基本功能、场馆内其他系统与评论席控制室的连接。
- 单边摄像机位。
- 混合区。
- 赛前/赛后单边传输。
- 场馆共用信号制作设施。
- 转播综合区：共用转播综合区的场馆。
- 技术运行中心机房：持权转播商接口板、电子新闻采访信号插入点。
- 场馆转播供电。

7. 国际广播中心建设：国际广播中心概况、总系统图、其他技术设施、可供订购的设施、组委会应该提供的服务、转播通讯系统、北京以外的城市采集网络、北京采集网络。

8. 转播服务提供：租赁服务项目清单。

9. 有用的信息：电器插接件、举办和承办城市的天气资料、日升/日落资料、时差资料。

三、面向制作团队的文件——制作规划手册

在奥运会开幕前大约一年的适当时间，主播机构将相继召开制作团队大会，参与制作的团队主要成员将参加大会。在会上大家将对转播计划进行讨论。会议议程包括：

- 参观各自负责制作的场馆。
- 组委会介绍情况。
- 主播机构介绍情况。
- 制作部门主讲：制作程序概述、覆盖理念、高清、多通道音频覆盖理念、术语、奥运五环标志转场、集锦和资料、评论员提示音和动画指示及每日报告等。
- 订购和信息部门主讲：已经订购的单边需求、出入装置及赛时单边服务等。
- 转播商关系部门主讲：混合区运行和信息。
- 物流部门主讲：注册、空中服务、住宿、餐饮、本地交通运输及制服等。
- 场馆团队主讲：场馆总体计划、场馆数据、竞赛日程、场馆任务时间表、制作组织结构图、场馆设备、公共信号用摄像机规划、摄像机位置和功能、重放设施和程式、直播流程及赛前/赛后直播点等。
- 工程部主讲：工程和技术运行组织结构、电视转播综合区：综合区详图、线缆路径、电气服务、技术运行中心、有线电视、资料记录、持权转播商摄像机分配、转播车、照明、摄像机平台、场馆音频（5.1 环绕声）、传声器、评论席控制室、转播信息办公室、赛时协调与通话系统及库房等。

主播机构为此次大会准备制作规划手册，这个手册经过一年时间的不断充实和完善后将作为赛时制作指导手册，同时作为国际共用信号制作的标准用来规范所有制作团队的工作流程和并为具体图像画面切换和声像定位运用的统一性提供依据。这个手册是针对每一项体育运动的，以主体育场足球决赛为例，手册涉及内容包括：

1. 概述

组委会：各项数据、组织商、场馆组织。

主播机构：各项数据、组织商、场馆组织。

场馆工作人员组成：工作人员称呼、与其他商相应的职位称呼。

对应合作部门：主播机构与组委会、赛时主播机构内部。

场馆分布图。

国际广播中心：运行概述、主播机构运行中心、制作质量控制、国际广播中心位置。

2. 制作部门介绍

组织结构：场馆团队组成、团队联络人名单、转播传送与团队分工。

覆盖理念：制作理念、高清、音频覆盖理念、音频要素、音频要素的环绕声声像定位、环绕声混合、环绕声通道分配方案、观众和场馆气氛、虚拟动画概述。

- 奥运会五环标志动画
- 颁奖：颁奖分镜头
- 术语与专用词汇
- 节目资料录制
- 精彩镜头回放和激情画面
- 每日集锦
- 评论员提示音
- 主播机构的原则策略：转播中断、赛后立即颁奖、指示动画画面
- 每日场馆报告

3. 订购运行

预定的单边需求：综合区、评论席、“带摄像机”的评论席、观察员座位、摄像机位。

持权转播商通行佩戴标志。

赛时单边服务：赛前/赛后单边出镜点、插入点。

4. 物流管理

注册手续：主播机构联络人、注册指南、奥林匹克认证和注册卡、进入需

求、注册政策、注册程序、网上注册申请表、奥林匹克认证和注册卡的激活、奥林匹克认证和注册卡的遗失、当日通行证、出入过程、通行证和特殊出入标志等。

运输：民航旅行管理部门、陆地交通及停车管理等。

其他：住宿、餐饮服务和制服等。

5. 场馆

场馆数据：概况、媒体/新闻运行、评论席、评论席控制室、转播信息办公室、场馆高级工作人员、场馆地图。

场馆图纸：全图。

竞赛时间表：奖牌竞赛时间表、项目竞赛时间表、小项时间表、直播时间表、竞赛日程、资格赛和平局、练习场地和时间表。

场馆里程碑：场馆分项任务时间计划。

6. 场馆制作

- 摄像机图标：

制作方案：足球比赛国际公共信号和单边信号覆盖概述、男子足球决赛国际公共信号和单边信号覆盖。

摄像机描述：男子足球决赛摄像机列表、摄像机位设置、摄像机平台和机位描述、混合采访区、赛前/赛后单边直播点、摄像机平台和机位分布图、摄像机平台和机位表格。

- 场馆重放和磁带流程：

动画制作：理念、虚拟增强、计时计分、字幕机、奥运五环标志转场、赞助商图标、成绩动画、计时动画、字幕操作员、晋级操作、备份表、评论员信息系统、实时数据系统。

与运动项目相关的动画

制作时间表：总表、直播信号倒计时

7. 工程和技术运行

工程和技术运行组织结构

技术说明：国际公共信号格式（视频）、国际公共信号格式（音频）、时间码、视频磁带录像机格式/资料记录。

电视转播综合区：综合区位置图、综合区布局图、技术运行空间分布。

电气服务：概述、场馆用电分配总图、供电备份理念、接地理念、信号线缆的接地。

技术运行中心：场馆信号编码、中心机房标准尺寸、机柜布置图、视频系统方块图、音频系统方块图、视音频测试。

有线电视

视音频信号的采集网络

持权转播商摄像机分配

转播车：转播车设施、动画系统的连接、超级慢动作、转播车图像混合输出。

制作设施：转播车监视器墙、转播车布局。

照明：照明需求、照明理念、照明说明、照明的提供。

摄像机平台：脚手架平台、木料平台、摄像机平台总图。

音频：国际声概述、国际声混合、电视台用国际声、立体声输出、电台用国际声、评论员用国际声、传声器、混合区、传声器安装、扩声的音量、技术说明。

传声器布置：传声器位置图、传声器列表。

评论席：评论席控制室、转播信息办公室。

协调与通话系统：概述、国际广播中心到各个场馆的 4 线协调回路网络、国际广播中心内部协调系统、单边协调系统。

制作用无线电频率。

库房：库房运行、转播车的入库程序。

8. 附件

场馆组织图表、术语、动画（体育项目专用）。

四、面向赛时运行管理人员的文件——赛时管理培训班手册

除了制作团队外，在赛时还有大批运行管理人员加入主播机构。这些人员中的管理者将适时参加培训班。培训班主要涉及以下内容：

1. 概述：技术团队的使命、主播机构与组委会的关系、主播机构数据、高

清晰度电视。

2. 场馆管理：角色和责任、国际广播中心、转播场馆经理、转播场馆副经理、场馆技术经理、场馆技术副经理、转播物流经理、转播物流副经理、制作经理、信息经理、首席联络官。

3. 场馆与转播综合区：综合区、员工定位、助理/司机、报告流程。

4. 空中旅行服务和地面交通运输：交通运输范围、空中旅行服务、运输团队运行、车辆和停泊许可、紧急情况用公共电话号码、驾驶规章和安全法规、国际广播中心和媒体中心运输、组委会赛时运输、城市公共交通。

5. 住宿：组织结构、住宿登记程序、转播物流经理的作用、旅馆政策和流程、有用的电话号码。

除了上述的重要信息和流程的介绍外，该手册还包括下列必要的内容：注册和特殊通行标志、制服、餐饮服务、财务和人力资源、转播信息、订购、保税库、政策和流程、转播用通讯设备、场馆动画及附件。

五、面向大学生的文件——培训手册

在赛时，主播机构将按照国际奥委会的要求招收部分大学生承担各种转播助理工作。这些学生将首先通过考试和面试，录取后，要参加专业培训。培训手册就是为培训班准备的。内容主要涉及电视转播基础知识、各个岗位的职责和要求、设备的使用等。

六、面向组委会相关部门——图纸

图纸是表述工作成果的最好的方法。所有设施的建设、安装和布置都要通过图纸方式提出准确的设计要求。因此，在准备工作期间主播机构大量的设计工作都会落实在图纸上，这些图纸主要包括：

1. 国际广播中心建设施工和装修图纸；

2. 国际广播中心用房分配图纸；

3. 国际广播中心主播机构用房布局设计图纸；

4. 国际广播中心线缆路径图纸；

5. 国际广播中心信号通路总图；

6. 国际广播中心主控制室系统图；

7. 国际广播中心4线交换中心系统图；

8. 国际广播中心信号记录存储机房系统图；

9. 国际广播中心有线电视分配系统图；

10. 各场馆转播综合区定位图；

11. 各场馆转播综合区内设备设施布局图；

12. 各场馆技术运行中心系统图；

13. 各场馆音频机房系统图；

14. 各场馆动画机房系统图；

15. 各场馆转播车布局图；

16. 各场馆转播车制作系统图；

17. 各场馆线缆路径图（综合区到摄像机、评论席控制室、混合区、单边采访区）；

18. 各场馆摄像机平台和机位定位图；

19. 各场馆传声器定位图、布线图；

20. 各场馆评论席定位图、布线图；

21. 各场馆评论席控制室定位图、设备布置图、电源和通讯分配图以及布线图（通往评论席、转播信息办公室、混合区和单边采访区）；

22. 各场馆转播信息办公室定位图、设备布置图、电源和通讯分配图；

23. 摄像机平台结构标准图；

24. 评论桌结构标准图；

25. 各场馆物流分配图。

本章总结

奥运会等大型体育赛事转播是一项大型的系统工程。准备周期长，安装调试期时间短。因此，只有经过周密的规划、详细制定实施方案，并配以准确的文字说明和清晰的图纸描述，才能保证在赛前短期内完成大量艰巨的实施任务。本章第一节介绍的是以工作区域来进行分类的准备工作，主要是告诉大家，准备工作都将在哪里进行，主要工作成果是什么；在第二节中介绍的以功能分类的准备工作，主要阐明准备工作由谁来做，做些什么。而第三节则从实际运作过程出发，总结出了主播机构的工作方式、主要活动和出版物。通过本章的学习，大家可以基本上了解了主播机构的工作任务和方式。

本章习题

1. 以场馆分类的准备工作都有哪些?
2. 以任务分类的准备工作都有哪些?

第三章　评论声制作与传输
The Commentary Sound Production and Transportation

引　言

足球世界杯和奥运会转播的音频系统都中有一个庞大且独立的系统——评论席系统。该系统负责采集和传输评论员的实况解说声。通常，评论席位可达2000多个，可以同时容纳6000多名体育评论员和评论嘉宾进行现场解说。

评论席系统在转播总系统中的位十分重要，属于四大核心技术系统之一（见图3-1）。

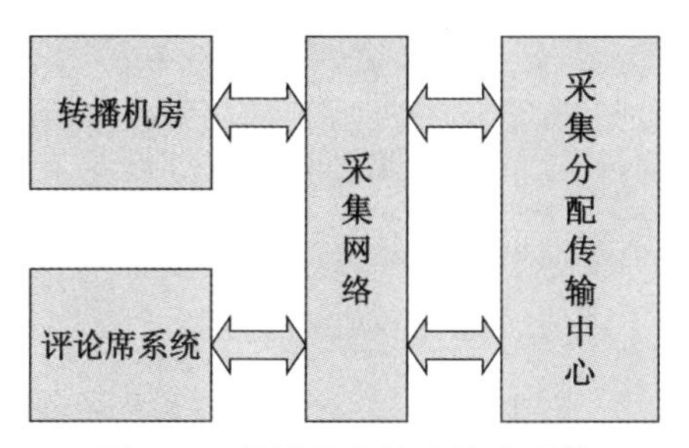

图3-1　转播四大核心技术系统

评论席系统的地位比较特殊，主要有以下几个原因：

• 广播和电视受众是通过收听转播评论员的解说声了解赛事进展和相关背景情况的。它在电视图像信息中起到了不可替代的重要作用。

• 体育解说都是用各国家本国的语言进行的，对于各国的受众这是绝大多数人可听懂的声音信息。在奥运会的电视转播中采用的英文字幕、运动员出场名单和成绩都是用英文显示的。这样，为了让绝大多数人看懂比赛，本国语言的解说就显得十分的必要。

• 在理论上，评论声信号不属于国际公共信号，将单独制作和传输。除了各国评论员在赛时的现场解说外，整个系统的设计、设施和运行都是由主转播机构提供的。国际广播评论声将作为单边信号，同国际公共信号一起传送给各持权转播机构。在持权转播机构的演播室里，将主转播机构与他们自己制作的单边信号合成后，制作成为完整的播出节目信号。

第一节 评论席位置的设置

1. 对评论席位置的要求

评论席在场馆内的具体位置，直接影响着评论员观看现场比赛进程进行实况转播解说的质量。评论席所在位置的总体要求是，保障评论员对比赛场地和场馆的其他主要区域（大屏幕、旗杆、发奖台等）具有最佳的视线。

为了达到这个要求，就要有相应的如下具体要求：

• 位于体育场馆的中心看台区域：体育比赛一般都会选择在体育场馆的中心区域进行，因此，评论席通常也会选择在与场地中心区域相对应的最近的看台上。

• 距比赛场地的距离要适中：不能过近，也不能太远。根据不同的运动项目，对距离的要求也是不一样的。比如，对于篮球比赛，评论席距赛场的距离就要相对比较近，甚至个别转播商要求其评论席位于场地的边缘。但是，对于足球比赛，评论席则通常位于距离场地比较远的看台上。

• 与比赛场地在垂直方向形成适当的视角：除了要选择适当的距离外，还要保障评论席位于适当的高度，使得评论员坐在评论席的座位上具有合适的视角。这个视角一方面能够满足评论员相对于此种运动项目有最好的视线，看到比赛场地的全貌；另一方面也同时保障评论员的视线不被前一排的评论员遮挡。

• 评论席位于终点线附近：对于有终点线的体育项目，评论席应该位于终点线附近。有时甚至要求评论席区域正对终点线。

• 评论员的视线内不能有任何遮挡物：在满足距离和视角的前提下，还要注

图 3-2　位于比赛场地正中并具有理想视角的评论席

意，在评论席和比赛场地之间不能有任何对评论员视线有可能产生遮挡的东西。这些东西有可能是，扶手、护栏、终点线门型框架、楼梯、摄像机平台、遮阳伞等。在遇到评论席被摄像机平台遮挡时，要避开遮挡设立评论席位。对于其他遮挡物，可以协商解决。

图 3-3　足球比赛评论席的理想视角

• 评论席平台要足够坚固：有些评论席所在的看台是临时搭建的，要求这样的看台要结实稳定。

• 评论席所在区域通道要保证畅通无阻：评论员在赛时会随时出入评论席，

来往于评论席和其他采访地点，评论席区域要保证他们可以自由地移动，出入通道要畅通无阻。评论席区域通常是专门为评论员使用的，其他人员不能进入。

图 3-4　篮球比赛评论席的理想视角

2. 评论席的结构和尺寸

在体育场馆内，评论席都是临时搭建在看台上的。需要搭建临时评论席的看台部分，都要将原来的普通座椅拆除。每个评论席允许有三个评论员就坐。因此，评论席的标准尺寸一般为 1.5 米到 2 米宽，1.5 米到 2 米深。这样，评论席的结构对看台的平台而言就是异型结构。评论席通常占用 2 排甚至 3 排看台的深度。评论席在结构设计上要考虑到评论员的工作平台和布线功能。评论桌的宽度一般应与评论席的宽度一致，两个评论桌之间一般都用透明的有机玻璃板隔开。评论桌的进深一般为 60 厘米到 70 厘米。

图 3-5　评论席的结构和尺寸（实物）

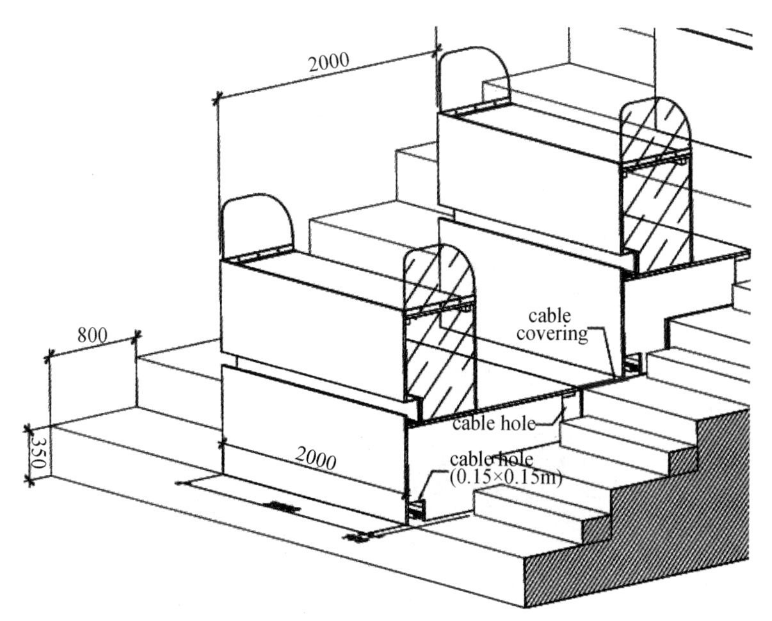

图 3-6　评论席的结构和尺寸（示意）

第二节　评论席提供的设备和设施

一、评论声采集单元

评论员的解说声的采集是通过一台采集单元来完成的。国内一般称它为解说员小盒。这个单元盒的主要功能是把评论员的解说声拾取后传输到评论席系统控制机房的控制单元。为了使评论员及时收听到导播的指令和赛场的实况声响（一般称为“国际声”），要将导播的指令和国际声通过单元盒传送到评论员的耳机。如果评论员要同导播通话，他只要在单元盒上选择通话键即可。单元盒具有三种工作模式：完全独立工作模式、半独立工作模式和遥控工作模式。其主要的区别就是评论员对单元盒的控制权限。可以视场合选择不同的工作模式（见图 3-7）。

二、有线电视

在评论桌上摆放着一台电视机，用来提供闭路电视信号。评论员在观看现场

图 3-7　评论员解说声采集单元

比赛的同时，可以通过电视机监看本赛场电视转播的画面，使自己的解说更加准确和全面。

三、竞赛实时信息系统装置

赛事组织机构将提供一个信息平台，为评论员提供实时的比赛信息。一般由一台 PC 机来显示。评论员可以通过这个系统及时地获得有关运动员和赛况的最新信息。

四、电话通讯装置

评论席设有电话线路、ISDN 线路和 LAN 线路，为评论员提供多种通讯条件。

五、设备供电装置

评论席的用电通常由转播技术综合区直接供给。

图 3–8　评论席提供的设备和设施

第三节　评论席控制机房

距评论席不远处，设有一个评论席控制机房。该机房的主要功能是接收和继续传输评论席解说声采集单元送来的音频信号。评论员在耳机里听到的各种声源信号、他们与导播之间的通话信号以及有线电视射频信号也是从这里传过去的。控制机房的主要设备，是连接各个评论席的控制单元设备和将所有解说声信号数字化并编码后，送往国际广播中心的传输设备。在赛时，将有专门人员负责设备的操控，为评论员提供及时的服务。他们随时监听各个评论席的解说声的质量，及时解决评论员遇到的各种技术问题。

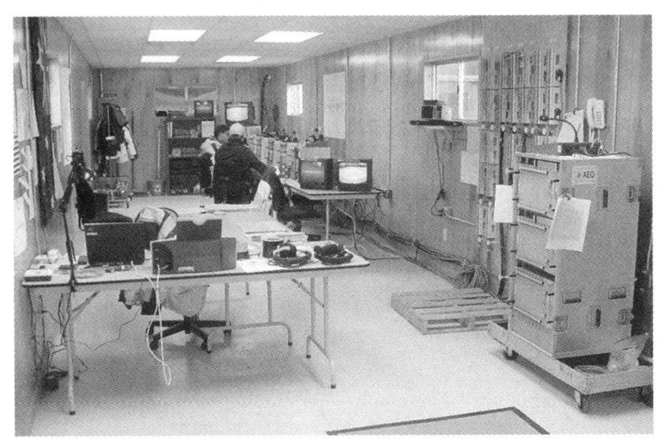

图 3–9　评论席控制机房

第四节　评论席系统设备工作原理

一、评论声采集单元

在每个评论席上都要安装解说采集单元盒。奥运会比赛的评论席是由专门转播组织负责管理，提供技术设备和服务的，因此，这时的单元盒被设置为遥控工作模式。转播时，评论员单元将由评论员本人操作，要求它必须操作简单。评论员可以控制它的解说声何时播出，可以随时切断播出而同导播通话，也可以选择监听来自哪个声源的声响，但除此之外，所有的其他的调整都将通过评论席控制单元设备及与之相联的控制计算机来进行遥控调整。为了安全，单元盒的供电也是由控制单元设备统一供给的。赛时，评论员头戴耳麦进行现场解说。他只需打开解说采集单元盒上的“播出”开关，就可以进行解说了。

二、评论席控制单元

每一台采集单元盒都同评论席控制机房里的控制单元相连，一台控制单元设备最多可以连接 10 台解说采集单元盒。通过控制单元设备，技术人员可以监听来自各个评论席的解说声，可以随时同评论员通话。在控制计算机的帮助下，技术人员可以对解说采集单元盒进行下列遥控设置和调整：

- 传声器和线路入音量电平调整；
- “播出”开关控制；
- 传声器和线路通道数字电平处理器启动开关和参数调整；
- 传声器和线路通道高通滤波器启动开关和参数调整；
- 解说声和国际声混合开关和音量平衡调整；
- 导播指令送出选择；
- 评论员耳机接收通话开关控制；
- 接听评论员请求开关。

三、评论声的传输

解说声采集单元与控制单元之间的音频信号是采用数字信号传输的。系统采用4线传输方式，2线传输接收信号（Rx），另外2线传输送出信号（Tx）。音频信号在单元盒内进行模/数转换，然后利用多路复用技术通过一条8芯的5类双绞数据线传输到控制单元。控制单元再进行数/模转换，输出各个解说声模拟信号到监听和分配矩阵接线盘，再由该接线盘连接到多路复用器形成E1数据信号，通过通讯网络输送到国际广播中心。

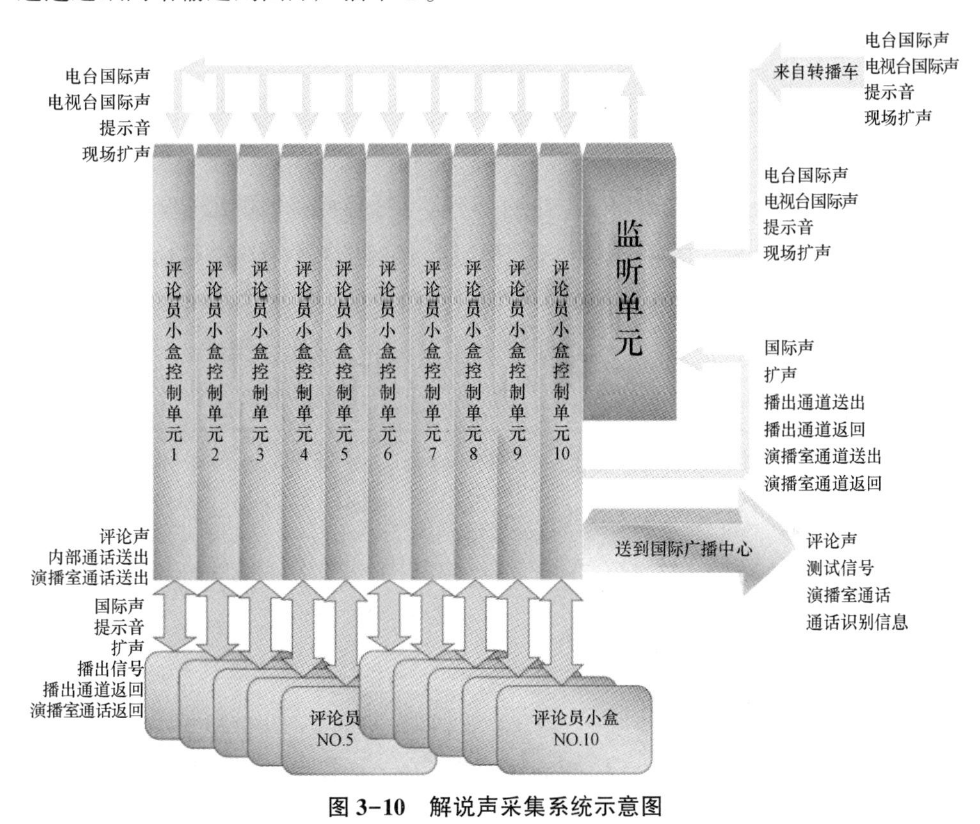

图3-10　解说声采集系统示意图

第五节　评论席系统设备介绍

用于评论席系统设备是音频设备的一种，但是对于这个系统的要求却是有所不同的。本节将介绍一种用于大型体育转播的评论席系统设备。

西班牙一家公司专门为评论席系统生产了成套设备。该设备包括三部分：评论员解说单元（评论员小盒）、评论员控制单元和多路复用传输单元。

一、评论员解说单元 CU

1. 概述

评论员解说单元是专门为评论员设计的。体育转播的即时性和不确定的环境条件，要求这个单元具有性能稳定、安全可靠和操作方便的特点。

该单元具有三种工作模式：独立自控制数字混合模式、独立遥控数字混合模式和完全遥控模式。在奥运会转播中使用的模式是完全遥控式的。这样有利于集中控制，减少操控失误。在这种模式下，该单元要与评论员控制单元连接，连线采用 8 芯（4 对）五类双绞线，采用 RJ-45 标准插接件。该单元的全部输入和输出信号将通过实时数字信号处理技术，利用高可靠性的 5. 4Mb/s 传输速率送到位于评论席控制室的评论员控制单元。三种工作模式通过设置不同的时钟信号连接路径自动切换。

每个输入通道都装有数字电平处理器，它是一个单频段音频处理器，具有扩展、压缩、限幅或增益放大等功能。这些特性可以保证音频通道获得理想的音频指标，免去了操作员连续调整的麻烦。上述所有参数都可以通过串行通讯接口定义并存在单元内。利用闪存技术可以将所有的程序和调整数据存储下来，根据用户的特殊需求可以通过 RS232 连接到计算机对参数进行调整。

该单元为所有模拟输入端配备了高质量电磁屏蔽输入变压器和高级射频 RF 保护装置。

直流电压供电压范围允许从 12V 到 48V。在全遥控模式下，电源供电由控制单元远程统一供电，供电电压为 48V。在该单元和控制单元上没有物理的开关装置，电源是自动开关的。这样可避免由于误操作使得系统不能正常供电。

2. 功能描述

图 3-11 显示评论员解说单元包括如下主要功能：

系统分为两大部分：一部分用于评论员、嘉宾解说和通话（见图 3-12）。

信号首先从 4 个输入通道采集进行数字化处理后进入节目（评论声）、技术

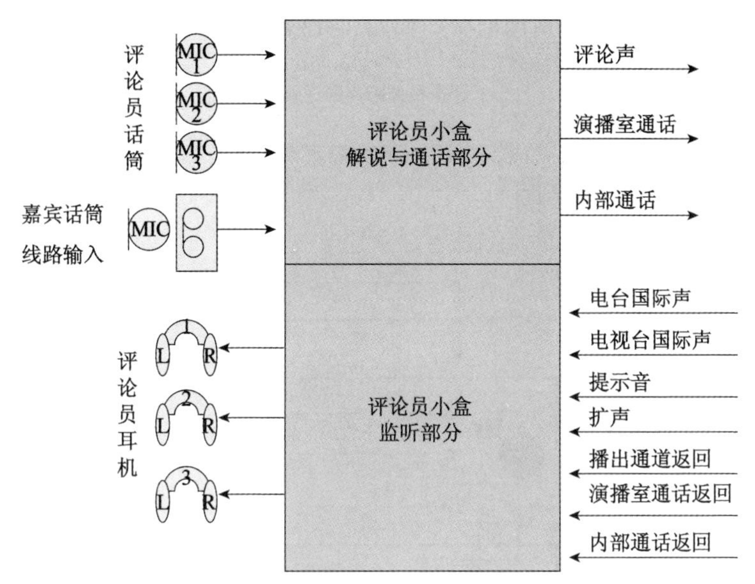

图 3-11　评论员解说单元功能系统示意图

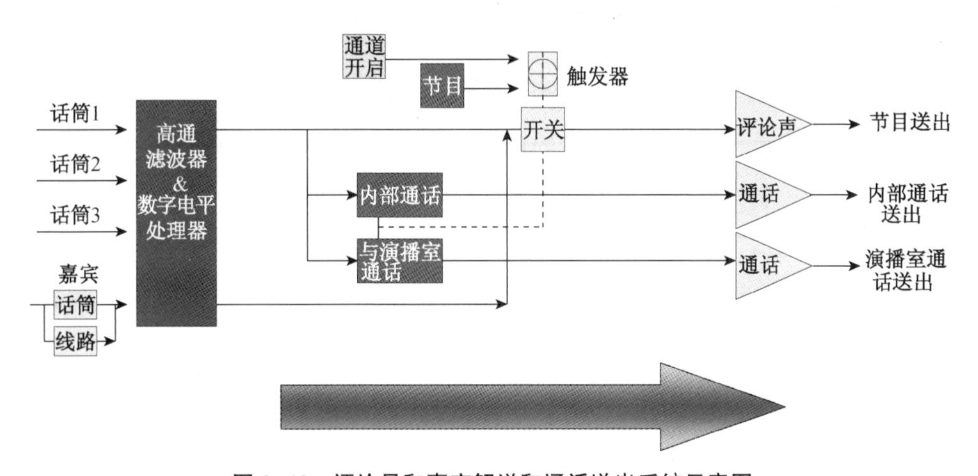

图 3-12　评论员和嘉宾解说和通话送出系统示意图

员（本地通话）和演播室（评论员所属转播机构）回路，然后以多路复用方式传送到评论员控制单元。这其中还要通过高通滤波器和动态处理器，它们的插入与否是由评论员控制单元遥控的。

节目送出通道的开启由评论员自己控制，当通道开启时，评论员的解说声便会送到节目通道，这个功能也可以通过评论员控制单元遥控完成。

另一部分是用于评论员的监听。如图 3-13 所示。

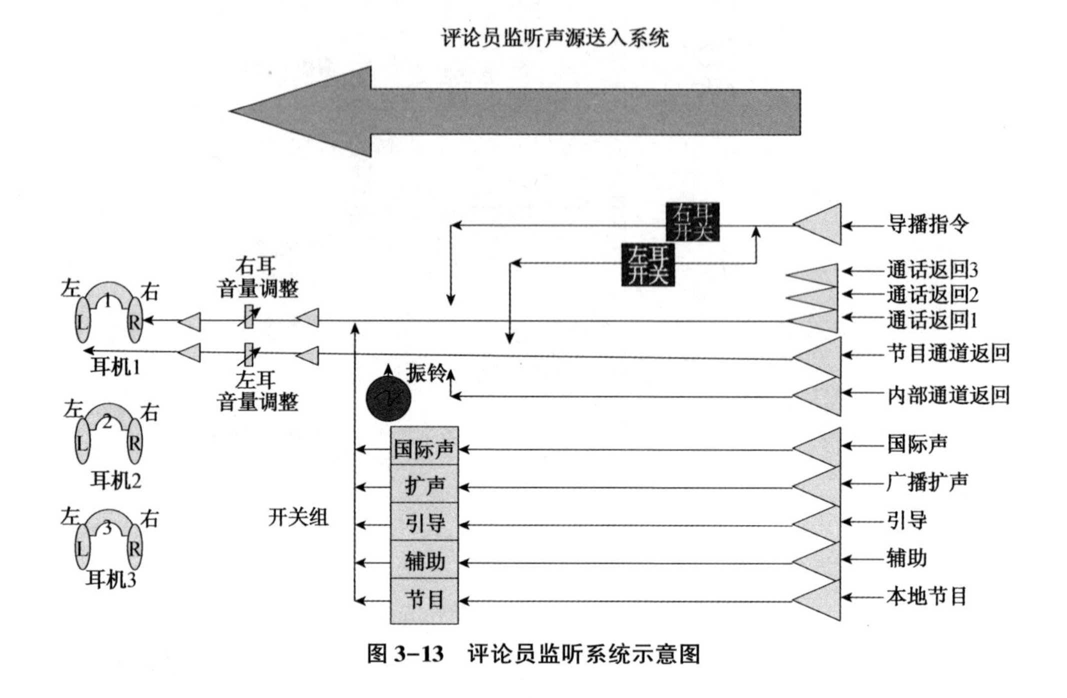

图 3-13　评论员监听系统示意图

评论员可以在该单元上通过右侧耳机选择监听扩声、引导、辅助、国际声和节目信号。评论员与自己演播室的导播的通话返回也将送入右侧耳机。

评论员与控制机房技术员的本地通话返回和提示铃声，演播室的导播人员可以通过节目返回与评论员通话信号将其送入左侧耳机。

主转播机构转播导演的指令声可以通过评论员控制单元遥控调整为右侧耳机、左侧耳机或者两侧监听方式。

如果评论员与控制室的技术员、演播室的导播人员通话，只要他按住相应的键，就可以将通话声音与解说声分开传送。

3. 安装与连接

在该单元的前面板上（见图 3-14）有 4 个卡农音频插座 XLR，用于每个通道的输入连接。评论员通道使用的是 7 芯母座，用于连接耳麦。而传声器/线路输入通道使用的是 3 芯母座，通常用于嘉宾传声器或者磁带录音机等链路设备输入。

该单元的后面板连接插座配置如下（见图 3-15）。

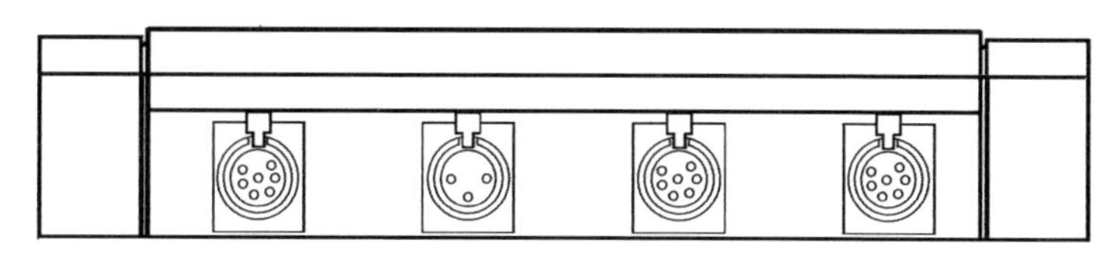

图 3-14 评论员解说单元前面板示意图

用于连接本地模拟音频返送信号的插座，送入左侧耳机的 LEFT F'BACK 和送入右侧耳机的 RIGHT F'BACK，用于调整输入电平的微型电位器 LEVEL TRIM。

本地辅助节目输出插座 MIX OUT 和输出电平的微型电位器 LEVEL TRIM。

评论员控制单元 CCU 插座 FROM CONTROL UNIT。

辅助线路插座 AUXILIARY LINE。

数据插座 CONTROL DATA PORT。

辅助供电插座 EXTERNAL DC INPUT。

微型拨键工作方式选择开关 STARTUP CONFIGURATION。

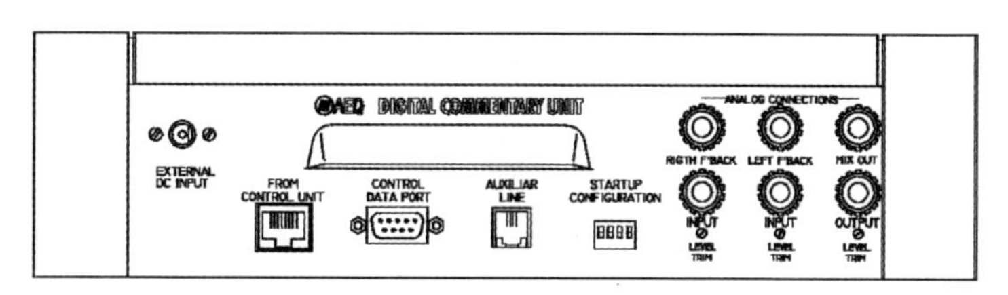

图 3-15 评论员解说单元后面板示意图

当该单元工作在全遥控操作方式时，只使用评论员控制单元 CCU 插座 FROM CONTROL UNIT 这个接口，用于该单元 CU 与评论员控制单元 CCU 的连接。一条 4 对五类双绞线和一个 RJ45 插头把两个单元的全部工作信号接收和发送这时，该单元的电源也是通过这个接口提供的。插头的两端都要进行屏蔽连接。如果使用中间连接器，也要进行屏蔽连接。

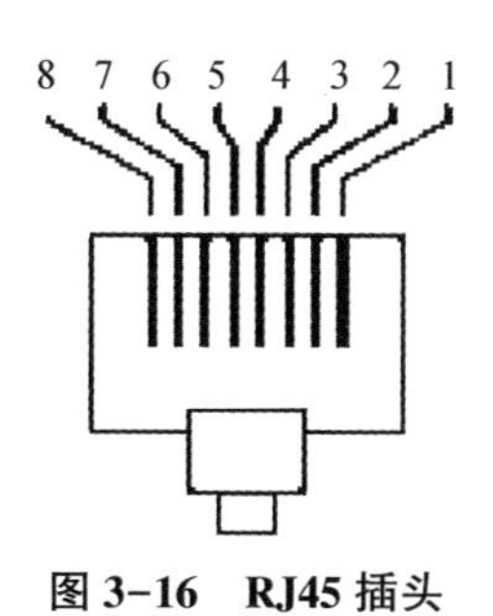

图 3-16 RJ45 插头

4. 操作说明

在该单元的工作面板上工作界面分成 5 个区域。评论员 1 号功能区、评论员 2 号功能区、评论员 3 号功能区、嘉宾或线路输入操作区和单元状态显示区。

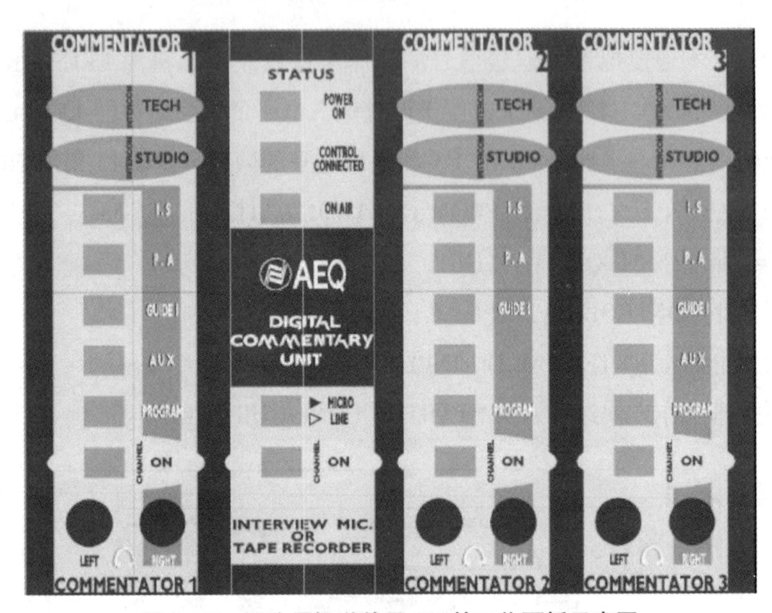

图 3-17 评论员解说单元 CU 的工作面板示意图

4.1 评论员功能区

这三个评论员功能区是一样的，分别用于 1、2 和 3 号评论员对评论、通话和监听进行控制或选择。

在这个区域内的功能分别叙述如下：

A. 内部通话按键 INERCOM TECH

按住此功能键，评论员可以同工作在评论员控制室 CCR 的技术员 CCR OPERATOR 通过本地通话回路进行对话。此键按下的同时，系统将临时中断评论员与节目播出通道 PRG ON-AIR 回路的连接。这个按键是“按住通话 PPT”型。首次按下此键时，在控制室 CCR 的控制单元 CCU 一端将产生呼叫铃声。一旦技术员接听，这个按键就处于“按住通话 PTT”状态，直到技术员释放此功能。

当在控制室 CCR 的控制单元 CCU 一端的技术员呼叫评论员时，除了耳机内会有呼叫铃声外，在工作面板上 1 号评论员功能区的此功能键的液晶显示也将闪烁。为了使其不再闪烁，只要按下任何一个评论员功能区的此功能键与技术员通话即可。

B. 内部通话按键 INERCOM STUDIO

按住此功能键，评论员可以同工作在演播室的导播人员通过联络通话回路进行对话。此键按下的同时，系统将临时中断评论员与节目播出通道 PRG ON-AIR 回路的连接。这个按键是“按住通话 PTT”型。任何一个评论员功能区的这个通话功能都可由控制室的控制单元决定其是否可以通话。

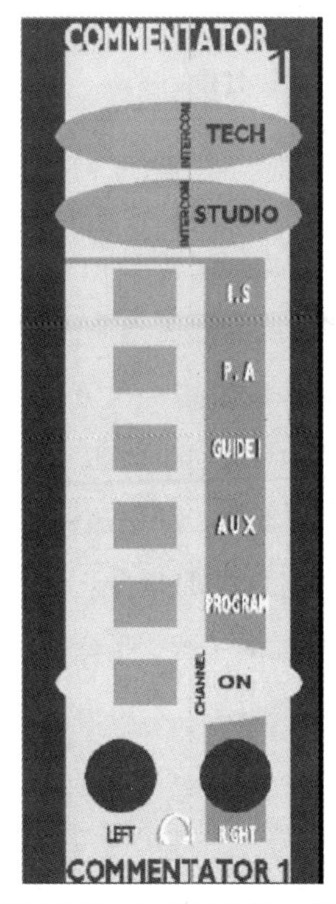

图 3-18　评论员解说单元 CU 的评论员功能区工作面板示意图

C. 右耳监听信号源选择键

这个区域（蓝色）包括 5 个监听功能键：国际声 I. S、扩声 P. A、引导 GUIDE、辅助 AUX，和节目 PRG 信号。按下相应的功能键可以选择监听对应的声源，再次按下该键则关闭此声源的监听。

国际声 IS：可以监听到电台国际声 IS-1 或者电视台国际声 IS-2，它们通常都是送来的场馆内观众声，并可由控制室的评论员控制单元选择。

扩声 PA：这是从场馆扩声系统送来的现场广播声

引导 GUIDE 和辅助 AUX：这是来自其他评论员的解说声或者来自外部的辅助线路信号源，要想得到这样的信号，需要事先在评论员控制单元 CCU 上进行相应的连接。

节目 PRG：这是来自评论员控制单元 CCU 的本地的节目信号。

D. 通道开启功能键 CHANNEL ON

这个功能键用于打开此通道的传声器进行直播或关掉此通道。也可以从评论员控制单元 CCU 上遥控。当启用内部通话功能键时，它将被自动关掉。

E. 左右衰减器 LEFT AND RIGHT

在每个评论员功能区的最底部有两个旋转电位器，分别用于调整左耳和右耳的监听音量。有几个重要的声源不能被这两个电位器关死，它们是：制作提示音 CUE、本地通话 LOCAL T'BACK 和呼叫铃声 RINGER。

另外，在 3 号评论员功能区的内部通话演播室功能键 STUDIO 可以设置为不是“按住通话 PTT”方式，而是只要按一次就可以一直通话，直到再次按下为止。这种方式称为“交流方式 COMMUNICATE”或“BBC 方式”，因为，英国的 BBC 广播公司总是使用这种方式工作。利用这种方式，制片人可以通过联络通话回路的辅助输出保持全时段发出自己的指令。这个输出可以通过连接控制单元 CCU 上的引导 GUIDE 到那些应该接受这些指令的评论员所在的控制单元 CCU 上的辅助 AUX。

4.2　嘉宾或线路输入操作区

评论员解说单元 CU 可以允许 3 个评论员进行解说及一个嘉宾主持同时讲话。嘉宾或线路输入操作区控制的是嘉宾传声器。这个输入端也可以用于传输一路事先录制好的磁带或来自其他线路电平的信号。

A. 传声器/线路功能键 MIC/LINE

一个拨动开关在相应的动圈传声器或者便携磁带录音机之间进行阻抗和增益的选择。液晶显示一个黑色箭头时，表示传声器连接方式，显示浅色箭头时，表示线路方式。

B. 通道启动功能键 CHANNEL ON

图 3-19 嘉宾或线路输入操作区工作面板示意图

这个功能键打开或关闭这个输入端的传声器或者线路进入到节目直播通道。

4.3 单元状态显示区

这个区域有三个液晶显示窗口，分别显示电源、连接和直播三个状态。

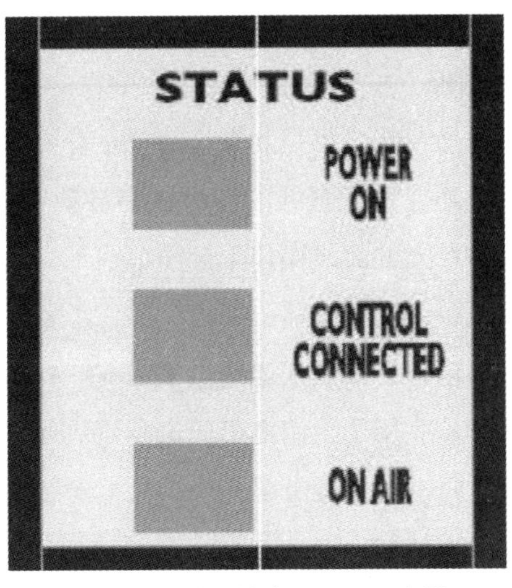

图 3-20 单元状态显示区示意图

A. POWER ON 电源开启

在评论员解说单元 CU 上没有电源开关，这主要是为了避免误操作导致供电中断。电源由评论员控制单元 CCU 遥控供给。当评论员解说单元 CU 与评论员控制单元 CCU 之间的导线连通后，供电供电自动接通，液晶显示窗有指示。表明电源供电正常。

B. CONTROL CONNECTED 控制线路接通

这个液晶显示有稳定的指示时，表明评论员解说单元 CU 评论员控制单元 CCU 的信号连线良好；显示闪动时，表示信号连接有故障，这时，操作人员应及时通知技术人员进行处理。

C. ON AIR 直播

这个液晶显示表示评论员解说单元 CU 目前是否处于播出状态。当评论员控制单元 CCU 上的节目播出开关处于接通状态时，液晶显示出现一个指示箭头。指示箭头稳定不动，表明评论员解说单元 CU 上至少有一个传声器是打开的，也就是，至少有一个评论员功能区的通道开关处于接通状态。如果没有任何一个处于接通状态，指示箭头将不停地闪烁，直至有一个通道开关接通为止。

二、评论员控制单元 CCU

1. 概述

评论员控制单元是评论席系统的中心设备。在一个 9 单元高的机箱内可以最多安装 10 个评论员单元控制板、一个监听单元、2 台独立的供电设备和接线背板。

考虑到该单元用于直播，安全可靠和操作简单是首要的，因此，在采用数字音频技术的同时，该单元还应用了最新的实时数字自动化技术和信号处理技术。这些新技术的应用使得该单元的面板操作十分简单明了，最大限度地减少了操作失误，从而大大提高了该单元的安全播出能力。

除了安全播出的性能以外，该单元还提供了以下一些优秀的性能：

- 独立的固态录音芯片：用于录制播出通道和通话通道的识别语言信息。
- 数字电平处理器：每一个评论员单元控制板都安装了数字电平处理器，可以对输入信号进行实时动态处理。
- 评论员单元控制板与评论员解说单元通过 4 对五类双绞线和 RJ45 标准插件连接。所需传输的信号以 5.4Mb/s 的高稳定速率传输。
- 两个独立的提示音通道可以选择送到评论员监听耳机的左耳、右耳或双耳。

- 可通过计算机网络遥控评论员控制单元，实现系统参数的设定。
- 双单元热备份供电系统。

2. 功能描述

每一个单独的评论员小盒控制单元都接收到来自转播控制机房的音频信号、电台国际声、电视台国际声、提示音和场内扩声等，然后传输给评论员小盒，用于评论员监听。同时，还传输给评论员小盒节目通道返回和演播室通话返回信号，用于特殊用途的引导（来自其他评论员）和辅助（间接来自其他评论员）和备份线路等。另外，还提供了评论员与技术员的本地通话功能。

监听单元可以监听和监测从转播控制机房送来的音频信号、电台国际声、电视台国际声、提示音和场内扩声等，同时可以监听和监测来自评论员小盒控制单元的音频信号、节目送出和返回、演播室通话和返回、引导和辅助、电台国际声、电视台国际声、场内扩声等。

3. 评论员小盒控制单元功能

图 3-21 清楚地表示了评论员小盒控制单元音频工作模式选择功能的工作原理。

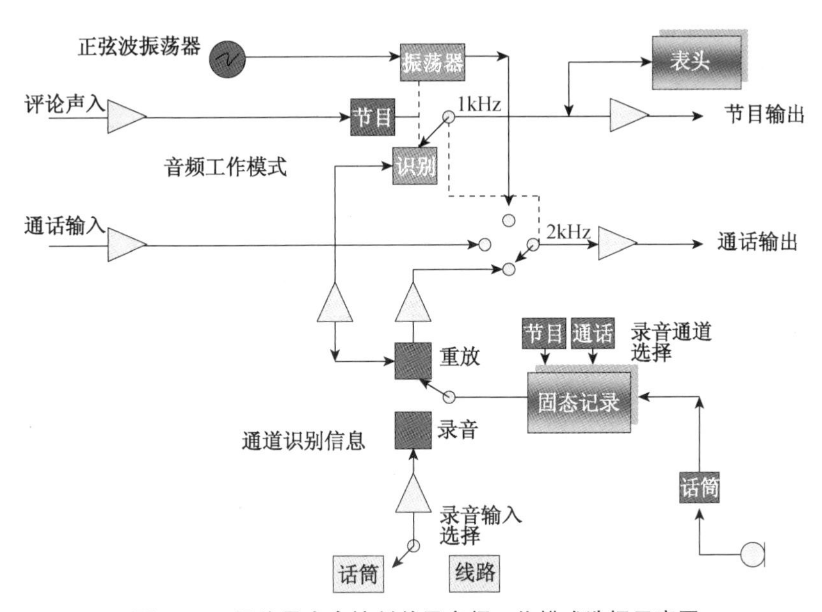

图 3-21　评论员小盒控制单元音频工作模式选择示意图

该单元具有三种音频工作模式。当系统工程师需要测试系统工作电平时，该单元可以工作在音频信号发生器模式，送出 1kHz 的正弦波信号给节目播出通道，送出 2kHz 的正弦波信号给演播室通话通道。

在直播时该单元被切换到节目播出模式，允许评论员开始进行现场解说。

直播结束后，该单元通常会将系统切换到通道识别信息模式，这时该单元将提供一个循环的通道识别信息，使得工作在国际广播中心的工程师们可以随时监听和甄别相关通道运行情况。这一识别信息是事先由评论席转播经理录制完成的。录音中主要包括通道属性节目播出通道或演播室通话通道、通道编号（通常是由场馆编码和数字组成）、场馆名称、持权转播机构名称、评论席编号等必要信息。

该单元可以提供国际声和评论声混合的功能，但只有在持权转播机构提出明确要求时才会使用。持权转播机构通常会在自己的演播室内进行混合。

为了保证评论声的质量，该单元还提供了高通滤波器和数字电平处理器。其参数可以通过计算机进行设置。

该单元还提供如下一些遥控功能：直播开关用来遥控评论员小盒上的评论员和嘉宾传声器的开启功能、提示音选择和评论员耳机左右耳选择功能、国际声选择功能、演播室通话线路开启功能等。

4. 监听单元功能

监听单元主要用于监听和检测各个音频信号的质量和音量电平。图 3-22 详细地表示了需要监听的声源类型。

首先，评论员解说时需要听到的声源，如国际声、提示音和扩声等信号，由综合区的转播机房送到评论员控制室，同时分配到监听单元及各个评论员小盒控制单元，在监听单元即可以选择直接监听这些送到该单元的信号，也可以通过选择不同的评论员小盒控制单元来监听送到那个单元的信号。这些评论员解说时需要听到的声源在评论员小盒控制单元与其他信号，如播出信号、节目通道返回、演播室通话返回及内部通话返回信号一起送到评论席。在监听单元上还可以监听和监测从评论员小盒送到其相应控制单元的信号，比如：节目通道、演播室通道、国际声和扩声等。

5. 安装与连接

在监听单元的接线背板上安装有直接连接公共音频信号源的卡侬 XLR 三芯

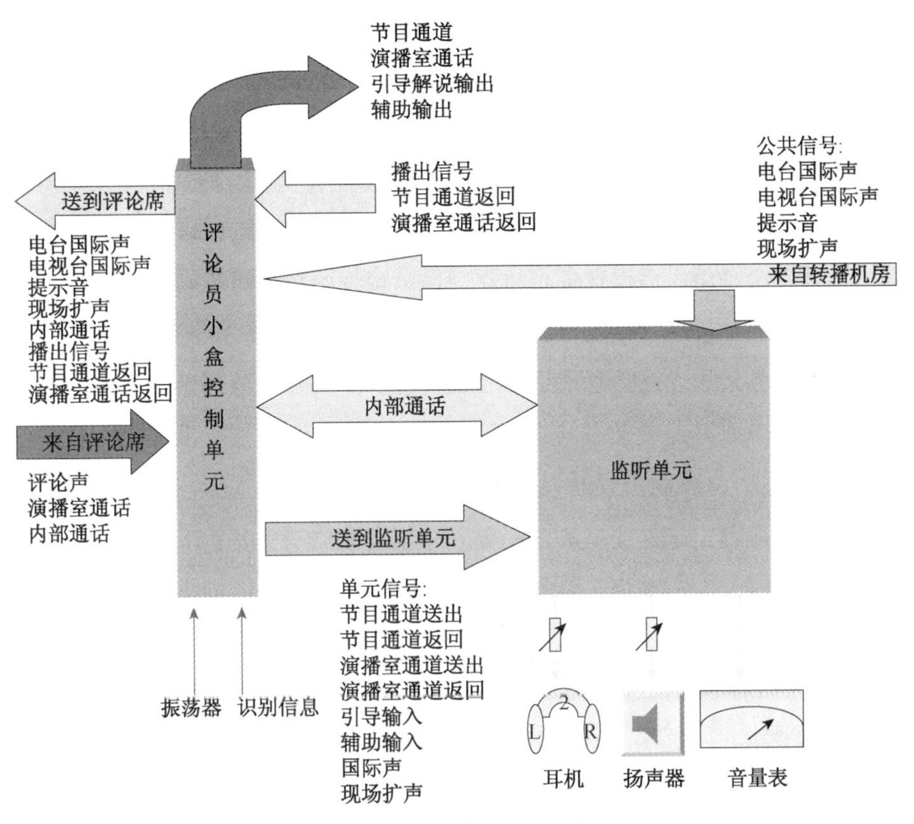

图 3-22　监听单元功能示意图

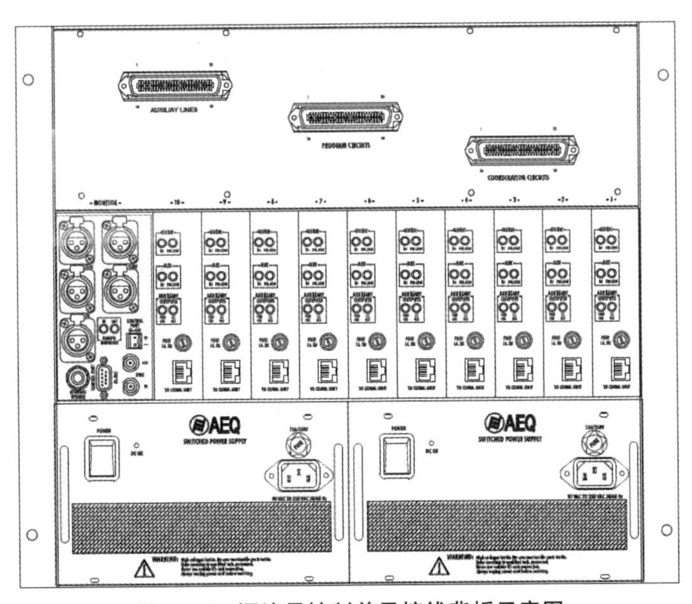

图 3-23　评论员控制单元接线背板示意图

插座和外接扬声器接口。分布在评论员小盒控制单元接线背板中部的是单边信号插入接口、电源供给和音频数据流传输接口及切断评论员小盒供电的保险管插座。其中供电和音频数据流的传输是由 RJ45 插接件和一根 8 芯五类双绞线完成的。

从示意图上可以看出，评论员控制单元整机的电源是由双电源供给的，两个独立的电源互为备份，可以保证整机在一个电源发生故障时不间断地工作。

在监听单元的接线背板上方的三个 50 芯插座，分别将 10 个评论员小盒控制单元的播出音频信号、演播室通话信号及备份线路信号传输到监听和分配控制板的接线架上，再通过多路复用设备传输到国际广播中心的控制机房。

6. 评论员小盒控制单元模块 CM 的操作说明

上面已经提到，每台评论员控制单元可以最多插接 10 个评论员小盒控制单元模块和一个监听单元模块。每个控制单元模块与一只评论员小盒相连，用于采集评论员的讲话声和为其提供监听声源及供电。下面就介绍一下控制单元模块工作界面的一些主要操作功能。

6.1　音频工作模式部分

在该模块的最上部是音频工作模式部分。

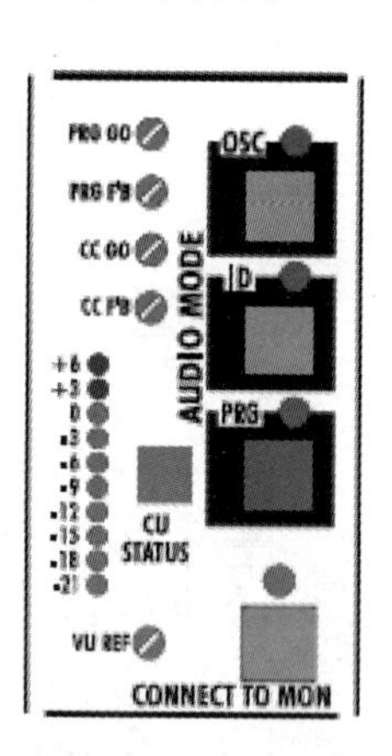

这一部分的作用主要是用来选择和切换该模块的工作方式。该模块有三个主要的音频工作方式，

A. OSC 工作模式

按下 OSC 键两次开启正弦波信号送出工作模式，系统将 1kHz 的正弦波信号送入播出通道，将 2kHz 的信号送入演播室通话通道，用来确定通道标准电平。

通道标准电平为+4dBu。

B. ID 工作模式

按下 ID 键时该模块工作在通道识别模式，如果这时该模块的固态芯片内已经录有通道识别信息（通常为人声），这些信息就将自动反复重放，分别为播出通道和演播室通话通道提供必要的通道识别信息。就是在评论员控制机房无人职守的情况下，国际广播中心和持权转播机构演播室的工程师也可以通过这些信息检查和甄别系统通道。

C. PRG 工作模式

按下 PRG 键该模块便工作在播出状态，允许评论员的解说声通过播出通道送出。这种工作模式只有在评论员小盒正确连接在该模块时才起作用。在这个按键的左边有一个指示灯，当显示绿色时，表明评论员小盒已经接通，播出通道工作正常。红色表示没有联接，黄色说明音频信号数据连接不正常。

6.2　国际声部分

紧邻音频工作模式部分的下方，是国际声部分。

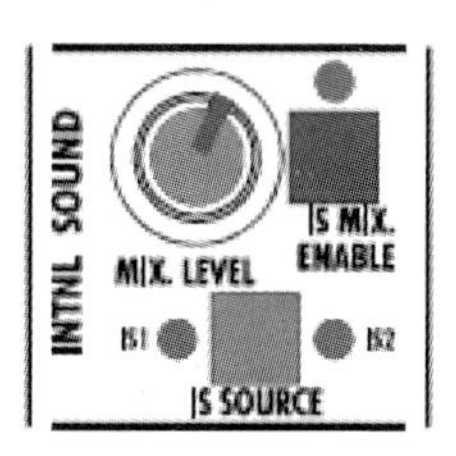

这个部分的功能是控制该模块采集的评论员解说声和相应的国际声的混合比例。这个功能在现代奥运转播中越来越少的被使用，因为，绝大部分的转播机构会在国际广播中心搭建前方转播演播室和机房，他们更愿意在自己的机房里进行合成。这个部分可以为评论员选择监听电视台国际声或电台国际声。

6.3　指导评论声输入

这个部分的功能是为该模块开启监听来自其他场馆的评论员的解说声。这个功能仅被少数转播机构所使用。如果转播机构需要这个功能，就要在位于不同场馆的相应模块之间进行连线。

6.4 辅助评论声输入

这个部分的功能是为该模块开启监听来自其他场馆的另外一个评论员的解说声。这个功能同样仅被少数转播机构所使用。如果转播机构需要这个功能，就要在位于不同场馆的相应模块之间进行连线。

6.5 提示音部分

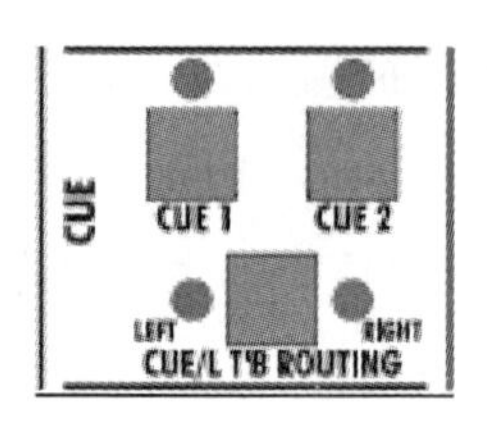

这个部分的功能是用来为评论员选择监听提示音，分配提示音到左边耳机、右边耳机或者左右同时。

6.6 评论员传声器输入部分

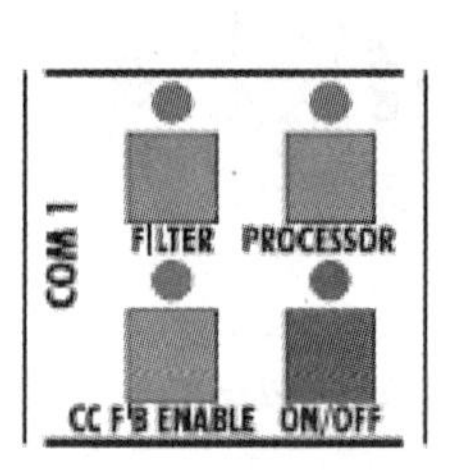

这个部分的功能是用来为评论员开启传声器、控制在输入通道中是否插入高通滤波器和数字电平处理器。还可以控制评论员是否允许听到演播室通话返回。在评论员小盒上也有一个传声器开关，这两个开关通过一个双稳态触发器控制，传声器是否开启，取决于这两个开关当前的开关状态。在通常的情况下，传声器是由评论员自己控制开启和关闭的，因为，技术员并不知道评论员什么时候进行解说，什么时候停下来。

高通滤波器和数字电平处理器的参数是由联结在评论员控制单元上的计算机来设置的，一旦设置完成，计算机可以离线，直到再次改变设置。

高通滤波器和数字电平处理器

图 3–24　高通滤波器和数字电平处理示意图

6.7　嘉宾传声器或线路输入部分

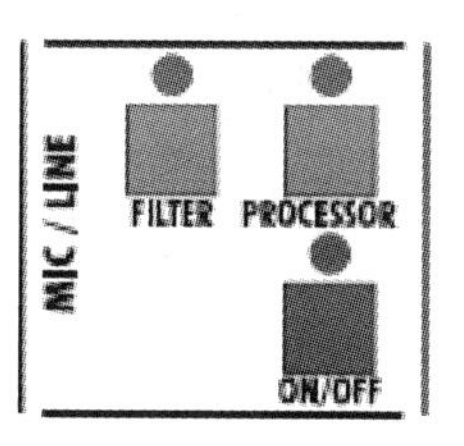

这个部分的功能用来为嘉宾开启传声器或开启线路输入、控制在输入通道中是否插入高通滤波器和数字电平处理器。

6.8　本地通话部分

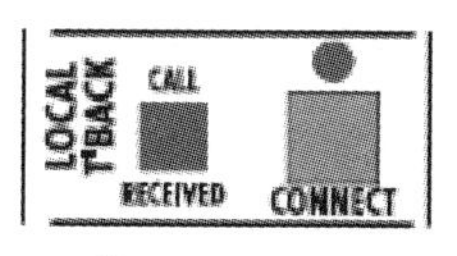

这个部分的功能是用来显示和接听评论员的呼叫。呼叫时，呼叫接受指示灯会点亮，同时发出蜂鸣声，直到技术员按下接听键为止。接听键按下后，技术员需要按住 PTT 位于监听单元 MM 上的传声器键与评论员通话。通话结束后，技术员应该立即按复位键，以便恢复该模块的正常功能，复位键位于监听单元传声器键的右侧。

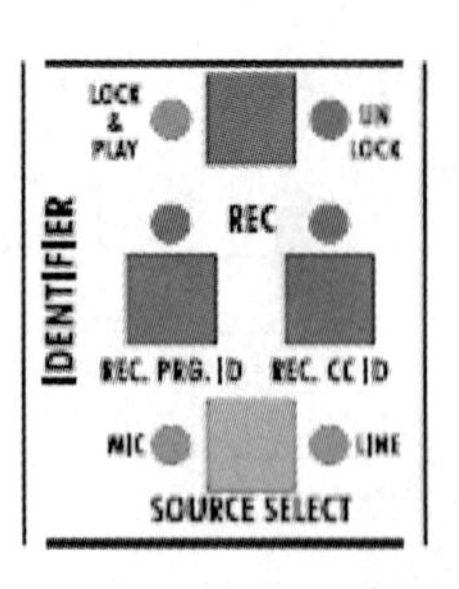

6.9 通道识别信息部分

这个部分的功能是用来录制和播放通道识别信息。该部分在正常情况下，总是处于“锁住和重放”LOCK & PLAY 状态，以便使该模块处于正常工作状态。在不播出的时候，可以进行通道识别信息的重新录制。按下一次切换开关，该模块便工作于“解锁”UNLOCK 状态，这时按下不同的录音键，选择录制信息到播出通道还是演播室通话通道，然后马上按住 PTT 位于监听单元 MM 上的传声器键，在 24 秒钟之内将所需的信息录制在固态芯片上。一旦录制结束，应立即关掉录音开关，否则所录制的信息在反复播放时，会让监听的工程师等待一定的长度才重复播放。录制信息也可以采用线路输入的方式，将已经录制完成的信息通过位于监听单元的线路输入插座录入到该模块。

7. 监听单元模块 MM 的操作说明

监听单元的扬声器位于模块的中央，将该模块分成上下两个部分。

上半部分的功能主要有：

7.1 音量表

这是一个极其精确的音量表头，它可以同时显示音量单位 VU 和峰值 PPM。表头以柱状方式连续显示音量单位 VU 数值，以动点显示信号的最大峰值。显示峰值时，它的触发（上升）时间比音量单位短，而恢复（下降）时间比音量单位长，这样，可以将两种不同的指示方式在一个表头上清晰地显示出来。所有通过监听单元选择监听的音频信号都会在这个表头上显示出其音量电平的大小。该表头显示的音量刻度以 dBu 为单位。

7.2 音频输入信号监听/显示选择键

紧邻表头右侧的第一列黄色按键，用于选择监听/显示从转播机房送来的音频信号源。这个功能可以帮助技术员在判断信号通路故障时，首先确认输入信号是否正常。可以选择的输入信号源包括：电台国际声 IS-1、电视台国际声 IS-2、第一提示音 CUE-1、第二提示音 CUE-2 和场馆内扩声 PA。奥运转播中仅适用第一提示音 CUE-1。

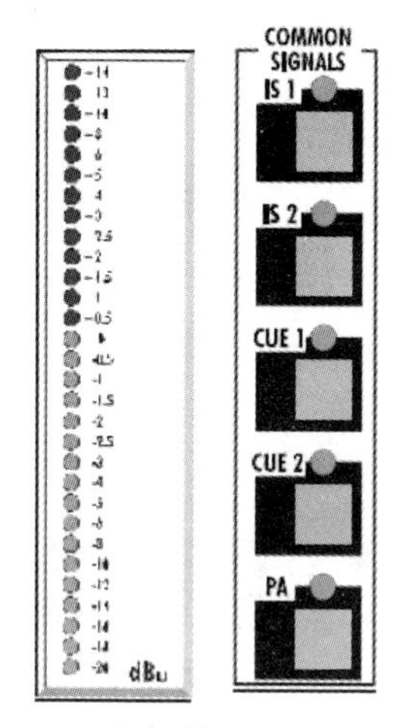

7.3 音频输出信号监听/显示选择键

远离表头的另外两列黄色按键，用于选择监听/显示那些直接送到各个评论员小盒控制单元的供评论员监听用的音频信号源、从评论员小盒传来的评论声、演播室通话，还有播出通道返回、演播室通话返回等信号源。这个区域的选择键的功能每次只能监听/显示一个评论员小盒控制单元模块，监听/显示哪一个模块，取决于哪个模块的监听选择键被选中。

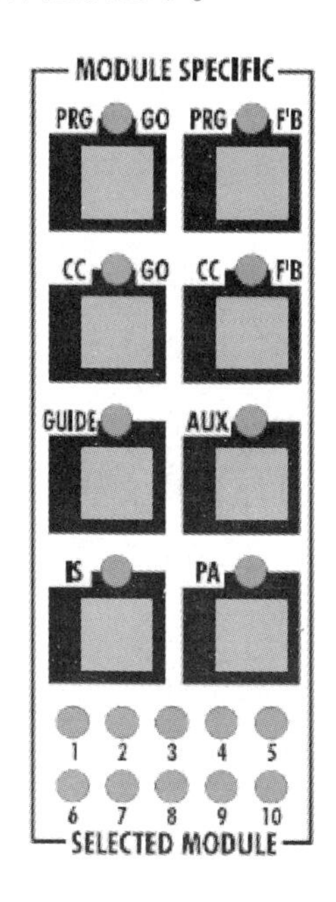

下半部分的功能主要有：

7.4 内部通话功能区

厂家考虑到该设备的通用性，设计了这个功能区。通过这些按键的选择，技术员可以临时切断播出通道和演播室通话通道，进行自己的通话。这些功能的使用是非常危险的，尤其是在奥运会转播直播比赛的过程中。因此，厂家还是采取了一定的保护措施，用透明的塑料罩盖住了这些按键。在奥运会转播中，这些功能一般仅用于赛前检测系统。

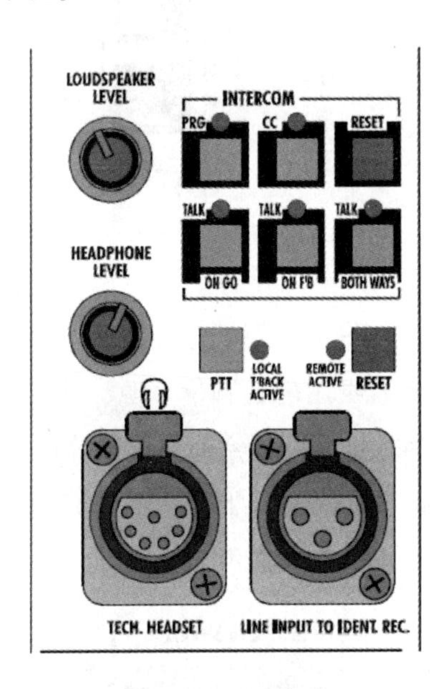

7.5 扬声器和耳机音量电位器

在内部通话功能区左侧有两个电位器，分别用来调整扬声器和耳机的监听音量。

7.6 输入与耳机监听插座

在该单元的底部设置了两个插座，其中左边的是 7 芯插座，用于接插耳麦；右边的是 3 芯插座，用于接插线路输入设备，这种设备通常用于重放已经录制完成的通道识别信息。

在该单元的顶部设置了本机的编码显示和调整开关、输入音频信号源音量微调，以及计算机进行各项数据遥控设置时，数据传输显示等功能。

三、评论声分配和传输系统

在评论席控制室内，除了评论声采集设备外，还有监听、分配系统和评论声传输系统设备。其中，最常用的是监听矩阵和多路复用器。

1. 监听和转接矩阵、分配界面

评论员的解说声和与演播室的通话声信号从评论员小盒送到评论员小盒控制单元后，通过专用的连线分别连接到监听矩阵。用于技术人员随时监听和监测这些信号。在奥运会转播中，有两种监听矩阵可以使用。一种是手工模拟音频矩阵，它由一定数量的50针接线架组成。来自控制单元的信号首先通过一根50芯(25对)双绞线连接到接线架的左端（输入端），经过桥接器连接到右端（输出端）。其桥接器是由金属制成的，正常情况下，输入端和输出端是接通的，并且可以通过并接插头，在不中断信号的情况下监听和监测此路信号。当然，如果需要也可以通过插入断路器切断输出路径。在接线架的右端同样有一根50芯(25对）双绞线，将监听矩阵的输出连接到数据传输设备。系统连接示意图见图3-25场馆内评论声传输。

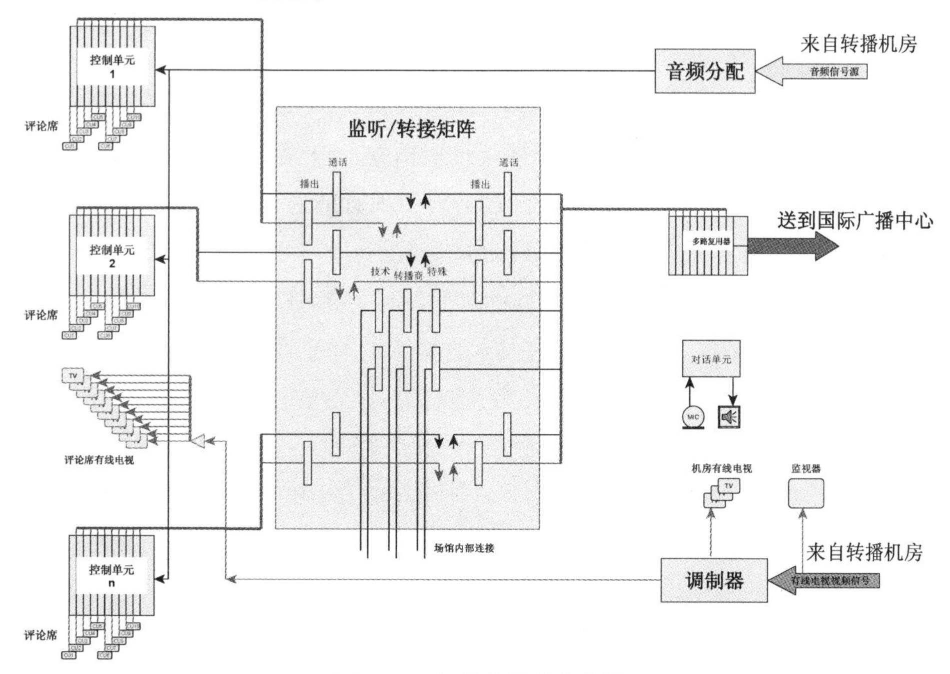

图3-25　场馆内评论声传输

这种类型的监听矩阵的一个最大优点是十分灵活。首先，它的规模是由所提供的评论员小盒的数量决定的。每一个接线架理论上可以桥接25路音频信号。由于播出和通话通道都采用4线传输，再留有一定的备份，通常每个接线架只负责传输10组4线信号。也就是说，在矩阵上的每一个接线架，只对应来自一个控制单元的10套节目送出信号和节目返回信号，或者是10套演播室通话送出信号和演播室通话返回信号。因此，每增加一个控制单元，只要增加2个接线架便可以解决对这些信号的监听和监测。另外，这种矩阵不需要成型的产品，可以在控制室内的墙壁上铺设木板，将接线架临时安装在上面即可。这种结构十分适合大型临时性转播的工程实施。

另一种是数字矩阵。与上述的矩阵不同，数字矩阵是一种专业影视频产品。它是由电子开关电路组成的。通过激活节点处的开关来接通或关断输入端的信号通道。每个输入信号都将经过每个输出节点，但只有激活了节点输出端才能获得这个输入信号。通过控制电路或者计算机辅助可以对任意输入/输出信号进行监听、监测，如果需要还可以将某一通道中断，插入所需的信号源。

在监听矩阵的后面，有一个分配界面，负责将所有的需要输送到国际广播中心的信号进行编排整理，使用50芯（25对）双绞线将其连接到多路复用器的输入端。

2. 多路复用器

评论席系统传输设备之一是多路复用器。通常，大型体育赛事的转播会有近2000个评论席，平均每个场馆有50路评论声信号、50路演播室通话信号及数十路其他内部通话信号需要同时传输。为了利用现有的通讯设备设施传输多路信号，通常采用多路复用方式进行信号传输。

多路复用器是利用通讯领域里的“时分”或“频分”技术，在发送端将多路音频信号进行编码，用较窄的带宽传送比较多的信号通道，然后，在接收端再将其解码，还原成原来的音频信号。

该多路复用器可以将评论声信号编码后利用E1/T1传输协议进行传输。根据用户的需要，可以有3种带宽供选择或使用它们的组合，3.5kHz、7.5kHz和15kHz。其模块安装在48.26cm（19英寸），6单元型机架上，最多可提供8个音频输入/输出模块，1个控制模块和2个电源模块。

两个电源模块互为热备份，允许输入电压在110V标准情况下，从85V到132V，在220V标准情况下从170V到264V范围内变化，支持电源频率50Hz和

60Hz，在 48V/DC 时，最大功率为 150 瓦。

控制模块用来连接 E1 或 T1 的通道，通常是通过双绞线来连接（也可选择使用光纤）。复用器允许进行远程控制和监测，其中包括报警和工作状态显示，以及通过计算机设置参数。为了完成这些控制功能，复用器装有一个 RS485 的控制总线，它能够连接多个复用器。

音频输入/输出模块分为两种类型，一种可提供最高为 2 个 15kHz 的通道和其他下行组合；另一种则提供最高 4 个 7.5kHz 的通道和其他下行组合。一个机架允许插入 8 个输入/输出模块，插入那种类型的模块，取决于复用器通道的配置。

3. 综合信号采集网

经过复用器处理过的音频数据信号将通过四大技术系统之一的综合信号采集网传到国际广播中心的评论席系统信号切换中心。

4. 国际广播中心评论声切换中心

在国际广播中心国际信号主控机房的旁边，有一个不太被人熟知的机房，它的主要职责就是收集所有场馆送来的评论声信号，经过监听监测后分配给各国的转播机构。通常称这个机房为评论席系统信号切换中心。

从综合信号采集网接收的音频数据信号在这里首先经过解码，转换成可直接进行监听的模拟信号。这些模拟信号将被传输到监听和分配矩阵，然后，再传输到各个国家的转播机构演播室。系统连接示意图见图 3-26 国际广播中心评论声传输。

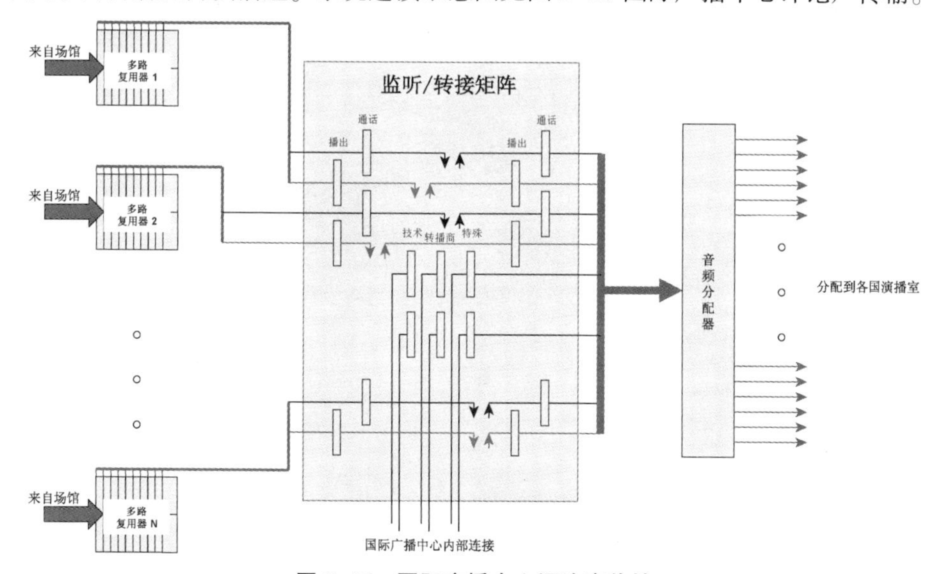

图 3-26　国际广播中心评论声传输

本章总结

转播中的评论席系统是一个十分重要和复杂的系统。最重要的是要保证系统安全可靠地运行，声音信号保证满足质量要求。以上介绍的是该系统的核心部分，评论声制作和传输。实际上，在转播中，公用信号制作队伍全体工作人员之间的内部通话系统也是由该系统负责搭建和支持的。另外，评论员在解说时监看的有线电视信号也是由该系统负责设计和完成布线，在赛时提供多频道视频信号给评论员监看比赛情况，使得评论员的解说与视频画面一致。

本章习题

1. 转播四大核心技术系统有哪些？
2. 评论席应该设置在什么位置？为什么？
3. 评论席系统通常采用什么类型的技术系统传输？为什么？

第四章　国际公用信号制作音频技术

The Application of Audio Production for Multilateral Signals in Broadcasting

引　言

足球世界杯和奥运会的电视转播都全面采用了高清晰度电视制式，其音频制作也都采用了5.1环绕声方式；广播电台将采用立体声方式转播现场的实况。这对从事录音行业的专业人员来说，这是个难得的好机会，可以利用这个契机提高体育转播中音频的质量，让广大的听众及电视观众能够在家感受奥运会赛场火热的气氛，就如同亲临现场一样为体育健儿加油助威。

转播的音频是怎样制作的？又怎样完成立体声和5.1环绕声的制作呢？本章就简单介绍一下转播的基本知识，音频制作技术和5.1环绕声在电视转播中的应用。

第一节　音频技术在实况转播中面临的挑战

一、规模巨大

国际大型体育赛事通常在短短的十几天里，有成千上万名运动员参加上百个项目的体育比赛。比赛也经常分布在许多城市的几十个赛场内。届时会有 200 多个国家的广播电台、电视台聚集在赛事举办城市进行实况转播。国际广播中心面积均达数万平方米，将使用的摄像机上千台，传声器将布置数千只，现场解说席位近 2000 个，几十辆转播车，直接参与公共信号制作的工作人员总数多达几千人，有几十亿电视观众。

二、独特的公共信号采集

专门的转播机构出面组织这样的大型赛事转播工作。由这个机构制作一套公平的、无偏见的国际公共信号，专供各国转播机构共同使用。在此基础上，各国的转播机构根据需要再申请单独架设摄像机，用来制作自己独特的转播信号，以此来补充公共信号中“特色”的不足。

1. 拾音环境复杂多变

体育场馆的建筑声学考虑通常都是不够理想的，在时间和操作上又不允许进行建声方面的改善，因此，只能依靠仔细设计传声器的摆放位置、增加系统周边设备来尽量克服由于场馆声学环境缺陷而造成的影响。其次，在比赛时，观众和啦啦队的喧闹声、现场广播喇叭声等使得声场环境十分嘈杂，给拾音造成了很大的不便。另外，为了给广播和电视观众营造一个逼真的临场效果，录音师们通常要拾取尽量多的比赛场地内的声音，包括运动员、运动器械和裁判员等的声响。但是，在实际操作中会遇到许多的难题。为了拾取运动员的声响，传声器就要尽量地接近运动现场，这时，运动员的安全就是首先要考虑的问题；为了拾取运动器械的声响，传声器就要尽量地接近该器械甚至安装在它上面，这时，首先要通过竞赛组织的批准，然后还要解决安装的技术和保障安全等问题。

2. 环绕立体声声像定位新课题

近年来的大型体育转播对音频技术提出的一个新的挑战就是声像定位的问题。在此之前，不管是广播还是电视，体育赛事的转播都是采用单声道方式，不存在声像定位问题。而从北京奥运会转播开始，要求采用立体声和环绕声方式，这在世界范围内也是一个新的课题。作为录音师、调音师都十分熟悉演播室和舞台的立体声拾音和混音技术，在声像的分配和调整上积累了一定的经验。但是对于体育赛事实况转播的环绕声拾音和混音，不管是在理论研究方面，还是在实践经验方面，都处在探讨阶段。

3. 直播难度大

体育转播与其他实况转播一样，是一种直播方式，所有拾音和调音都要一次实时完成，难度是可想而知的。

第二节　实况转播中的音频系统要求

第一章提到的专门转播机构向全世界各国的授权转播机构提供的视频和音频信号习惯上被称为国际视频/音频信号。其中，国际音频信号格式在这里再次被列出：

1. 概述

• 电视国际音频信号将采用标准立体声和多通道 5.1 环绕声两种制式制作。

• 广播国际音频信号将采用标准立体声制式制作。

• 所有的国际音频信号制作和传输线路（电路）在转播制作综合区范围内都采用 AES/EBU 音频信号标准，110 欧姆，平衡，通道标准电平：-18dBfs。

• 传声器通道的分配和传输在转播制作综合区范围内将提供模拟音频信号，视前段传声器通道的分配和传输方式的不同，可以使设定电平为-10dBu 或者+4dBu。

2. 数字信号格式

• 提供给电视台的高清国际声（5.1 环绕声）将嵌入在数字视频流中进行传输，传输通道的分配如下：

通道 1：立体声左

通道 2：立体声右

通道 3：前左

通道 4：前右

通道 5：中

通道 6：低频效果

通道7：后左

通道8：后右

• 提供给电视台的标清国际声（立体声）将按下述传输通道的分配方式传输：

通道1：立体声左

通道2：立体声右

• 在数字视频流中传输的音频信号（不管是高清-视频串行数字接口格式，还是标清-视频串行数字接口格式）都将与视频信号进行同步处理。

• 数字系统标准电平定为-18dBfs=0VU。

3. 提供给电台的国际声

• 提供给电台的国际声信号与提供给电视台的国际声信号将截然分开。

• 电台国际声信号用两个模拟电路将左声道和右声道单独地分配给授权转播机构。

第三节　比赛场馆和比赛项目介绍

以北京奥运会为例，共有比赛场馆44个，分布在北京、上海、天津、沈阳、青岛、秦皇岛和香港等城市。它们是：

1. 奥体公园区：14个

• 国家体育场（鸟巢）：田径，开闭幕式，男足决赛，马拉松终点，竞走终点

• 国家体操馆：体操，手球决赛

• 国家游泳中心（水立方）（1/2）：游泳，跳水

• 击剑馆：击剑，现代五项（击剑和射击）

• 射箭场：射箭

• 曲棍球场（1/2）

• 网球场（1/2/3）

• 奥体中心足球场：足球，现代五项（跑步和马术）

- 奥体中心馆：手球
- 奥体中心游泳馆：水球，现代五项

2. 北京西区：10 个

- 射击场：飞碟打靶
- 射击馆：射击
- 丰台垒球场：垒球
- 老山自行车馆：室内自行车
- 老山山地自行车场：山地车
- 老山小轮车赛车场：小轮车
- 城区公路自行车场：公路自行车
- 五棵松体育中心篮球馆：篮球
- 五棵松体育中心棒球场（1/2）：棒球

3. 北京北区：2 个

- 顺义水上公园（1/2）：赛艇、皮划艇水道，激流皮划艇

4. 北京大学区：6 个

- 首都体育馆：排球
- 北京理工大学体育馆：排球
- 北京农业大学体育馆：摔跤
- 北京航空航天大学体育馆：举重
- 北京大学体育馆：乒乓球
- 北京科技大学体育馆：柔道

5. 北京其他区：5 个

- 北京工人体育场：足球
- 北京工人体育馆：拳击
- 北京十三陵水库：铁人三项
- 北京朝阳公园：沙滩排球
- 北京工业大学体育馆：羽毛球，艺术体操

6. 北京以外区：7 个

- 青岛帆船中心：帆船

- 香港双鱼马术场：马术
- 香港沙田马术场：马术
- 天津体育中心：足球
- 秦皇岛奥林匹克体育中心：足球
- 沈阳五里河体育中心：足球
- 上海体育中心：足球

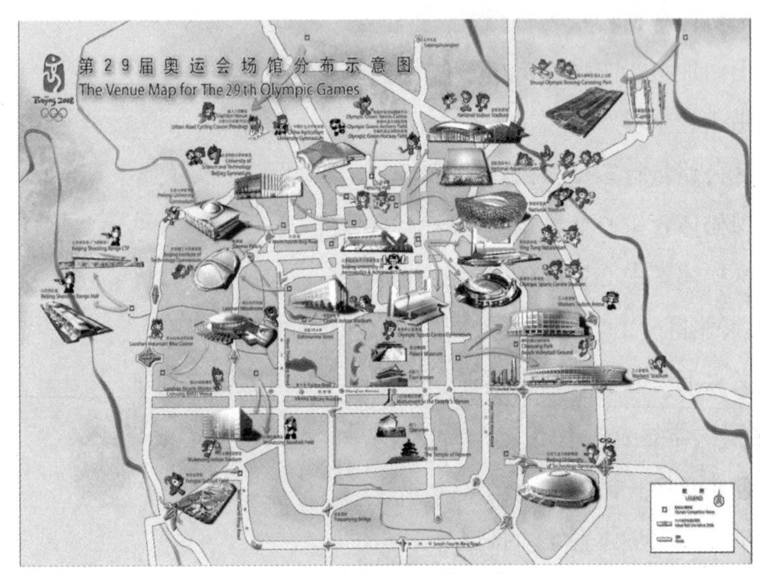

图 4-1 北京奥运场馆的分布

第四节 比赛场所的分类和声学特性

比赛场所主要分为三类：一类是体育馆，一类是体育场，另一类是临时比赛场地。这三类比赛场所的声学环境是截然不同的。下面就分别分析一下它们的建筑声学特点和适合开展体育比赛的声音特点。

1. 体育馆

体育馆是封闭的室内建筑，适合在任何天气和气候条件下进行体育比赛。综合体育馆一般适合组织体操、篮球、排球、羽毛球、乒乓球、手球、摔跤、拳击等室内体育比赛项目。其他单项体育项目的体育馆有：游泳馆（包括跳水）、室内自行车馆、滑冰馆、冰球馆、速滑馆、网球馆、室内田径馆、击剑馆、射击馆、举重馆等。

体育馆在建筑声学设计方面按照国家建设部的相关规定一般要求如下：

- 体育馆比赛大厅内的建筑声学条件应以保证语言清晰为主。

- 比赛大厅内观众席和比赛场地不得出现回声、颤动回声和声聚焦等音质缺陷。

- 确定比赛大厅建筑声学处理方案时，应考虑建筑结构形式、观众席和比赛场地配置、扬声器设置以及防火、耐潮等要求。在处理比赛大厅内吸声、反射声和避免声缺陷等问题时，应把自然声源、扩声扬声器作为主要声源。

- 综合体育馆比赛大厅满场 500-1000Hz 混响时间宜采用表 4-1 规定的指标，各频率混响时间相对于 500-1000Hz 混响时间的比值宜采用表 4-2 规定的指标。

表 4-1　综合体育馆比赛大厅满场 500-1000Hz 混响时间

比赛大厅容积（m^3）	<40000	40000-80000	>80000
混响时间（s）	1.2-1.4	1.3 1.6	1.5-1.9

表 4-2　各频率混响时间相对于 500-1000Hz 混响时间的比值

频率（Hz）	125	250	2000	4000
比值	1.0-1.3	1.0-1.15	0.9-1.0	0.8-1.0

- 游泳馆比赛厅满场 500-1000Hz 混响时间及各频率混响时间相对于 500-1000Hz 混响时间的比值宜采用表 4-3 和表 4-2 规定的指标。

表 4-3　游泳馆比赛厅满场 500-1000Hz 混响时间

每座容积（m^3/座）	≤25	>25
混响时间（s）	<2.0	<2.5

- 有花样滑冰表演功能的滑冰馆，其比赛厅混响时间可按容积大于 8000m^3 的综合体育馆比赛大厅的混响时间设计。冰球馆、速滑馆、网球馆、田径馆等专项体育馆比赛厅的混响时间可按游泳馆比赛厅混响时间设计。

• 混响时间应按公式（4.1）分别对 125Hz、250Hz、500Hz、1000Hz、4000Hz 五个频率进行计算，计算值取到小数点后一位。

$$T_{60}=\frac{0.161V}{-S\ln(1-\bar{\alpha})+4mV} \tag{4.1}$$

式中 T_{60}——混响时间（s）；

V——房间容积（m^3）；

S——室内总表面积（m^2）；

$\bar{\alpha}$——室内平均吸声系数；

m——空气中声衰减系数（m^{-1}）。

室内平均吸声系数应按公式（4.2）计算：

$$\bar{\alpha}=\frac{\sum S_i\alpha_i+\sum N_j\alpha_j}{S} \tag{4.2}$$

式中 S_i——室内各部分的表面积（m^2）；

α_i——与表面 S_i 对应的吸声系数；

N_j——人或物体的数量；

α_j——与 N_j 对应的吸声量（m^2）。

• 比赛大厅的上空应设置吸声材料或吸声构造。

• 比赛大厅四周的玻璃窗应设有吸声效果的窗帘。

• 比赛大厅的山墙或其他大面积墙面应做吸声处理。

• 比赛场地周围的矮墙、看台栏板宜设置吸声构造，或控制倾斜角度和造型。

• 比赛大厅和有关用房的噪声控制设计应从总体设计、平面布置以及建筑物的隔声、吸声、消声、隔振等方面采取措施。

• 比赛大厅和有关用房的背景噪声不得超过相应的室内背景噪声限值。

• 体育馆噪声对环境的影响应符合现行国家标准《城市区域环境噪声标准》GB3096 的规定。

• 当体育馆比赛大厅、贵宾休息室、扩声控制室、电视评论员室和扩声播音室无人占用时，在通风、空调、调光等设备正常运转条件下，室内背景噪声限值宜符合表 4-4 的规定。

表 4-4 体育馆比赛大厅等房间的室内背景噪声限值

房间种类	室内背景噪声限值
比赛大厅	NR-35
贵宾休息室	NR-30
扩声控制室	NR-35
电视评论员室	NR-30
扩声播音室	NR-30

- 比赛大厅宜利用休息廊等隔绝外界噪声干扰。休息廊宜作吸声降噪处理。
- 贵宾休息室围护结构的计权隔声量应根据其环境噪声情况确定。
- 电视评论员室之间的隔墙应有必要的计权隔声量；电视评论员室的混响时间在频率 125-4000Hz 的频率范围内不应大于 0.5s；电视评论员室内表面应做吸声处理。
- 通往比赛大厅、贵宾休息室、扩声控制室、电视评论员室、扩声播音室等房间的送、回风管道均应采取消声、降噪和减振措施。风口处不宜有引起再生噪声的阻挡物。
- 空调机房、锅炉房等各种设备用房应远离比赛大厅、贵宾休息室等有安静要求的用房。当其与主体建筑相连时，则应采取有效的降噪、隔振措施。

按照上述要求建造的体育馆，一般都能满足实况录音对馆内声学条件的要求。但是，在通常情况下，由于设计、建设资金和施工质量等各方面的原因，体育馆的建筑声学效果大都达不到理论设计要求。在交工后的实际测量时，都会发现这样或那样的声学缺陷。最常发生的问题有低频混响时间过长、扩散不均匀、有较大的回声等。因此，在转播时尽量采用近距离拾音方式。体育解说员最好使用耳麦，将传声器尽量靠近口部；在拾取赛场的运动声时更要将传声器尽可能地靠近发声源，而且要选择指向性强的传声器。

2. 体育场

体育场是介乎体育馆和室外运动场之间的一种大型体育建筑。适合在温和的气候条件下和风和日丽的天气里进行体育比赛。它具有最大优点是可以建得很大，同时容纳数万人观看比赛。一般也是作为综合性体育场使用，可以进行足球、田径、大型团体操等体育活动和大型演唱会等文艺活动。由于它具有空旷的上方空间，体育场一般没有明显的声学缺陷。

体育场的主要声学指标是场内最大声压级、声场不均匀度、扩声系统传声增益和有效频率范围。国家行业标准的推荐值见表 4-5。

表 4-5 体育场声学设计指标推荐值

场内最大声压级（dB）	声场不均匀度（dB）	扩声系统传声增益（dB）	有效频率范围（Hz）
>90	<10	>10	100-1000

注：根据体育场不同规模，有关指标可有适当变动。

体育场的声学设计在使用扩声系统时应符合下列要求：

- 在观众席有足够的声压级，满足体育场所必需的功能和要求；
- 全部观众席被扩声所覆盖；
- 传送语言时有足够的清晰度、播放音乐时有一定的丰满度；
- 减少对场外的声干扰；
- 结构安全、操作方便、维护容易、抗风防雨、性能可靠。

在体育场里转播最大的挑战是避免环境噪声对拾音的影响。如果体育场的扩声系统设计不合理、使用不当，也会给拾音造成很大的麻烦。另外，由于场地过大，给布线带来许多不便。因为距离很长，有时候要采取前级放大接力的方案来传输传声器信号。足球比赛有可能在下雨天进行，还要考虑传声器的防雨性能。

3. 临时比赛场地

除了上述的体育馆和体育场外，大型体育赛事如奥运会比赛还会有其他一些临时比赛场地。比如，铁人三项往往在有水面的湖泽或水库边进行，帆船赛通常在海滨进行，皮划艇等则常在为其专门修建的水上运动中心进行，近年兴起的沙滩排球只能在沙滩上进行，传统的飞碟打靶比赛总是在靠近山坡地一侧进行。在北京 2008 年奥运会上还有一项新增加的体育项目——小轮车，在专门修建的赛场内举行。这些不同的赛场和体育比赛都给实况转播提出了新的特殊的要求，应该逐一进行勘查，经过认真分析，提出拾音方案。

第五节　实况转播中的赛场拾音方案

体育赛事的比赛都是在专门的场馆和场地进行的。实况转播的音频采集方法主要依据对场馆内声源的特点的研究。经过分析，声源将被分成不同的层次进行拾取，以利于将来混合和使用方便。对声源进行合理分层后，就可以选择和布置传声器了。下面我们就将这个过程结合实例做一个简要的介绍。

一、声源的组成和分层处理

到现场看过体育比赛的人，只要稍加注意，都能发现在现场可以听到如下声响：

- 公共广播喇叭声；
- 观众、啦啦队的掌声和呼喊声；
- 裁判发令声；
- 运动员叫喊声、呼吸声；
- 教练员叫喊声；
- 各项体育运动发出的特有声响：器械、地面、台面、水面、身体等。

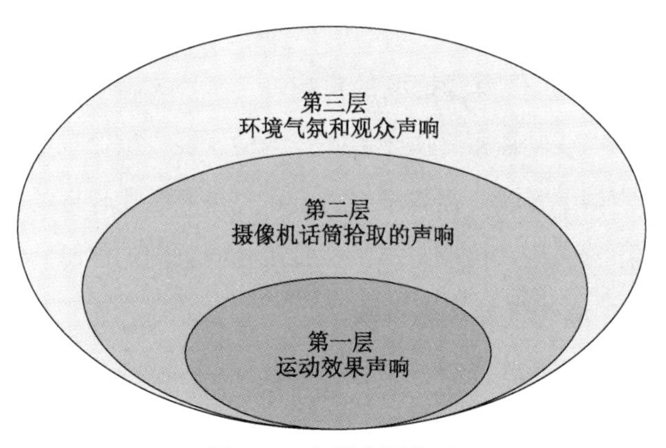

图 4-2　声源分层处理

作为国际公用信号的组成部分，来自比赛场馆的声源按照区域和拾取的方式不同将分为以下三个层次：

1. 第一层：运动效果声响

这一层的声响来源于比赛场地，主要包括赛场上运动员喉咙发出的声响，运动员在作动作时与器械、地面、水面、边界遮挡物、对手身体、器械与器械等接触产生的声响，裁判员发出的指令和判罚的声响及教练员的反应等。这些声响通常都是靠单独安装固定传声器，或手持超指向性传声器跟踪声源来拾取的。

图 4–3　第一层，运动效果声响的拾取——手持超指向性传声器

2. 第二层：摄像机传声器拾取的声响

在体育比赛的电视转播中，由于数字技术的发展，摄像机通常多带有安装在摄像机上面的传声器。音频专家将根据需要在距离声源比较近的摄像机上安装具有强指向性的传声器，用来拾取与摄像机镜头相同方向的声源。

3. 第三层：环境气氛和观众声响

这一层的声响的来源，主要包括直接来自观众和啦啦队的掌声和呼喊声、公共广播喇叭声，以及由这些“激励”声源在场馆内上方和四周空间产生的混响声。这一层声响是体育赛事转播的重要组成部分，也是转播国际声通道必不可少的音效。它在电台的转播中为听众提供了一个连续的比赛现场的信息和高潮迭起、烘托气氛的重要作用；在电视转播中与图象一道为电视机前的观众提供了一种

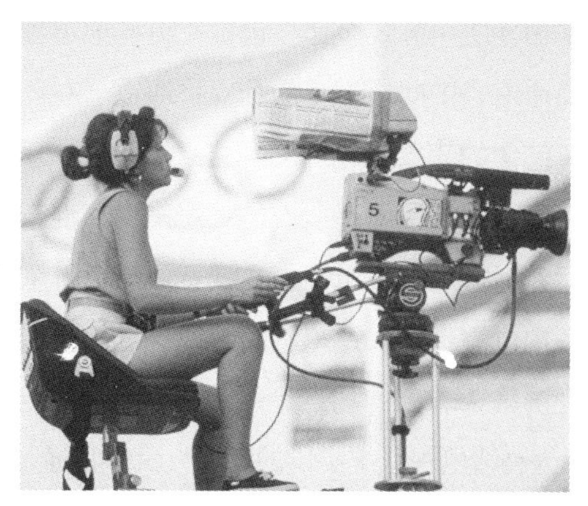

图 4-4　第二层，摄像机传声器拾取的声响

逼真的临场感。因为这一层的声音效果极具环境感，所以它也是用来构成环绕声声像的重要声源。这种声响是通过特别安装在看台区域和其上方的传声器来拾取的。

图 4-5　第三层，环境气氛和观众声响的拾取——在看台单独安装的固定传声器

第六节　电视台国际声

国际公用信号中的声音信号通常分为电视台国际声和电台国际声两个部分。为

电视台提供的国际声采用环绕声方式制作，包括一组各通道独立的5.1环绕声通道配置：左前通道、右前通道、中间通道、低音效果通道、左环绕和右环绕通道。

1. 电视台国际声包含的声源成分

为电视台提供的国际声将传输上述所有的三层声源。混音时将在前后通道里送去一套听起来非常舒适和适合的声源组合，在低音效果通道里传输调整后的低音声源，而中间声道留给各国电视台加入评论员的解说声。前左和前右扬声器呈现的是前方声场，而且与电视屏幕中看到的场景是一致的。声像的定位和移动将随着图像从左向右或从右向左。为高清电视系统提供的环境气氛声将通过独立的传声器采集后分配到前、后通道中。来自观众席传声器的延时将产生一种“亲临场馆”的效果。

2. 中间声道的利用

中间通道通常是分配给评论员或者其他人声的。授权转播机构将把裁判、体育官员以及现场广播员的声音安排在中间通道里，用来增加现场声音制作的信息量。现场广播员的声音在开闭幕式的转播中起着重要的作用，因此，这时应该把它分配到前方通道里。

3. 低音声道的利用

低音效果可以给电视观众带来听觉上的震撼，但是由于低频声能通常比其他频段的能量要大得多，因此会影响平衡，有时甚至会导致过荷失真。有了专门的低音效果通道，就可以解决这个问题。越来越多的授权转播机构喜欢将低频音效加到低音效果通道，以得到更好的收听效果。他们发现可以在拳击、篮球项目中加入低音效果，尤其是在开闭幕式和颁奖仪式中。

犹如焰火这样的实况效果，通常会将低频成分滤除后分配到前方立体声、后方环绕声通道，而将低频成分分配到低音效果通道。这样，在电视机前的观众可以感受到焰火的真实效果，同时又不至于为了传输过多的低频而使传输通道过载。低音效果通道的一个明显的优势就是使得电视混音在提供像焰火这样的特殊响度效果的同时，还能保持正常的输出通道电平。

4. 立体声与环绕声

庆典活动和文艺演出的转播也要进行5.1环绕声制作。其中，需要大量的插播音乐和预先录好的录音片断。有些声源素材也许是立体声的，这时就需要对这些声源素材进行“上变换”，也就是将立体声信号“转换”到5.1声道里面去。

第七节　电台国际声

由于收听条件的限制，为电台提供的国际声目前还仍然采用立体声方式，传送左右两路立体声信号。在电台国际声中，主要提供的是第三层声源——环境气氛声，第一层声源——运动效果声和第二层声源——摄像机传声器拾取的声响都不包含在电台国际声中。当然，也有广播转播机构在其电台国际声中加入第一层运动效果声响。

立体声声像的分配将按照下述原则：听众的虚拟听音位置与全场主摄像机的位置一致。一般情况下，主摄像机位于主席台的正上方。立体声声像将环境效果声分配在从左到右的整个声线上。

第八节　传声器方案设计要求

选择和布设传声器是实况转播中最具挑战性的两项工作。选择正确的传声器是一切工作的开始，而把传声器放在合适的位置则是获得实况转播中所需声源的首要技术保障。因此，传声器方案设计为我们提供了一个极好的机会来考察声源、确定声响范围，从而完成方案设计。选择传声器和布置传声器通常是基于过去的经验，同时也是新手学习的好机会。

1. 在传声器方案设计中应该注意以下几个问题：

● 要对比赛场馆的声学条件有较全面的了解，尤其要知道它的声学缺陷，以便想办法克服。

● 要仔细研究各种比赛项目的声源特点，找到最能反映这项体育运动魅力的声源和位置。

● 要熟悉各种常用传声器的指向性、灵敏度和频响等特性，在实践中不断总结不同类型传声器所适合使用的场合。

● 要勇于创新。不要总是遵照条条框框，要根据实际情况，充分利用新技术，不断改进。

• 提出的方案要可行。比如，在拳击比赛的赛垫上方吊挂一只传声器是非常好的设计，但是，要实地考察现场是否能够完成安装，有很多时候是不可行的。

• 提出的方案必须是绝对安全的。在设计传声器位置时，首先要考虑是否会对运动员、演员和观众造成伤害。

• 选择传声器时，要充分考虑到转播车上通常配备的传声器型号。如果设计方案超出了一般的装备，就要预先提出特殊要求。

第九节　声源分析

下面就以篮球比赛为例，说明这项运动的拾音特点和传声器方案的设计思路。

• 篮球比赛的运动声响最有特点的应该算是运球（篮球拍在地面上、传到球员手里）的声音。这种声响是随着带球和传球在不断移动的，因此，可以在环绕声听音环境里带来篮球在“运动”中的效果，给观众带来“攻防转换”的效果。

• 篮球比赛音效最集中的地区是罚球圈和篮下。这个区域的音效特点是拍球声、脚步声和“盖帽”声分布在赛场的两侧，但是，同一时间只发生在一侧。这个区域的音效可以给电视观众尤其是广播听众带来“阵地”战况的进展信息。

• 篮球比赛的运动声响的另外一个特点是投篮和篮板球效果。这个声源是一个局部的声源，是篮球摩擦篮网和撞击篮筐及篮板时发出的声响，分布在赛场的两侧，但是，同一时间只发生在一侧。这个音效可以给电视观众尤其是广播听众带来进球得分的准确信息。

• 裁判的哨声起着赛事进程表述的作用，与篮球移动不同的是，这个声源随着裁判员的走动而间断地移动位置，而不是声源（哨声）在连续地运动。

• 教练员声响。比赛进行中的呼喊声和暂停时的总结、布阵声。

• 板凳队员声响。主要是他们的叫喊声，可以作为辅助音效。

• 现场广播声。虽然，有时候现场的广播喇叭声会给转播带来不便，但是，它的存在是不可避免的。同时，由于电视观众和广播听众先前的生活体验，体育赛场内的广播声是体育赛事的一部分。因此，转播时，这个音效也将被拾取到作为国际声的组成部分。

• 看台观众、啦啦队的掌声和呼喊声。这种声响是转播音频信号的主要组成部分，它是表现体育比赛现场感的最好的效果声源。首先，它可以烘托赛场的气氛，使得电视机前的观众好像身临其境；其次，由于观众通常是围坐在场地四周的，因此，声响也将来自“四面八方”，为环绕声声场的形成提供了极好的声源方位条件。

• 环境气氛声响。这种声源来自场馆内的远声场区域，主要由混响声组成，用于提供环绕声声场建造中的“环境气氛”。

第十节　混音方案

基于上述声源分析，我们就可以考虑混音方案了。这里给出的混音方案，仍然处于试验和探讨阶段，有些设计甚至与传统的理论和方式相违背。

5. 1 环绕声的声像分配原则如下：

• 评论员和广播员的声音分配在中间通道。

• 运动员和运球的声响分配到从全左到全右，形成前方立体声声场。

• 裁判员哨声分配到从偏左到偏右，形成前方立体声声场。

• 罚球圈、篮下的声响也分配到从偏左到偏右，形成前方立体声声场。

• 篮网和篮板球的声像位置总是混合到立体声通道，但声像位置放在中间。

• 左方教练员声效分配到左前通道；右方教练员声效分配到右前通道。

• 观众声源分配到从前左到前右立体声通道中，形成前方立体声声场。

• 环境气氛声源将分配到 4 个“立体声对”的通道中，形成听音环境的包围感。

• 运动员拍球和篮板球的低音将分配到低频效果通道。

图 4-6 是混音方案示意图。

图 4-7 给出了按照上述混音方案得到的重放效果示意图，可见这个方案基本

还原了体育馆内声场的真实情况。

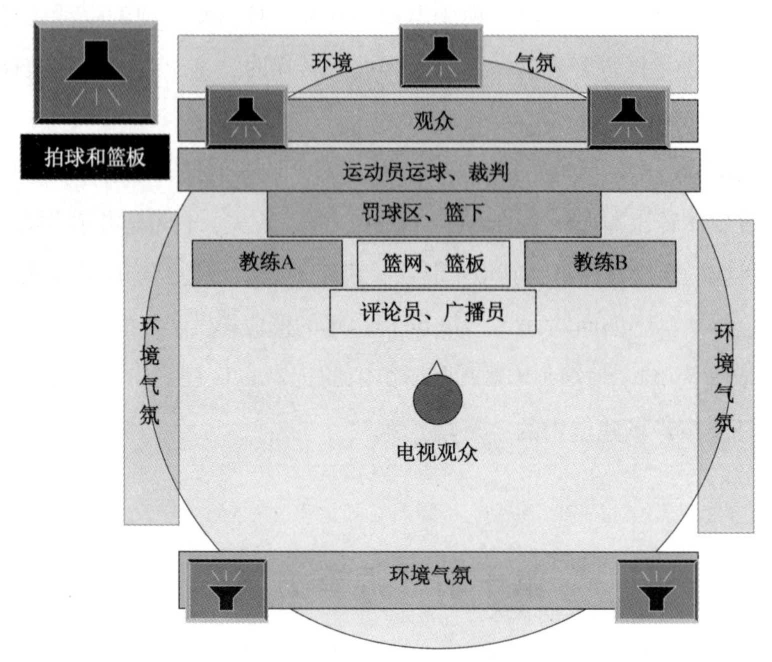

图 4-6　篮球转播 5.1 环绕声混音方案示意图

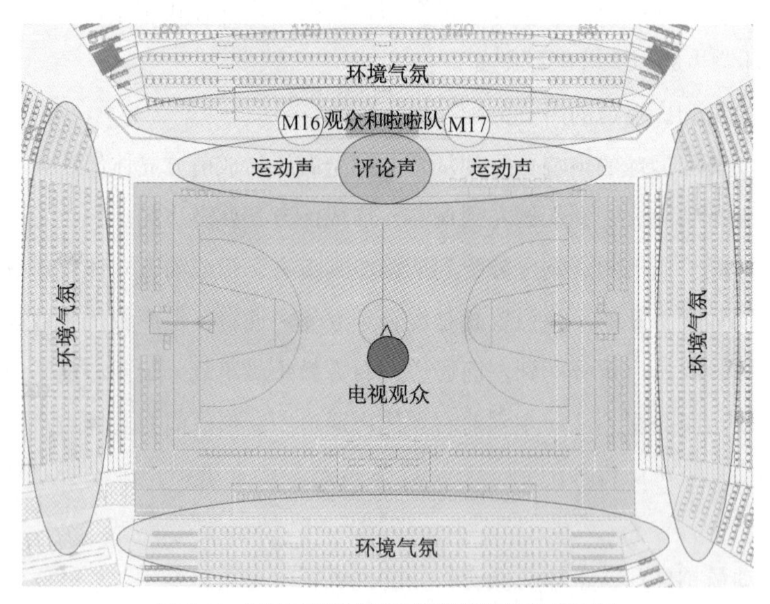

图 4-7　环绕声监听声像模拟现场效果示意图

第十一节　传声器的选择和布置

确定了混音方案后，就可以开始考虑传声器的选择和位置布置了（参见图 4-8）。在这个阶段，先不要考虑摄像机传声器拾取。另外，给出的传声器选型和布置只是一个例子，用来说明原理。读者可以在实践中不断摸索，提出更好的选型和布置方案。

篮球比赛传声器布置和选型举例：

• 评论员和广播员的声音将有另外的通路拾取和传输，不在这个环节混合。

• 运动员和运球的声响由安装在赛场正中的立体声组合传声器拾取（见图 4-8，M7/M8），声像定位为全左全右。适合这一应用的传声器有很多，可以选择两只 AT4073 枪型传声器，组成立体声方式。这种传声器具有极好的超窄指向性，甚至在约 150Hz 低频时，仍有超心型指向的特性。正面的灵敏度度很高，体积小巧，重量轻。由于采用了低噪音和耐高声压级前级放大设计，能获得低噪音、无染色的高清晰音质。打开低频衰减开关可以滤除 150Hz 以下的低音。除了这对立体声传声器外，位于对面场边的手持传声器（见图 4-8，M5）还可以对发生在传声器对面场边附近的声响进行补充，这时，如果能够照顾得到的话，调音员应该根据左半场和右半场位置调整声像位置。

• 裁判员哨声也是由安装在赛场正中的立体声传声器拾取（见图 4-8，M7/M8），但是，声像最好定位为从偏左到偏右，比运球的声像范围稍微窄一些。

• 罚球圈、篮下的声响由安装在左、右篮球架后面的强指向性立体声传声器拾取（见图 4-8，左 M3、右 M13）。可选用多模立体声超指向传声器，在体育比赛中比较常用的如 AT835ST。它的特点是可以调整不同的拾音制式，并且在 A-B 制式除了提供传统 A-B 立体声外，还可以视现场情况，选择 A-B-W模式来增加拾取现场环境效果声，或选择 A-B-N 模式来减少拾取现场环境声。

• 篮网声效由安装在篮筐下的两只微型全方向性电容传声器拾取（见图 4-8，左篮筐 M1/M2、右篮筐 M10/M11）。此处的传声器一定要满足体积小、不易被看到的特性，还要重量轻、易于安装。可以选择一种领夹式传声器，比如 AT899。安装时通常要使用橡胶垫，来隔离篮筐对它的振动。

• 篮板球声效由安装在篮板上的界面传声器拾取（见图 4-8，左篮板 M4、右篮板 M12）。使用界面而不是接触式，主要是为了仅拾取篮板振动声，而不拾取整个篮球架的振动声，因为地面传导和运动员撞到篮球架的声音是不需要拾取的。界面传声器的选择性也很大，比如选择 AT-ES961。这款传声器灵敏度高，进行了特殊隐蔽设计，外壳为坚硬的压模铸造机构，底部备有绝缘橡胶，满足减少振动的要求，还可以选择白色涂层设计。

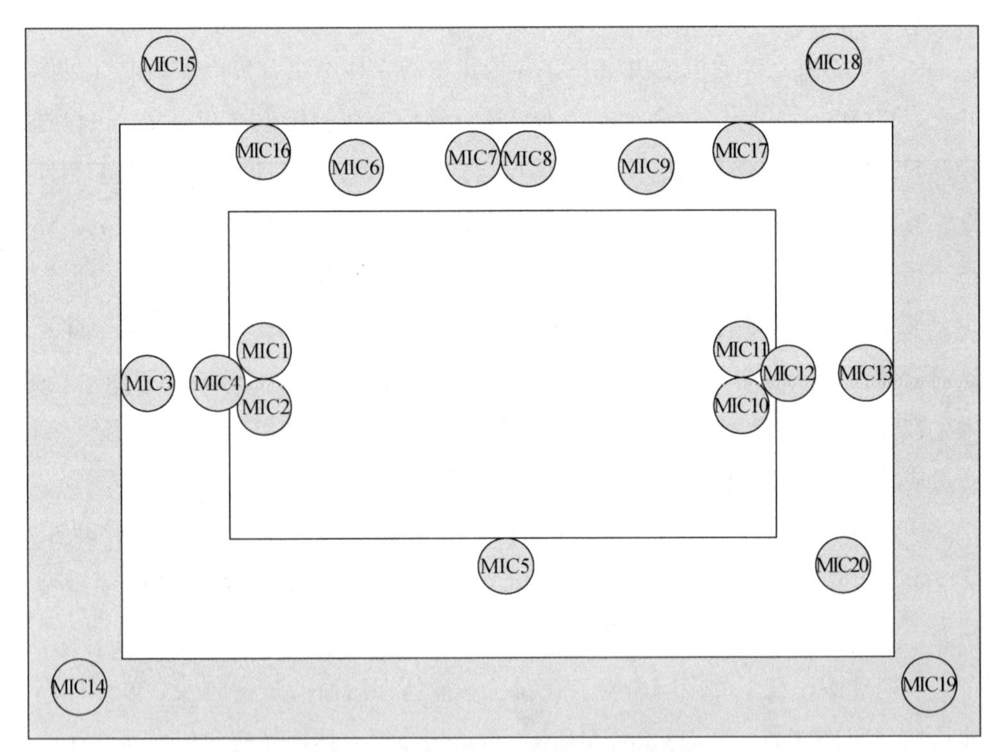

图 4-8　篮球比赛传声器布置示意图

• 为左方、右方教练员分别安装独立的传声器（见图 4-8，M6/M9），这里人员走动频繁，只有座椅下可以安装传声器，所以要采用体积极小的无线传声器。AT-MT830R 是很好的选择。

• 观众声源由分别安装在观众看台前方的传声器拾取（见图 4-8，M16 和 M17）。可以同样选择两只 AT4073 枪型传声器，组成大 A-B 立体声方式。

• 环境气氛声源由安装在观众上方的大膜片传声器拾取（见图 4-8，左看台 M14、中看台 M15/18、右看台 M19）。AT4050 是一款非常适合的传声器，它具有大口径双镀金振动膜，指向性可调，信噪比高，动态范围宽。

第十二节　摄像机安装的传声器

在拾音方案设计时，还要考虑在摄像机上安装合适的传声器。电视体育转播离不开摄像机，而且摄像机的机位通常都是选择距离运动员最近的位置，将传声器安装在摄像机上，可以拾取到比赛现场清晰的声响。目前生产的摄像机大部分都具有安装传声器的功能，一般可以装配两只传声器通道。其中一只通常安装在摄像机机身的上方，在摄像机移动和转动时，传声器将随之同步移动和转动，使得传声器的拾音主轴方向总是指向所摄制的景物。另一只可以通过延长线连接一只传声器用于拾取摄像机周围的声源。

当然，在大部分转播的拾音设计中，只会使用直接安装在摄像机上的传声器。这种传声器一般都选用强指向性的。一个被称为“音频跟踪视频”的电子电路控制着传声器的开启和关闭，使得它拾取的声音总是与镜头“同时”出现，并且总是与摄像机所拍摄的方向一致。图 4-9 给出了声音随摄像机开启和关闭而自动“淡入淡出”的时间参数。

这个声音将通过“音频嵌入视频”技术，与摄像机的视频信号一起传输到转播车上。因为操作便捷，在一般的体育赛事电视转播中，这种方式被大量地采用，有时甚至用它来代替在比赛场地独立安装传声器方式。奥运会的电视转播也都采用这种方式拾取的信号，作为独立安装传声器方式拾取的主体信号的补充。当然，在专门提供给电台的国际声中一般不包含这类信号。

究竟在哪一台摄像机上安装传声器呢？首先，要研究摄像机机位布置图。然后根据拾取现场声源的需要选定安装传声器的摄像机。下面还是以篮球比赛为例，给出摄像机传声器的布置方案（见图 4-10）。

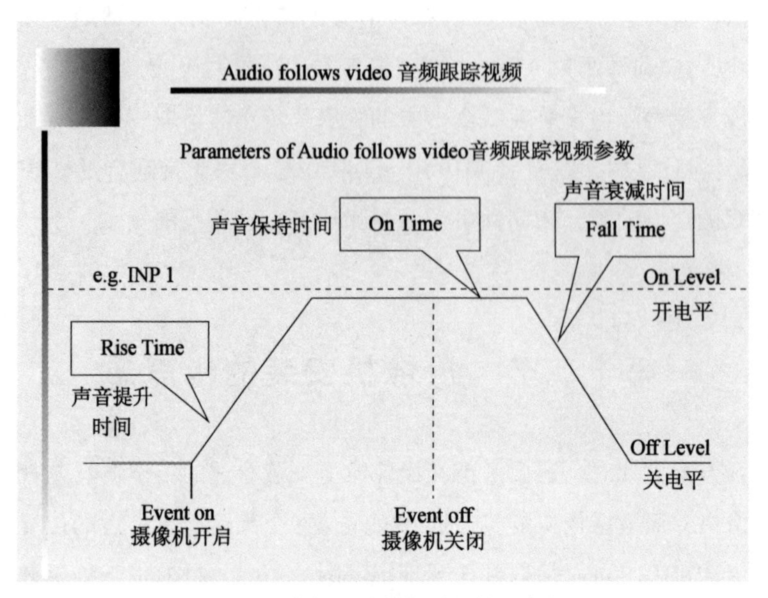

图 4-9　音频跟踪视频时间控制参数

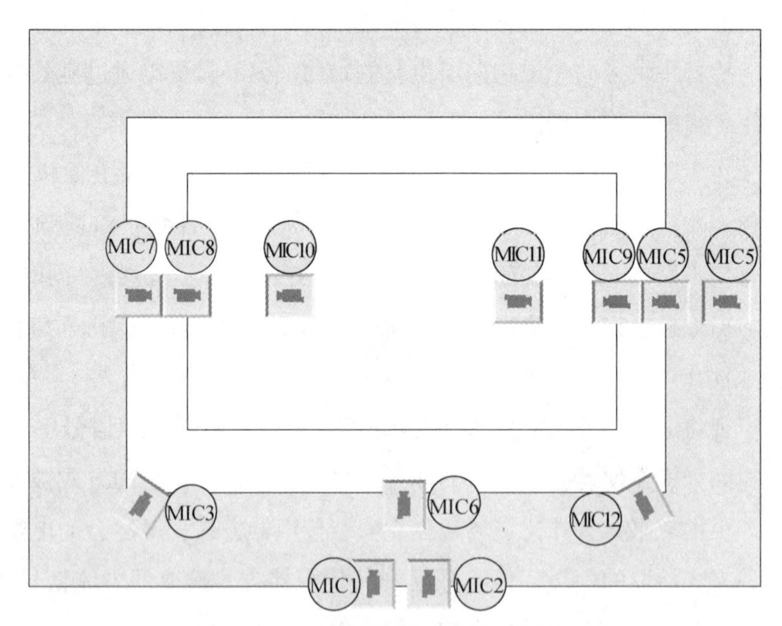

图 4-10　安装传声器的摄像机位置示意图

第十三节　实况转播中的音频传输方案

在现场拾取的音频信号被分成三组分别进行制作和传输。

摄像机上的传声器信号通过“音频嵌入视频”的方式通过摄像机电缆与视频信号一起传送到转播车上，与录像机重放的音频信号编在一组；独立安装的传声器被分成两组，场地音频信号和观众音频信号通过音频线缆直接传输到转播车上的调音台，或者首先传输到音频机房的调音台上进行调音。作为电视台国际声的部分将通过“音频嵌入视频”电路嵌入视频通道，与摄像机上的传声器信号一起制作成电视台国际声，送往综合区的技术机房；作为电台国际声的部分，必要时先进行延时再送往综合区的技术机房。

由于北京2008年奥运会的电视转播采用了5.1环绕声制式，而广播电台仍采用立体声制式进行音频信号的采集和传输，因此，整个传输系统的构成将非常复杂。通过征求各国转播机构的意见，目前准备采用“分段独立传输”方式。具体描述如下：

音频信号被分成两类进行输出，一类是主输出信号（图4-11中的A所示），

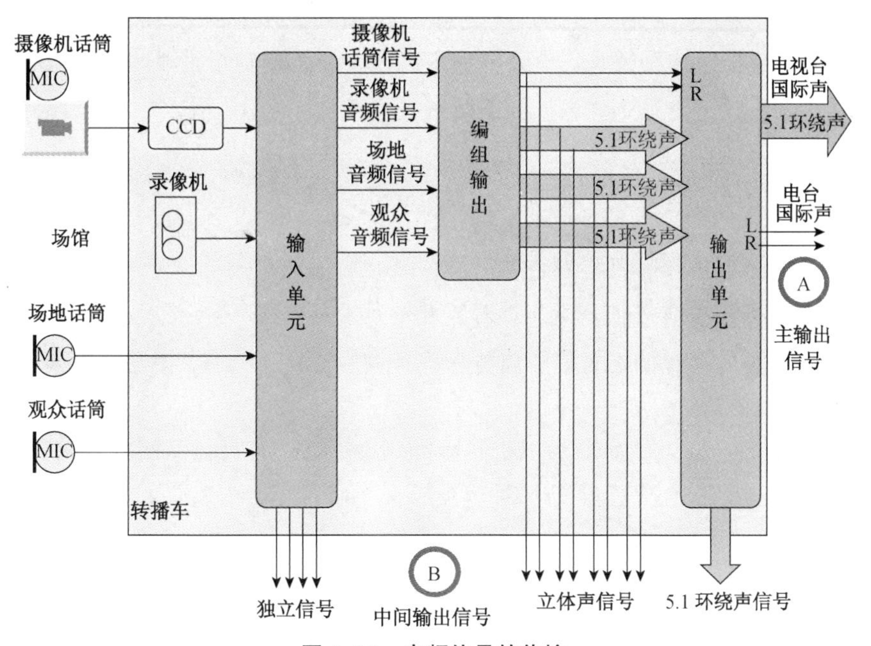

图4-11　音频信号的传输

是各国转播机构需要的国际声。其中，电视台国际声采用5.1环绕声制式进行合成，这里面包含了所有采集的声源信息，并以独立的6通道方式输出；而电台国际声则采用立体声制式进行混合，主要包括场馆内扩声和观众效果声，以两通道方式输出。另一类是中间输出信号（图4-11中的B所示）。其中，包括各种分组声源的5.1环绕声，以独立的6通道方式输出；各种分组声源的立体声，以两通道方式输出；各采集声源的独立信号，以单声道方式输出。

本章总结

随着环绕声制式在转播中的应用，音频技术将会受到前所未有的关注。关于环绕声的制作和传输的课题，将会广泛地展开讨论。5.1环绕声技术的应用将掀起一个高潮。需要探讨的重点课题将集中在以下几个方面：

首先，在前期信号采集阶段，环绕声拾音技术将成为一个重点话题，尤其是对环绕声传声器的应用技术研究。

其次，在缩混合成阶段，如何建立环绕声场将成为重点，其中包括研究声源特点和建立听音模型。

最后，由于人类生活在环绕声环境中，人们虽然还不了解环绕声，甚至很长的时间会不习惯倾听重放的环绕声。但是，人们终究会通过听音实践，对环绕声提出更高的要求。这正是我们音频专业人员的责任，创造出满足人们听音需求的环绕声系统，让人们接受它带来的全新听音感受。

本章习题

1. 本章节对体育场所是如何分类的？
2. 奥运会转播通常将分哪几层对声源进行采集？
3. 奥运会转播为什么要把音频传输信号分成2通道立体声和5.1环绕声？

第五章　内部通话系统

The Intercom System

引　言

在实况转播国际信号制作系统中，有一个鲜为人知但又是不可缺少的转播辅助系统，它就是内部通话系统。

顾名思义实况转播的内部通话系统，是参与转播的工作人员在实况转播期间进行语言沟通的技术系统。本章将从转播人员的分工和工作流程入手，详细阐述内部通话系统的构成。

第一节　需求分析

以奥运会转播为例，参与转播的人员主要分布在以下工作区域，其通话需求描述如下：

1. 比赛场地：摄像师、传声器操作员。他们负责采集视音频信号。他们在转播进行中需要与转播车上的导演和音频主管通话。

2. 看台摄像机平台：摄像师。他们负责采集视音频信号。他们在转播进行中需要与转播车上的导演和音频主管通话。

3. 评论席：解说员、嘉宾、评论编导。他们负责制作解说音频信号。他们在转播进行中需要与评论席机房的技术人员和国际广播中心演播室的导演通话。

4. 评论席机房：评论席经理、技术员。他们负责采集解说音频信号。他们在转播进行中需要与转播机房的技术人员、转播技术经理和国际广播中心评论声切换中心等岗位人员通话。

5. 转播信息管理办公室：信息经理、信息联络官。他们负责为场馆的转播商人员提供信息服务。他们在转播进行中需要与转播经理、单边注入点、混合区等岗位人员通话。

6. 转播混合区：摄像师、信息联络官、采访记者。他们负责采集赛后运动员的视音频信息。他们在转播进行中需要与单边转播车上的或者演播室的导演通话。

7. 单边注入点：摄像师、信息联络官、出镜主持人。他们负责采集比赛前后赛场的视音频信息。他们在转播进行中需要与单边转播车上的或者演播室的导演通话。

8. 转播机房：技术主管、运行工程师和节目插播操作人员。他们负责采集和传输国际信号。他们在转播进行中需要与转播车上的视音频主管、评论席经理和国际广播中心的主控和评论声切换中心通话。

9. 节目带插播点：持权转播机构有时会要求在直播过程中插播其事先录制好的节目片段。插播通常是在转播综合区的转播机房进行的。其间，节目插播操作人员要直接同计划插播节目的转播商进行插播前后的通话。

10. 转播车：转播导演、视频主管、音频主管。他们负责制作国际信号。他们在转播进行中需要与转播机房技术主管、国际广播中心的质量控制中心通话。

11. 音频机房：环绕声混音师。他们负责制作5.1环绕声信号。他们在转播进行中需要与转播车导演和音频主管通话。

12. 动画和字幕制作间：动画制作师。他们负责制作动画和字幕信号。他们在转播进行中需要与转播车导演和视频主管通话。

13. 场馆转播经理办公室：转播经理。他负责该场馆的转播业务管理。他在转播进行中需要与转播机房、国际广播中心运行指挥中心通话。

14. 场馆转播技术经理办公室：技术经理。他负责该场馆的转播技术管理。他在转播进行中需要与转播机房、评论席机房和国际广播中心运行主控和评论声切换中心通话。

15. 国际信号主控制中心 CDT：总监、工程师。他们负责采集、分配和传输从场馆送来的国际信号。他们在转播进行中需要与转播机房技术主管、国际广播中心的质量控制中心和运行指挥中心、外景摄像机位、数据库机房等岗位人员通话。

16. 评论声切换中心 CSC：总监、工程师。他们负责采集、分配和传输从场馆传送来的评论声和电台国际声信号。他们在转播进行中需要与转播机房、评论席机房、国际广播中心的质量控制中心和运行指挥中心通话。

17. 节目质量控制中心 PQC：总监、导演。他们负责监视、监听从场馆送来的国际信号。他们在转播进行中需要与转播车的导演、国际广播中心的运行指挥中心等岗位人员通话。

18. 转播运行中心：CEO、COO、技术运行负责人、制作负责人、转播商关系和信息总监、规划总监。他们负责指挥转播运行。他们在转播进行中需要与场馆转播经理、转播机房技术主管、国际广播中心的主控、评论声切换中心和质量控制中心通话。

19. 演播室：导播、导演。他们负责直播节目的导播和指挥。在转播进行中需要与单边注入点、混合区、评论席和转播机房人员通话。

20. 数据库：存档主管、节目单录入人员。在转播进行中需要与主控人员通话。

21. 景观摄像机位：工程师。他们负责采集和传输景点的国际视频信号。他们在转播进行中需要与国际广播中心的主控通话。

22. 外场单边采集区：摄像师、信息联络官。他们负责提供转播商采集和传输景点的国际视音频信号。他们在转播进行中需要与国际广播中心的主控通话。

23. 物流管理：在奥运会转播中，物资和人员的调动十分复杂，要求有专职的物流经理和团队负责管理。物流经理需要同其下属和其他部门负责人进行通话。

通过上述分析，可以看出，大部分的工作岗位都需要及时进行实时通话，而且通话的对象不止一方。因此，实况转播的内部通话系统是十分繁杂的。图 5-1

给出了各个工作岗位相互间通话的关系。其中，红线部分为转播运行期间必须进行实时通话的工位。

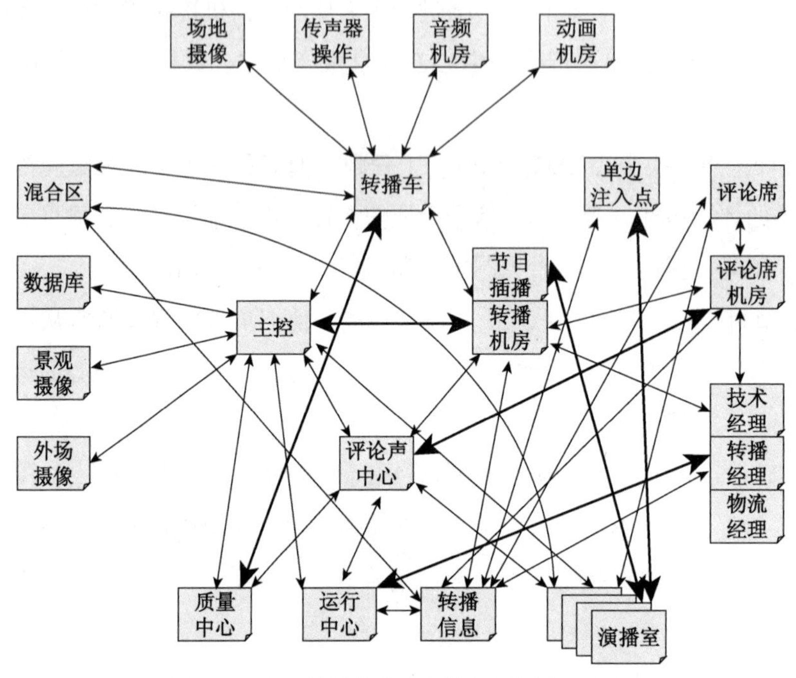

图 5-1　实况转播岗位之间的通话需求示意图

根据这些关系可以绘制一张需求表（见表 5-1）。表中给出了岗位与岗位之间的明确的通话需求关系。其中，由文字表示的是实际采用的实时通话系统，也是本文将讨论的系统。

可见，实况转播的内部通话需求是大量和复杂的。我们把它们分成两个部分。第一个部分是国际声采集前端和转播车的通话系统，通常成为制作团队内部通话系统。这个系统是由转播车自备的系统来完成的。摄像师、传声器操作员、转播车上的导演以及音频主管的通话系统，由转播车上的通话单元和摄像机耳麦通话设施及它们之间的连线组成。这个系统是非常成熟的标准系统，一般在制造转播车时，就已经配备齐全。本文就不再详述。当转播车没有条件监听 5.1 环绕声制作时，将在转播车旁临时搭建音频机房。音频机房与转播车之间的通话系统由音频机房设备提供商负责提供。在分工上，摄像机、传声器、转播车由接受该项目的转播团队负责。因此，这部分的通话系统通常不列为大型实况转播工程准备任务。第二部分，就是除了制作团队内部通话系统以外的所有岗位的通话系统。下面就简要介绍一下这个系统的构成。

表 5-1　实况转播工作岗位内部通话需求表

	1	2	3	4	5	6	7	8	9	10	11	12	13	14	15	16	17	18	19	20	21
	摄像师CA	扬声器操作员MIC	评论席CP	评论席机房CCR	转播信息BIO	混合区MZ	单边注入区UDP	转播车OBV	转播机房TOC	音频机房AUDIO	动画制作GPH	转播经理BVM	技术经理VTM	主控CDT	切换中心CSC	质量中心PQC	运行中心BOC	演播室STUDIO	数据库ARCV	景观摄像BUCA	外场摄像OFFST
1 摄像师CA								×													
2 扬声器操作员MIC								×													
3 评论席CP				×	×													×			
4 评论席机房CCR			×		×		×						×		CCC						
5 转播信息BIO			×	×		×	×		×			×					×				
6 混合区MZ					×			×										×			
7 单边注入区UDP				×	×													UCC			
8 转播车OBV	×	×				×			×	×	×			×		PCC					
9 转播机房TOC					×			×					×	TCC	×		×				
10 音频机房AUDIO								×													
11 动画制作GPH								×													
12 转播经理BVM					×												OCC				
13 技术经理VTM				×					×												
14 主控CDT								×	TCC						×	×	×		×	×	×
15 切换中心CSC				CCC					×					×		×	×	×			
16 质量中心PQC								PCC						×	×						
17 运行中心BOC									×			OCC		×	×						
18 演播室ST-UDIO			×			×	UCC								×						
19 数据库AR-CV														×							
20 景观摄像BUCA														×							
21 外场摄像OFFST														×							

第二节　系统结构概述

实况转播内部通话需求虽然复杂，但是经过多年的实践，最后提炼出如下几个必需的系统，它们是：评论席系统 CCC、单边系统 UCC、技术系统 TCC、制作系统 PCC 和运行系统 OCC 等五个系统（见图 5-2）。这五个系统都是点对点通话系统，而且是相互独立的。每个系统仅负责确定的工作岗位之间的通话。其他的通话需求将利用电话、手机、步话机进行补充。这样既保证了实况转播时各个工作岗位的实时通话，也简化了系统，进一步提高了系统的可靠性。

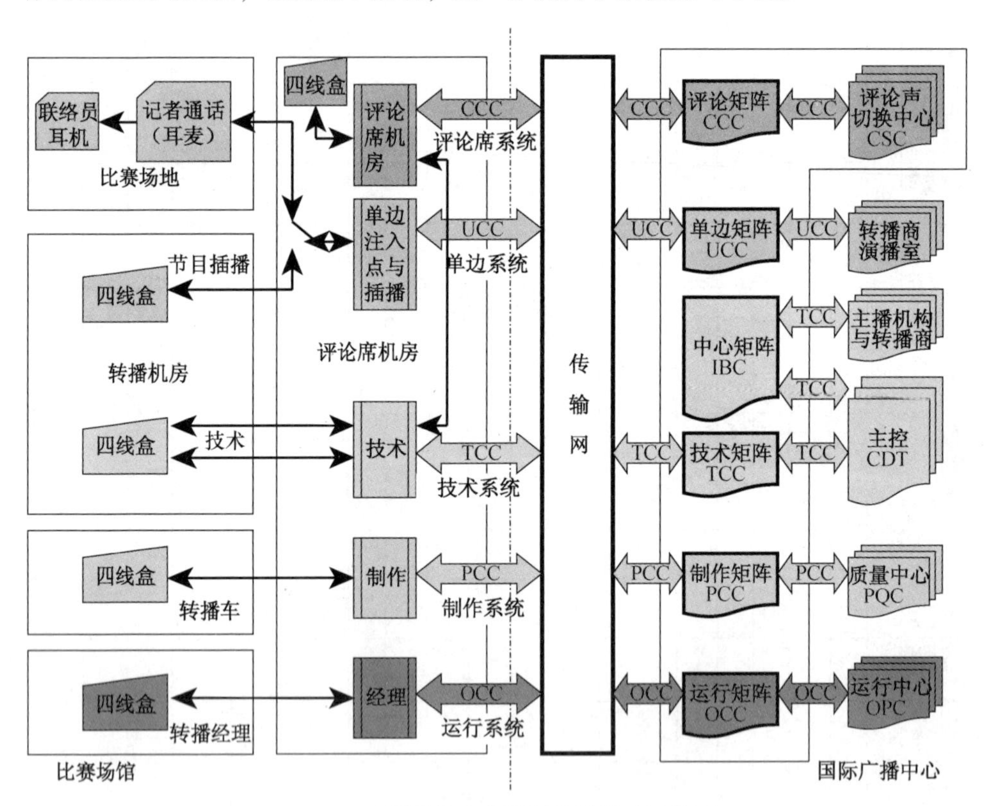

图 5-2　实况转播内部通话系统结构示意图

由于系统是由 4 条导线（通常使用五类双绞线 UTP）传输音频信号，2 条用于送出 Tx，2 条用于接受 Rx，因此，该系统又称为四线回路系统（4 Wire Circuit Systems）。

1. 评论席内部通话系统 Commentary Co-ordination Circuit（CCC）

这里所介绍的评论席内部通话系统，指的是评论席系统工作人员的通话系统，这里不包括评论员与其所属国家总部和主播机构技术人员的通话系统，他们之间的通话由评论声采集和传输设备通过独立的四线系统来完成。本书的其他章节有详细的介绍。评论席机房的工作人员是利用安装在评论席机房里的四线盒（对讲小盒）与国际广播中心的评论声切换中心和转播综合区各个岗位进行通话的（见图 5-3）。

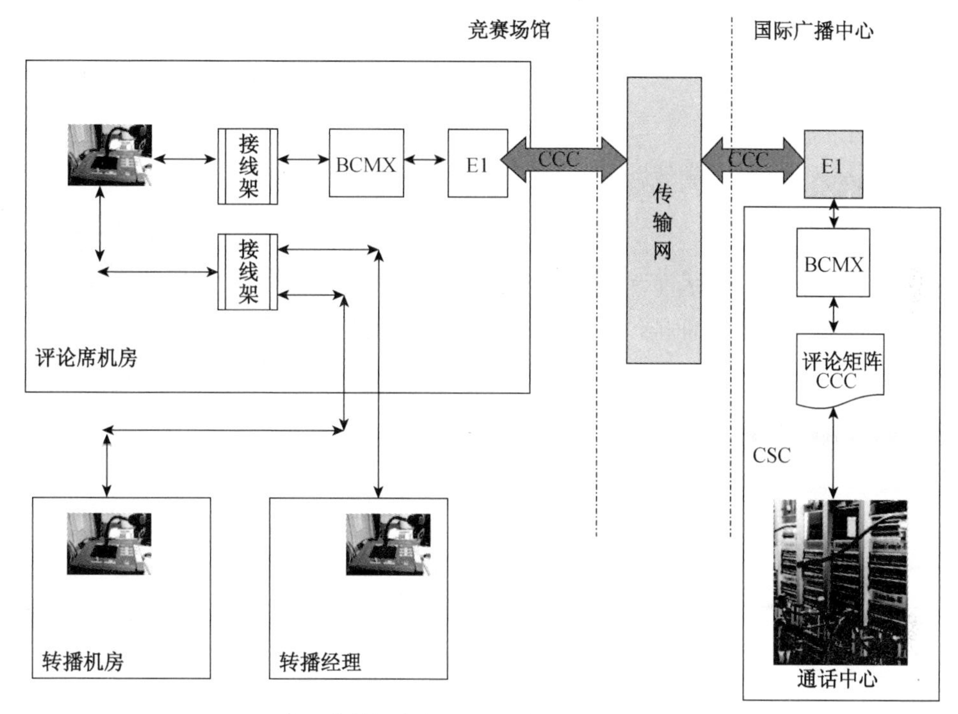

图 5-3　奥运会转播内部通话系统之一：评论席系统 CCC

评论席内部通话系统 CCC 是转播团队中专门供评论席系统团队使用的内部通话系统。评论席机房的经理和工程师可以通过选择按下相应的按键 CSC、TOC 或 BVM（VTM）分别实现与国际广播中心的评论声切换中心、转播机房和转播经理（或技术经理）的实时双方通话。

2. 单边通话系统 Unilateral Co-ordination Circuit（UCC）

在奥运会转播中服务于主播团队的系统成为多边系统 Multilateral Systems，而服务于持权转播商的系统被称为单边通话系统 Unilateral Systems。在内部通话系统中也有一个服务于持权转播商的系统，按照惯例成为单边系统 UCC。这个系统是收费服务系统，根据需要分成两类：一类是赛前/赛后注入点服务；另一类是插播服务。

赛前/赛后注入点服务指的是，主播机构在直播开始前后提供三个 10 分钟长度的单边摄制服务，持权转播商可以根据各自的转播需要预先订制这项服务。在摄制开始前、结束后以及进行中，主播机构联络官或者持权转播商的编导将与演播室的导播进行通话，同时，出镜播报人员也需要实时听到导播的指令。这个通话功能是通过单边系统来实现的。主播机构提供的通话设备通常为腰包式通话小盒。供给主播机构联络官或者持权转播商编导的通话小盒配置有耳麦，用于通话和接听，并且由评论席机房供电；供给出镜播报人员的小盒只有接听功能，电源由带耳麦的通话小盒提供。

插播服务指的是，主播机构在各个场馆的转播机房里安装了必要的设备，供持权转播商在转播时插播节目信号。在插播开始前、结束后以及进行中，转播机房的值班人员或持权转播商的编导将与演播室的导播进行通话。虽然注入点和插播同属于单边服务，但是这两项服务通常不会同时使用，因此在实际线路的设计上共用了 UCC 回路。来自比赛场地的注入点的通话信号和来自转播机房的插播信号将在评论席机房内手动进行切换，再将信号通过 UCC 四线回路传输到国际广播中心（见图 5-4）。

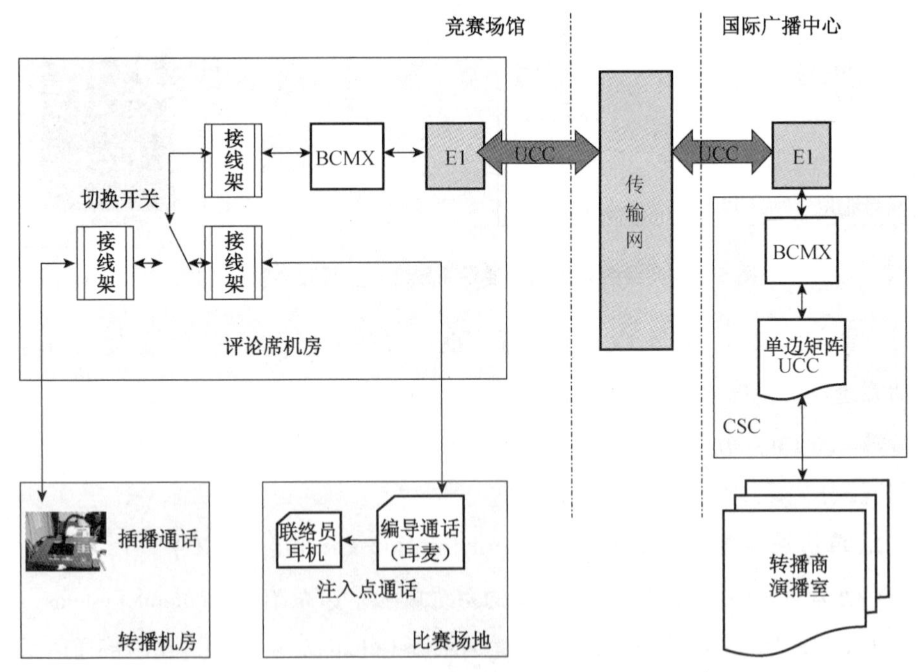

图 5-4　奥运会转播内部通话系统之二：单边通话系统 UCC

当 UCC 回路出现问题时，评论席系统 CCC 将作为 UCC 的备份系统负责传输注入点的通话信号；插播的通话备份则使用电话线路来完成。

3. 技术通话系统 Technical Co-ordination Circuit（TCC）

在奥运会转播中最重要的内部通话系统是就是技术通话系统 TCC。技术通话系统，顾名思义，就是供技术操作和保障人员实时通话的系统。主要是工作在转播机房 TOC 的主管与工作在国际广播中心的主控 CDT 的经理之间通话（见图 5-5）。

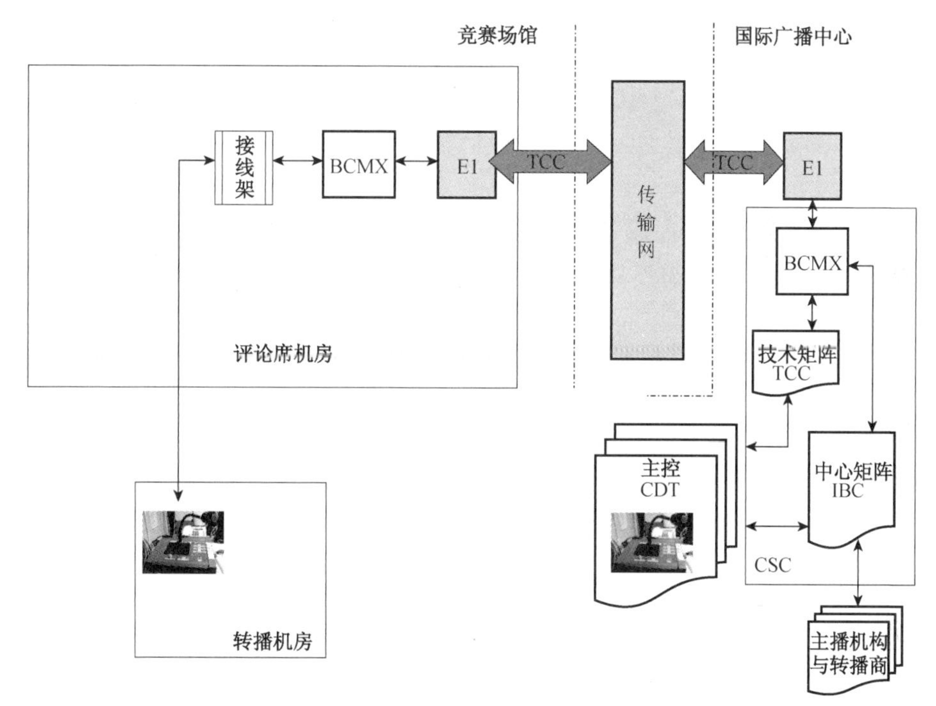

图 5-5　奥运会转播内部通话系统之三：技术通话系统 TCC

4. 制作通话系统 Production Co-ordination Circuit（PCC）

在奥运会转播中使用最频繁的内部通话系统就是制作通话系统 PCC。制作通话系统，顾名思义，就是供制作指挥和操作人员实时通话的系统。主要是工作在转播车上的导演与工作在国际广播中心的节目质量控制中心的制作专家之间的通话（见图 5-6）。

5. 运行通话系统 Operations Co-ordination Circuit（OCC）

在奥运会转播中，运行命令除了部分通过有线电视系统显示外，都是通过内部通话系统发出的。这个通话系统被称为运行通话系统 OCC。运行系统，顾名思义，

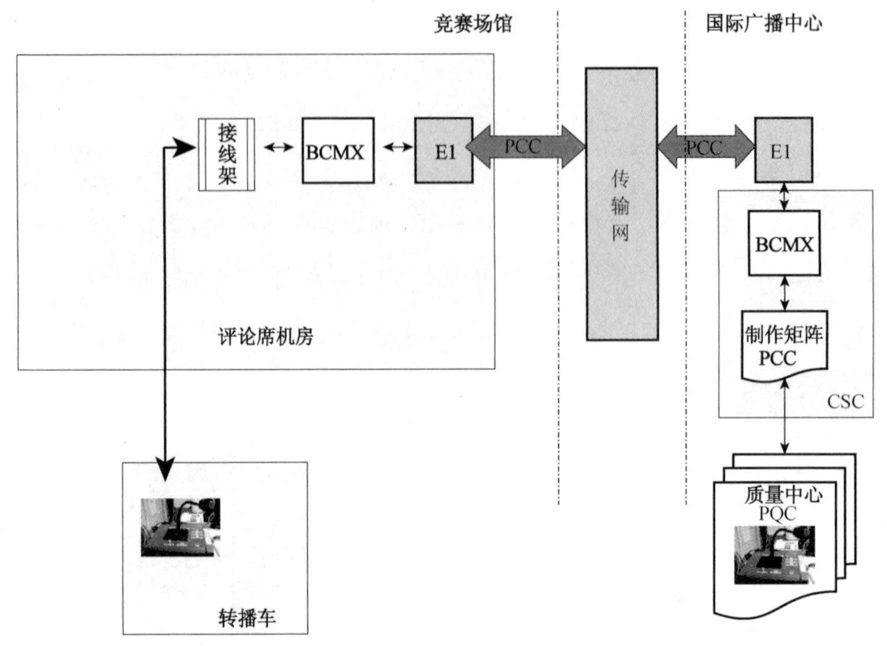

图 5-6　奥运会转播内部通话系统之四：制作通话系统 PCC

就是供转播指挥人员和场馆管理人员之间的实时通话系统。主要是指工作在转播办公室的转播经理与工作在国际广播中心的运行中心的领导人之间的通话（见图 5-7）。

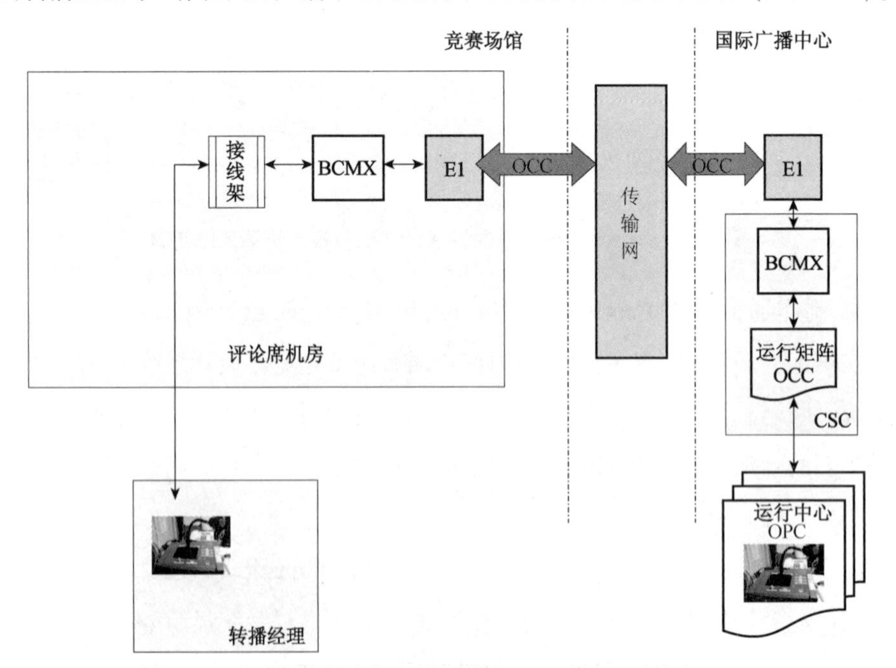

图 5-7　奥运会转播内部通话系统之五：运行通话系统 OCC

第三节　四线技术的实现

广播电视实况转播所使用的通话系统要保证同时、双向通话的话音质量，因此通常采用四线方式进行话音的传输。顾名思义，四线方式就是采用4条导线来传输信号。通常使用多芯五类双绞线UTP，其中2条用于一路信号送出Tx，2条用于一路信号接受Rx。因此，该系统又称为四线回路系统（4 Wire Circuit Systems）（见图5-8）。

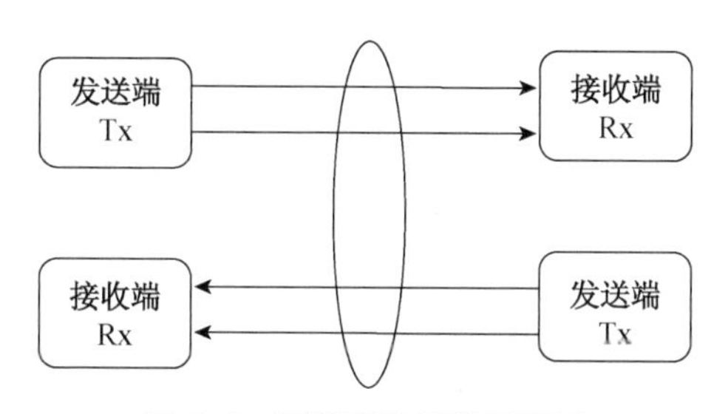

图5-8　四线回路系统示意图

1. 通话和监听单元

内部通话系统的终端设备之一是通话和监听单元。它用于用户端，供通话者使用。这个单元通常把传声器、传声放大器、监听扬声器、扬声器放大器以及开关选择键集成在一个单元盒内，便于安装和移动。

该单元可以提供两种传声器方式，一种是内置的驻极体传声器，另一种是外接鹅颈传声器。用户可以根据需要安装。内置的扬声器可以方便地监听对方话音，音量也可以调节。通常设有3个通话控制键用于打开传声器输入端，同时关断扬声器输出端。与通话输出端相配合，3个通话控制键可以分别开启对3个对象的通话。以评论声控制室的通话单元为例，通常工程师要同国际广播中心的评论声交换机房通话；要同场馆综合区内的转播机房通话。这时，通话和监听单元就要占用两个输出端，对应使用两个通话按键（见图5-9）。

2. 多通道四线回路分配系统

奥运会转播过程中有多个通话通道，需要有一个通道分配系统来支持。支持这个功能的设备有模拟系统和数字系统两种。模拟系统中最常用的是接线排结

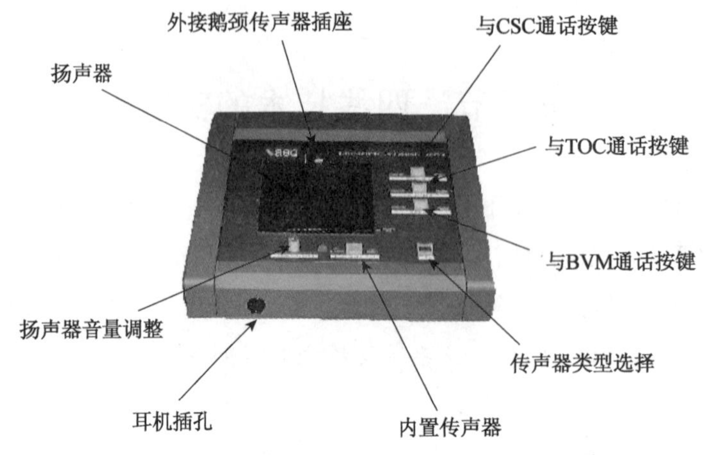

图 5-9　内部通话系统设备之一——通话和监听单元

构。一般地，将接线排左侧定义为输入端，右侧定义为输出端。排架每一路的中间都有一个金属跳线卡子。正常情况下，这个卡子是接通的。当拔掉这个卡子，这一路信号便会断开。排线架在结构上，允许对输入端和输出端分别进行即时插入监听。这种通道分配系统适合于固定信号分配系统，需要分配的信号的去向，在设置完成后就不再变动。而数字系统则更加灵活，近年来也越来越多地被广泛采用。图 5-10就是接线排方式的通道分配系统实例。图 5-11 是应用这些接线排的场馆。

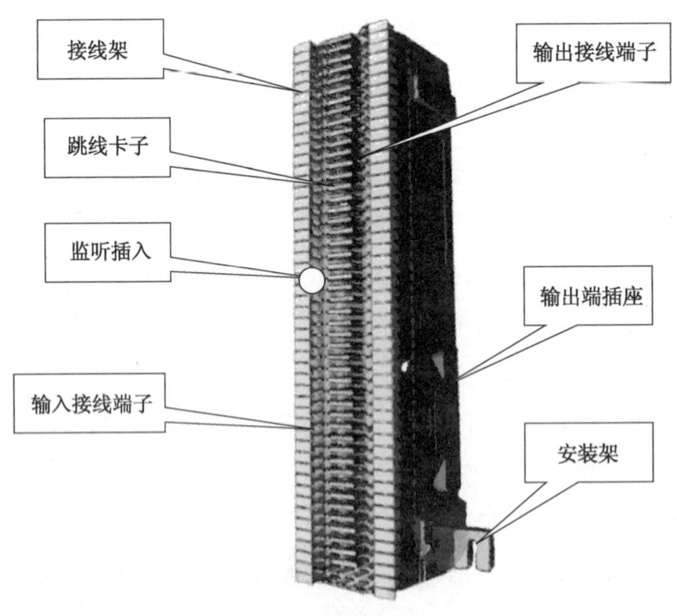

图 5-10　模拟信号通道分配系统——接线排实例

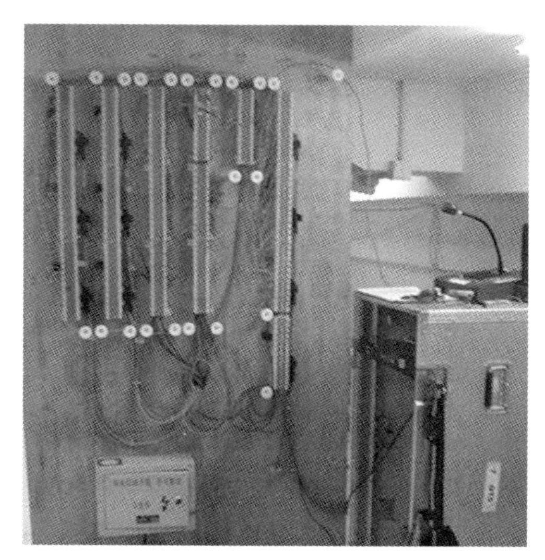

图 5-11　在场馆内使用的接线排阵列实例

3. 四线回路信号的传输

奥运会转播中所使用的四线回路数量可达数千条。每个场馆都有数十条到上百条。这么大量的通道信号要实时地从场馆传输到国际广播中心，所要占用的传输带宽是很大的。通常采用数字多路复用技术，将通话信号先进行模/数转换，再利用时分多路复用技术进行传输。

时分制是把一个传输通道进行时间分割以传送若干通话信号，把多个通话设备接到一条公共的通道上，按一定的次序轮流给各个设备分配一段使用通道的时间。当轮到某个设备时，这个设备与通道接通，执行操作。与此同时，其他设备与通道的联系均被切断。待指定的使用时间间隔一到，则通过时分多路转换开关把通道联接到下一个要连接的设备上去。时分制通信也称时间分割通信，它是数字电话多路通信的主要方法，因而 PCM 通信常被称为时分多路通信。

奥运会转播期间所采用的多路复用器，是西班牙 AEQ 公司生产的 BCMX 系列产品。它的一个机柜可以安装 8 个传输卡，每个卡可传输最多 8 个 15kHz 带宽的音频信号。有各种带宽组合的卡的类型供选择。图 5-12 是这个系列产品的最新机型 RANGER。

RANGER 是一台对音频通道进行复用的编码器，它可以提供E1（2，048Mbps）和 T1（1，544Mbps）的接入。可以对带宽为 3.5kHz、7.5kHz 和 15kHz 的音频信号

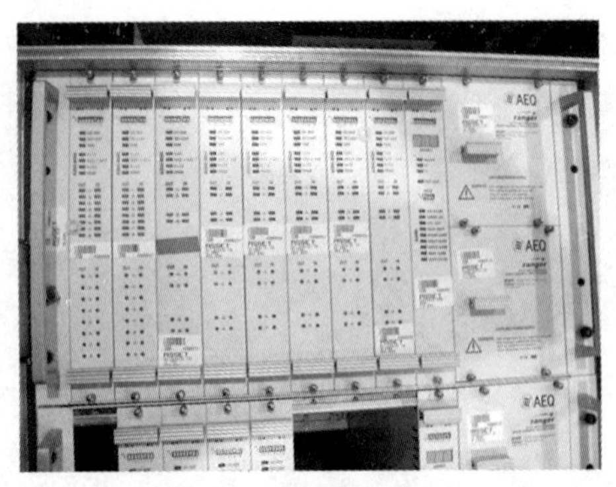

图 5-12 多路复用设备 RANGER

进行编码，相对应占据数据带宽分别为 32Kbps、64Kbps 和 128Kbps。当连接到 E1 传输方式时，在 32 个 64-Kbps 的时隙中，可用来进行音频复用的时隙序为 31 个，另外一个留作帧同步通道。而连接到 T1 传输方式时，在 24-Kbps 的时隙中，可用来进行音频复用的时隙为 23 个，另外一个同样留作帧同步通道。

RANGER 的所有部件安装在一个 48.26 厘米（19 英寸）标准机架上。该机架有 6 个单元高，深度为 360 毫米。其框架的最大容量，可以安装 8 个音频数据输入/输出模块，1 个控制模块和 2 个供电模块（见图 5-13）。

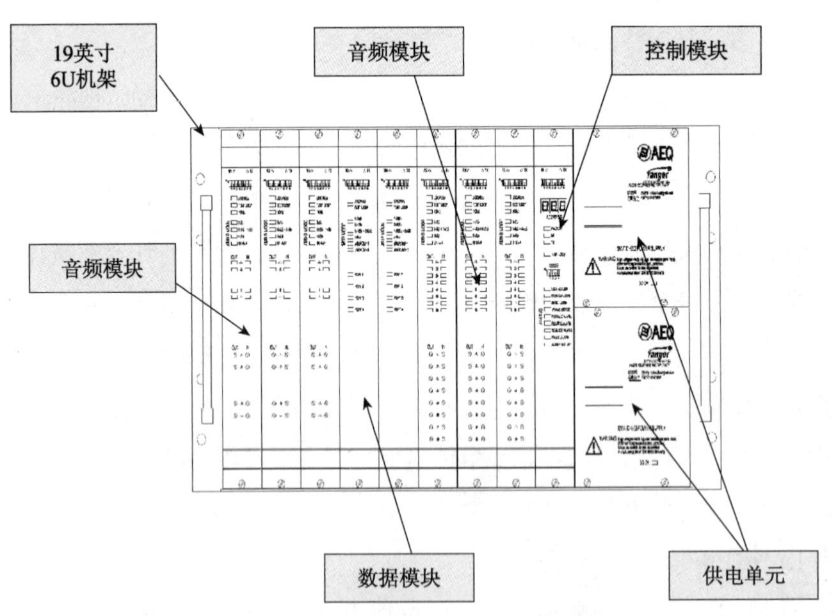

图 5-13 RANGER 的各种功能模块

双供电模块互为备份，可以自动切换。可以接受输入电源范围在 85-132V 和 170-264V 之间，50/60Hz。输出电压为直流 48V，最大功率为 150W。

控制模块的作用之一，是用于 E1 或 T1 的接入。目前的产品是通过双绞线进行连接，其升级产品将可选择光纤进行连接。另外一个作用当然是对单元进行管理。通过控制模块，复用器可以遥控和监听，还包括状态显示和报警功能。同时，还可以通过计算机对其进行远程配置调整。为了完成这些控制功能，该模块安装了采用 EIA 推荐的 RS-232 和 RS-422 控制总线。

其音频输入/输出模块分为两种类型：一种是 4B/4C；另一种是 4B/8C。

4B/4C 模块提供如下 3 种带宽组合：

1. 2 个 15kHz 音频回路

2. 4 个 7.5kHz 音频回路

3. 2 个 7.5kHz 音频回路，加上 1 个 15kHz 音频回路

4B/8C 模块提供如下 3 种带宽组合：

1. 4 个 7.5kHz 音频回路

2. 4 个 3.5kHz 音频回路，加上 2 个 7.5kHz 音频回路

3. 8 个 3.5kHz 音频回路

数据模块则提供 4 种不同的配置：

1. 1 个 256Kbps 数据回路

2. 2 个 128Kbps 数据回路

3. 1 个 128Kbps 数据回路，加上 2 个 64Kbps 数据回路

4. 4 个 64Kbps 数据回路

在 E1 工作模式下，一个框架最多允许安装 7 个数据模块。

通过多路复用器 RANGER 处理过的信号，利用 E1 通信传输技术，经由 SDH 数据传输网络传输到国际广播中心。在那里再利用镜像途径将信号接收下来。

E1 通信传输技术源于欧洲，是一种脉码调制 PCM 技术标准，其速率为 2.048Mbit/s。我国采用了这一标准。E1 的一个时分复用帧（其长度 T=125us）共划分为 32 个相等的时隙，时隙的编号为 CH0~CH31。其中时隙 CH0 用作帧同步用，时隙 CH16 用来传送信令，剩下 CH1~CH15 和 CH17~CH31 共 30 个时隙用作 30 个话路。每个时隙传送 8bit，因此共用 256bit。每秒传送 8000 个帧，因

此 PCM 一次群 E1 的数据率就是 2.048Mbit/s。E1 有成帧，成复帧与不成帧三种方式。在成帧的 E1 中第 0 时隙用于传输帧同步数据，其余 31 个时隙可以用于传输有效数据；在成复帧的 E1 中，除了第 0 时隙外，第 16 时隙是用于传输信令的，只有第 1 到 15，第 17 到第 31 共 30 个时隙可用于传输有效数据；而在不成帧的 E1 中，所有 32 个时隙都可用于传输有效数据。

传输路径分成两个独立的通道，两端由切换单元自动进行切换，互为备份。其中，通讯机房一端为主动方，通话机房为随动方。当通讯机房与主播内部通话系统机房距离较远时，将在双端采用 HDSL 调制解调器进行传输。其中，通讯机房一端设为主动方，通话机房设为随动方（见图 5-14）。

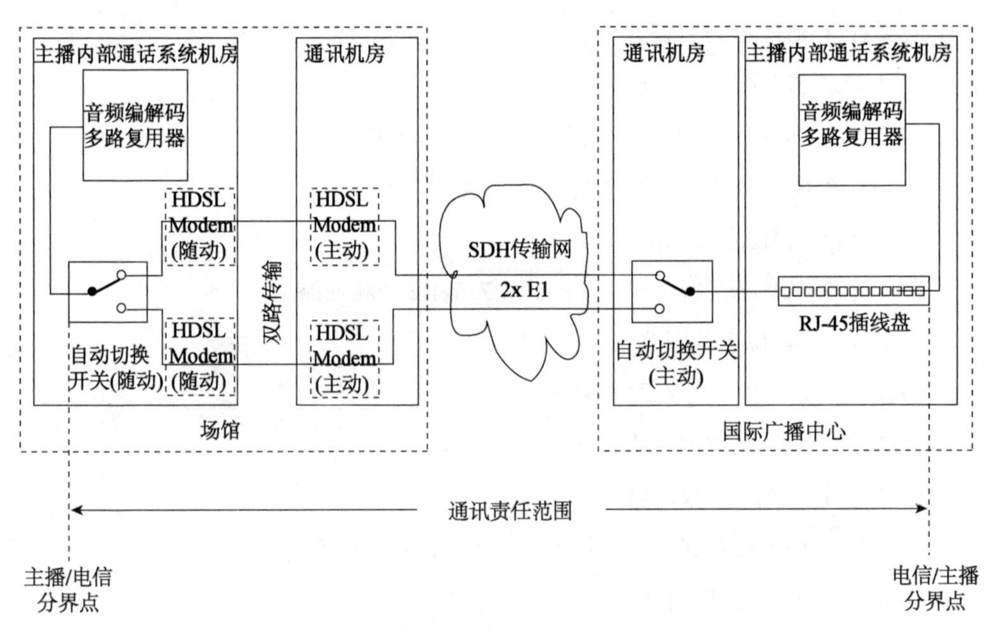

图 5-14　内部通话信号的传输

4. 内部通话系统交换中心

从场馆传回的通话信号，被送到在国际广播中心的通话系统交换中心。在这里除了上面提到的多路复用设备和接线排阵列外，还有一个庞大的通话信号接听和分配系统。在这里所用的设备，主要是一台多通道通话选择放大器（见图 5-15）。它具有接听选择功能，可以方便地选择请求通话的通道。在奥运会比赛直播前的两个小时时间里，工作人员要与 44 个场馆的工程师频繁地进行通话，检测系统线路。

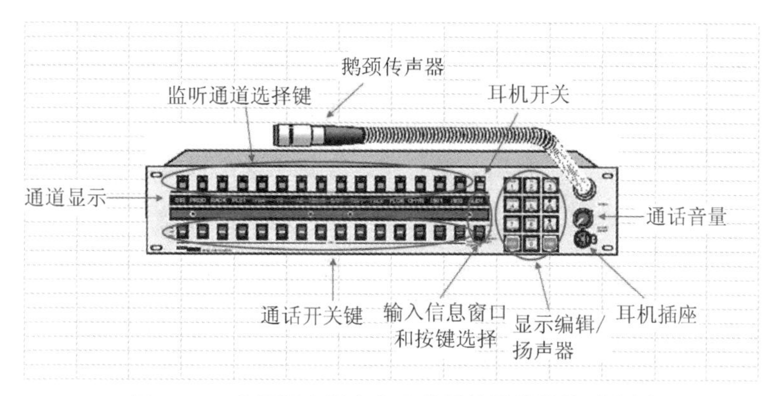

图 5-15　在国际广播中心内使用的接线排阵列实例

交换中心的另外一个任务，就是将来自各个场馆的通话请求分配给国际广播中心的其他工位。在这里，同样使用的是模拟接线排阵列（见图 5-16）。

图 5-16　在国际广播中心内使用的接线排阵列实例

本章总结

以上，简要介绍了奥运会转播的内部通话系统所采用的设备和设施。在今后的奥运会转播中，这个系统将逐步被数字系统所代替，届时再为大家作详细介绍。奥运会转播的内部通话系统为转播团队提供了方便、安全的，同时也是高质量的通话系统。该系统仍然有许多需要研究和探讨的课题，希望大家关注体育转播中这个辅助的，但是又不可缺少的系统，为我国体育转播事业的发展贡献自己的力量。

本章习题

1. 为什么实况转播需要复杂的通话系统，它的作用主要是什么？

2. 奥运会转播都有哪些技术系统必需提供通话系统服务？

3. 本章介绍的通话传输设备采用的是哪种通信传输技术？它的传输速率是多少？

第六章　环绕声技术在体育转播中的应用

The Application of Surround Sound for Production in Sport Broadcasting

引　言

北京奥运会的电视转播将全面采用高清晰度电视技术，与此同时，国际电视信号公用信号中的音频公用信号将采用5.1环绕声技术进行制作和传输。这是在2004年雅典奥运会和2006年都灵冬奥会，部分采用高清技术后，首次在大型国际体育赛事转播中全面使用。有人形容北京2008年奥运会是“高清”奥运，作为专业音频工作者，如果我们称此次奥运会为“环绕声”奥运，也不为过。因为，广大电视观众将利用数字高清电视机观看到高清画面，配以相应的环绕声监听系统聆听到“环绕”的赛场音响效果，这在奥运历史上是第一次。

第一节　环绕声制作的理论基础

体育转播环绕声制作的理论依据是国际电信联合会无线电通信部门于1994年7月提出并于2006年4月获得批准的，为广播（声音）转播服务提出了关于多通道立体声重放系统有图像和无图像ITU-RBS.775-1的建议书，以及在此之后，AES技术委员会根据这个建议书提出的技术文件AESTD1001.0.01-05。下面我们简单回顾一下这些文件的要点。

ITU-RBS. 775-1 主要提出了 3/2 格式，或者 5.1 格式多声道立体声重放系统中 5 个扬声器摆放位置的意见（见图 6-1）。

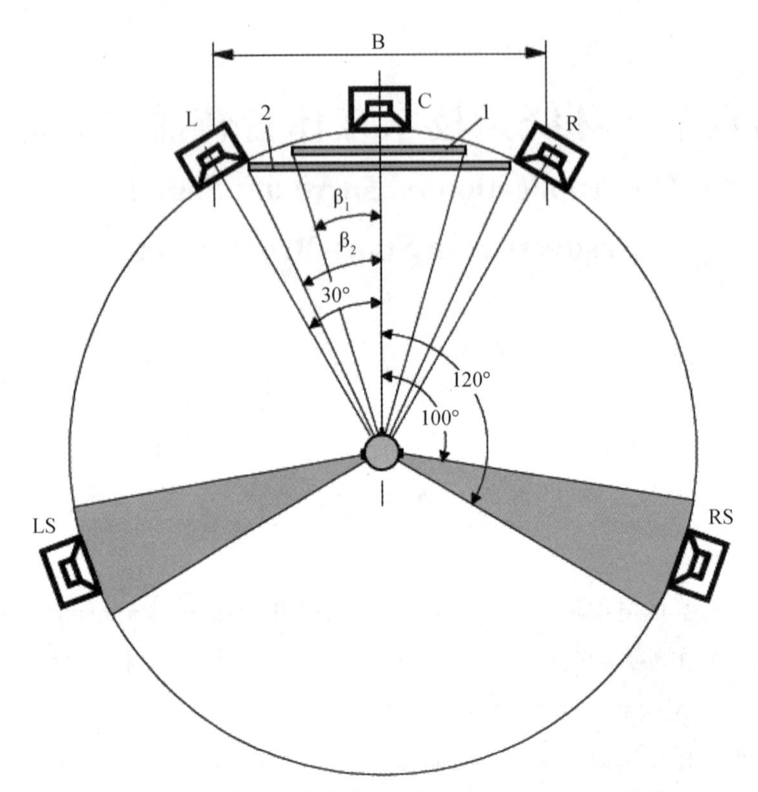

图 6-1　3/2 格式环绕声监听布局 ITU-RBS. 775-1 建议

对于图 6-1 中 1#图像屏幕的宽度（夹角为 33 度）的监听距离建议为其高度的 3 倍，而 2#图像屏幕的宽度（夹角为 48 度）的监听距离建议为其高度的 2 倍。图中 B 为左右扬声器的间距，又称为扬声器基线宽度。

5 只扬声器与听音者（声学中心）的相对位置（见表 6-1）。

表 6-1　扬声器安装位置

声学中心	角度	高度	倾角
C	0 度	1.2 米 （考虑屏幕形状和尺寸）	0 度 （考虑屏幕形状和尺寸）
L，R	+-30 度	1.2 米	0 度
LS，RS	+-100 —120 度	>=1.2 米	<=15 度

AESTD1001.0.01-05 报告是 ITU-RBS.775-1 建议书提出后的发展和应用状况。报告指出，多声道立体声虽然是一个没有限制通道数的录放制式，但是其配置在数年前就被世人达成了共识，是在理想的重放质量要求和实际应用的需求以及与旧时两通道立体声兼容性等方面之间取得平衡的成果。最后得到的解决方案被通俗地称为“5.1 通道”。其中，由 5 个全带宽通道，加上一个可选项——有限带宽通道，即“低频扩展”通道（LFE），俗称“0.1 通道”所构成。在电影声音重放时，中间通道常用于对白声。为了保障系统的兼容性，其他应用同时也遵循了这种配置。

这种标准配置有时也称为“3/2 立体声”。“3”指的是前方的 3 只扬声器，“2”指的是后方的环绕声扬声器。

从图 6-1 中可以看出，听音者的位置是受到严格限制的。在听音场所较大的情况下，比如电影院，报告建议用增加环绕声扬声器的方法来解决。这时，就要视具体情况对相应的扬声器进行延时，以及增设必要的分配矩阵或处理器。

报告中用大量的篇幅对低频扩展通道的作用和在不同场合的应用经验进行了探讨。指出对于大众消费型节目，比如电视节目的制作，要慎重考虑低频扩展通道的使用。当采用独立低频扩展通道时，低频段截止频率的选择是十分重要的。报告建议选择 80Hz，最高不能超过 120Hz。另外，在制作时由于要将 5 个主通道内的节目内容进行“低切”，当在传输环节和收听环境不能重放低频扩展通道时，就要考虑对这 5 个通道的低频进行补偿。

报告对监听环境也提出了相应的建设性意见。报告指出，获得高质量声场的条件，主要由以下三点决定：

- 监听房间的几何尺寸和声学特性
- 扬声器的特性及在监听房间的布置
- 监听位置或称监听区域

为了达到起码的质量要求，报告中给出了一组参数和数值（见表 6-2）。

表 6-2　推荐的监听房间数据

参　　数	单位/条件	数　　值
房间尺寸（地面）	平方米	
单声道/两声道立体声		>30
多声道		>40

续表

参　数	单位/条件	数　值
房间比例	长 宽 高	1.1 宽/高<=长/高<=4.5 宽/高-4 其中：长/高<3，宽/高<3
扬声器基线宽度 两声道立体声 多声道	米	 2.0—4.0 2.0—4.0
L，R 扬声器夹角 两声道立体声 多声道	度	 60 60
监听距离 两声道立体声 多声道	米	2 米—1.7 基线宽度
监听区域 两声道立体声 多声道	米	 0.8 0.8
扬声器高度 两声道立体声 多声道	米	 约等于 1.2 约等于 1.2
距环绕声反射面 两声道立体声 多声道	米	 >=1 >=1

为了方便多声道立体声节目的交换，报告给出了录制和传输通道顺序的建议（见表 6-3）。

表 6-3　8 轨录音方式的轨道分配

轨道	信号	说　明	颜色
1	L 左		黄色
2	R 右		红色
3	C 中		橙色
4	LFE 低频扩展	选项，用于给低频扬声器添加低音和效果信号	灰色
5	LS 左环绕声	-3dB 当采用单声环绕时	蓝色

续表

轨道	信号	说　　明	颜色
6	RS 右环绕声	-3dB 当采用单声环绕时	绿色
7	节目交换自由选用	最好用于两通道立体声左通道	紫色
8	节目交换自由选用	最好用于两通道立体声右通道	棕色

表 6-3 中，轨道指磁带录音的真实轨迹，或者其他记录方式的虚拟通道数；颜色是由德国环绕声论坛提出的色码建议；轨道 4 被称为选项，是指用于家庭重放时，如果不用该轨道传输低频扩展信号，可以自由使用，比如将其用于传输和记录评论员的解说声。有些场合使用单声道环绕声，可以将 5、6 两个通道的信号分别减低 3dB 后相加得到单声道信号。

报告还对记录电平提出了建议，其数字校准电平（1kHz，均方根值测量）Las = -18dBFS（ITU，EBU），Las = -20dBFS（SMPTE），并提醒在使用时，注意采用的是哪种标准。其容许最大信号电平 Lpms 通常低于削波电平 9dB。建议采用准峰值表测量音量，这样可以避免瞬态削波。

第二节　环绕声的发展历程

为了掌握环绕声的制作，首先要了解环绕声的发展历程。下面就从音频制作方式的演变来回顾一下环绕声的发展轨迹。

1. 原始的录音和重放制式：单声道

自从有了立体声录音制式以后，我们把最早的录音方式称为单声道制式。它是在母带或者唱片上以一个轨迹的形式记录声音；收听或者监听时，使用一个扬声器重放记录的声源。

这时的声音拾取方式比较单一，只要在欲拾取的声源附近放置适当的传声器，后来被立体声专家们称为“点声源”拾取法，再通过混音台将各个传声器通道的声源混合成单一声道，即完成了单声道的录音过程。

从理论上讲，单声道制作也可以通过合理的传声器布局和适当的后期处理手段（频率均衡、延时和混响处理等）达到较为理想的声源再现。重放时，混合

后的声源可以再现原声源的部分物理特性，比如频谱分布、动态响应、混响半径等。但是，由于单声道的局限性，声源所具有的空间定位、相对运动、相互距离及空间尺寸等重要特性，并不能表现出来。

在听感上，单声道给聆听者的体验是，声音仅仅来自于一个“点”，好像在山洞口听见洞里面发出的“求救”声，与人类在实践活动中听到各种声源的真实体验相差甚远（见图 6-2）。

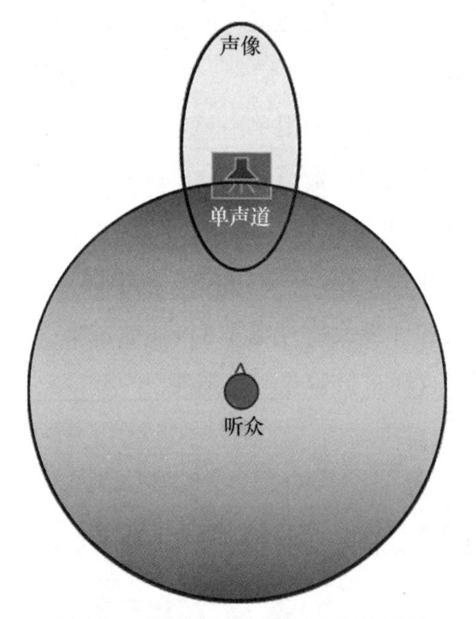

图 6-2　单声道重放声像听感示意图

2. 成功的录音和重放制式：两声道立体声

两通道立体声很好地解决了单声道制式的重大缺陷。并排摆放两只扬声器构成了一个完整的声像重放组合，它们将单声道制式重现的“点”声源，变成了“线”声源，甚至可以模拟成“面”声源。

利用向两只扬声器馈送同一声源（发声体）但不同电平强度，或馈送相同电平的同一声源但具有一定的时间差，从而达到该声源在扬声器基线上的准确定位，在空间深度上的定位，是通过调整声源与传声器的实际距离，或利用辅助延时和混响效果来实现的。如果声源是动态的，在拾取时利用立体声传声器组合，可以记录声源的运动轨迹，或者根据需要可以使一个在表演时没有运动的声源，通过声像电位器将点声源实时地分配到立体声通道中去，从而达到该声源移动的效果。

由于有独立的两个通道的存在，以及它们之间虚拟声场的相互融合，可以表现声源所在空间丰富的反射声和混响半径以外的混响声，使得两声道立体声在空间定位、相对运动、相互距离及空间尺寸等重要特性的再现方面已经达到了近乎完美的程度。

两通道立体声给聆听者的感受可以表述为，各组声源来自前方的各个不同方向，如同我们面向大海时，一个巨大的海浪迎面袭来，这种体验已经十分接近人类聆听前方真实声源的感受，这也是为什么两通道立体声到目前为止仍然是较为理想、普遍应用的录音和重放制式（见图 6–3）。

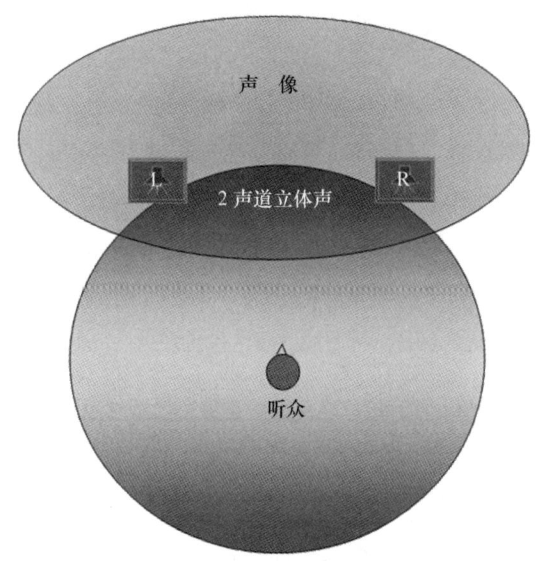

图 6–3　两声道立体声重放声像听感示意图

3. 早期的电影环绕声制式：四声道环绕声

人类在探讨真实再现自己生活场景的道路上是永无止境的。拍摄电影是人类探寻记录自己活动影像的最早的和最成功的艺术和技术实践。早期的有声电影使得人类同时记录影音成为可能。迄今为止，场景需要在正前方（银幕所在的方向）以外的方位提供声效的渲染，在观众席四周放置一定数量的辅助扬声器，以此来烘托现场气氛，为电影观众提供“身临其境”的感觉。人们最津津乐道的观察自身活动的娱乐形式仍然是到电影院里享受视觉和听觉大餐。在电影的制作和播放历史中，声音总是与画面相依附而存在，相互衬托而发展。多声道立体声是因影院播放影片的需要而产生的。有些电影中重放事先制作的与画面同步的音效，这种扬声器后来被称作为“环绕扬声器”，这也是“多声道环绕声”制式的最初形式。为了使得影片中的对白更易于后期配制，单独留出一个通道，专门录制对白。在重放时，在左右扬声器之间放置一个中间扬声器，用于重放对白。这样，一个最简单的多通道立体声系统可以由 4 个通道实现，重放的扬声器阵列也由 4 组组成。负责重放独立音效的扬声器的数量，可视影院的大小适当增减，这就是后来被称作 3/1 的四声道立体声（环绕声）（见图 6-4）。

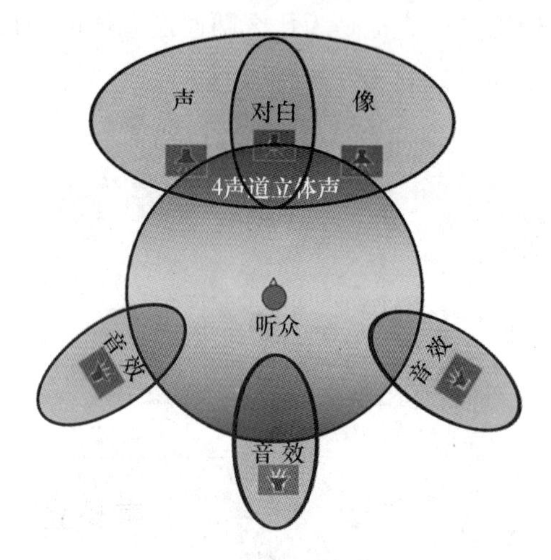

图 6-4　四声道立体声影院重放声像听感示意图

4. 有发展前景的环绕声制式：5.1 环绕声

仿照两声道立体声再现前方完整声像的方法，人们终于找到了全方位再现声源的立体声制式——5.1 环绕声。这种制式实际上是电影四声道环绕声的改良版。只是将单一通道的特殊音效通道增加为两个通道，形成环绕声立体声通道对。利用这两个通道可以实现听者后方的立体声声像（见图 6-5）。

从图 6-5 中不难看出，L 和 LS，以及 R 和 RS 也同样构成了立体声阵列，当向这两对立体声扬声器发送立体声信号时，同样可以形成两侧的重放声像。这样，通过适当声像分配，就可以满足最终用声源“包围”听众的目的，这就是环绕声的真实意义，即“声音环绕在你的周围”（见图 6-6）。

在 5 声道环绕声中，后面环绕声通道主要用来承担“环境气氛”信息的提供。因此，还要增加一个辅助通道来负责提供特殊音效。在除了电影以外的其他应用中，最常用的是对低频进行扩展。因此，提供的这个辅助通道从频域上看，

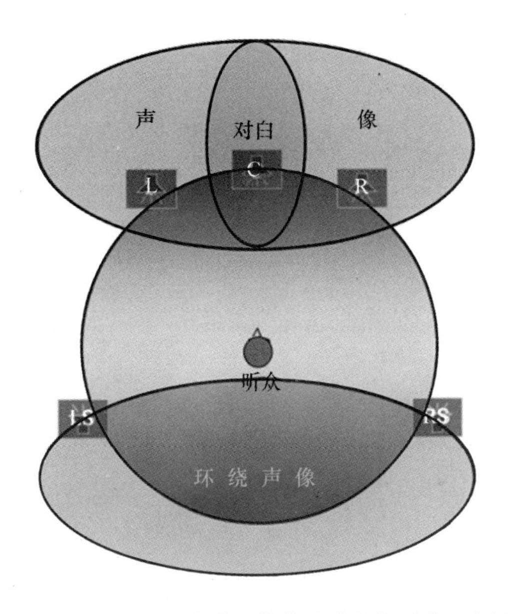

图 6-5　改良的四声道立体声重放声像听感示意图

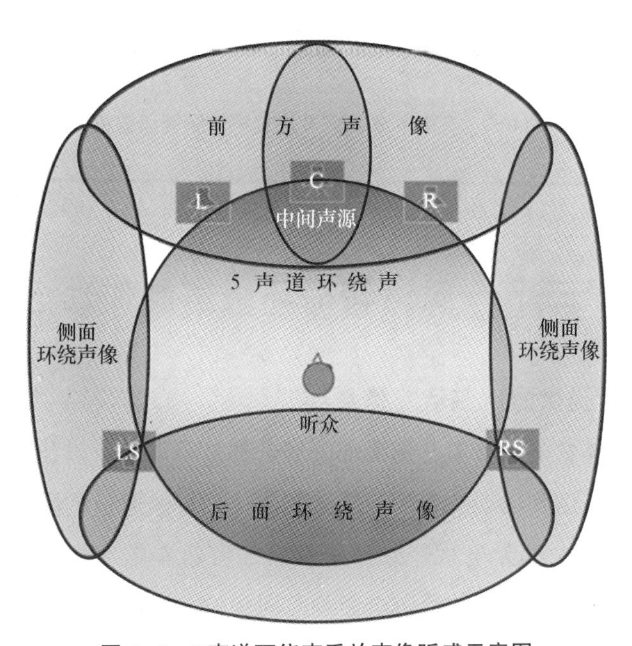

图 6-6　5 声道环绕声重放声像听感示意图

不是一个完整的“全”通道，它只贡献 20Hz 和 80-120Hz 的低音频率的声音。由此，这个通道被定义为“.1”通道。这就是 5.1 环绕声的由来（见图 6-7）。

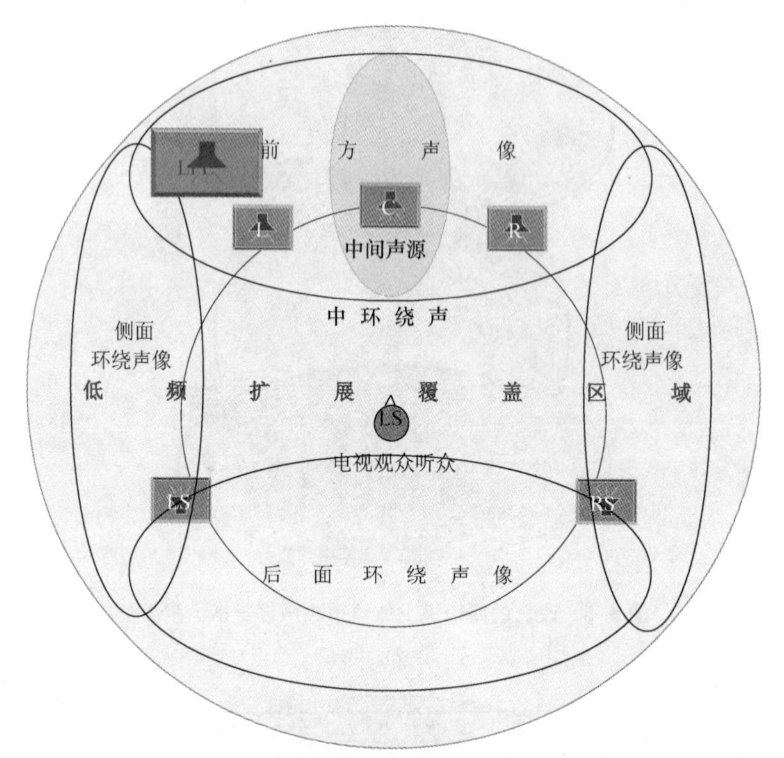

图 6-7　5.1 声道环绕声重放声像听感示意图

第三节　奥运转播环绕声制作理念

1. 环绕声所提供的“临场”信息

迄今为止的体育电视转播，绝大部分场合都是采用单声道技术进行声音制作的。因此，比赛场馆和场地的音响效果受到制作和传输通道的限制，不能真实地反馈给电视观众。大部分电视观众，虽然已经有过在数字电影院观看“大片”的经验，他们在那里感受到的是与电影画面同步的、极具震撼力的音响效果，但是，在观看电视节目时，却得不到类似的感受。

在总结雅典奥运会部分体育项目使用高清技术转播的成功经验的基础上，此次北京奥运会对所有项目进行高清制作，同时要对所有项目进行环绕声技术制作的尝试。这为电视观众提供了一个前所未有的机会，在电视转播节目里听到与

“大片”类似的音响效果，使得大家在电视机旁，为体育健儿加油的同时，能够真正地体验到“身临其境”的感觉。

用声音辅助电视画面来表现体育比赛，是体育转播的全新的课题。通过声音，可以表现出体育运动“更快、更高、更强”的精神。我们首先来分析一下，有哪些方面的信息需要通过声音来表现。

2. 空间定位

首先要通过声音表现比赛现场所拥有的空间，并为电视观众进行虚拟声场定位。尽管比赛场馆的具体位置和空间形态，可以通过电视画面传递给电视观众，但是当比赛开始后，绝大多数的电视镜头都会集中在赛事上，而很少会再次交代场馆的周围环境。另外，由于在实况转播时，镜头总是跟踪竞赛热点区域，并且随时被导演切换，因此场景会在瞬间变化，电视观众实际上在随着电视镜头不断地“运动”或“跳动”。为了使电视观众有一个相对稳定的空间感，声音元素构成的特定声场这时就将起到决定性的作用。

根据习惯，通常把场馆的主看台中心靠近竞赛场地的位置定义为电视观众的观看位置。这个位置也通常是电视转播安放主摄像机的位置。因此，这个位置就是音频专家在今后进行拾音设计和制定混音方案的基准点。图 6-8 说明了电视观众的声音空间定位和环绕声系统设置的相对关系。

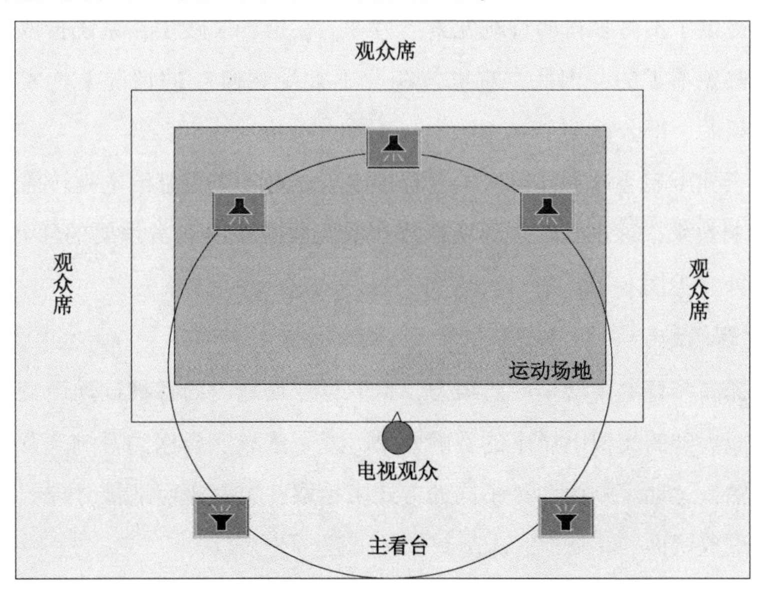

图 6-8　电视观众的声音空间定位和环绕声系统设置

3. 临场气氛

另外一个十分主要的现场信息，需要用声音来表达的是临场气氛。体育场和体育馆都是内部容积巨大的大型建筑体，它的自然建筑声学特性是十分特别的。临场气氛可以分解成以下几个层次：

- 稳定的背景噪声

当场馆内坐满观众时，由观众发出的不规则的、连续的骚动声响构成了场馆内独特的本底噪声声场。正确地拾取这种噪声，并合理地分配到相应的环绕声声道中，可以向电视观众成功地传达逼真的现场信息，告诉他们，此时他们正处于即将开赛的体育场馆里。

- 此起彼伏的观众和啦啦队的喊叫声

比赛进行过程中，观众和啦啦队的呐喊加油声、鼓乐声和哨声构成了另一种体育赛事特有的临场声响。成功地拾取这种声响，并将其分配到合适的环绕声声道中，可以向电视观众准确地传达现场的动态信息，表现比赛进行的激烈情况。

- 时隐时现的公共广播喇叭声

在比赛开始前后和进行中，都可以在现场听到从公共广播中不时传来的广播员和背景音乐的声响，这种声响也是人们非常熟悉的一种体育赛事特有的场馆声响。虽然这一声响对于电视观众来说是可有可无的，但是，它也为营造体育赛事临场气氛提供了不可多得的音响元素。另外，在拾音实践中，系统拾取公共广播的声响是避免不了的，因此，它也就在“不太受欢迎”的情况下，成为体育场馆声音气氛的一部分。

以上三种声响通过不同层次的混合构成了体育场馆贡献给电视转播的“临场气氛”音响效果，这也是5.1环绕声技术系统所需要的非常重要的“环绕效果”的主要成分（见图6-9）。

4. 比赛场地

为了提高体育电视转播的感染力，拾取竞赛场地内的各种运动声响是必不可少的。上面提到的类似电影中的音响效果，就是依靠混合这类音响来营造的。在电视转播中，运动声响由两种不同的方式来拾取，也就相应地被分成了两个不同的传输和重放层面。

- 摄像机传声器拾取的声响

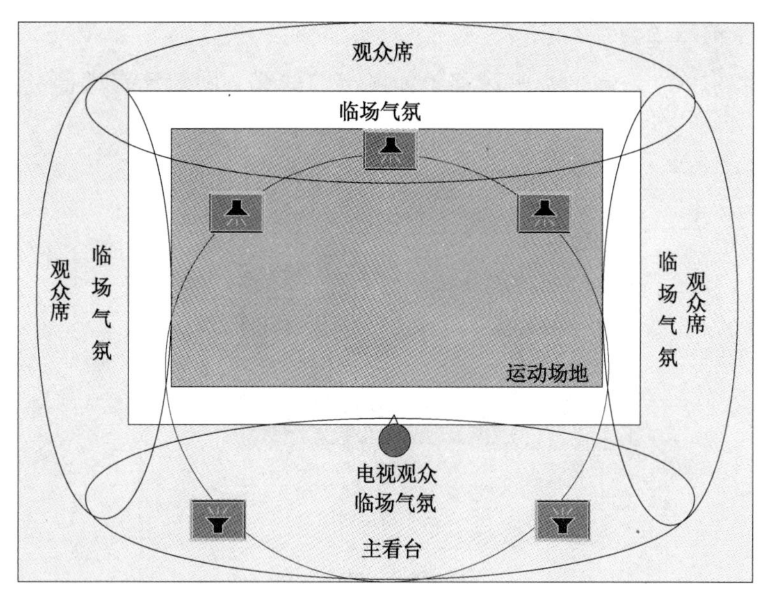

图 6-9　电视观众通过环绕声重放系统感受到的场馆的“临场气氛”

- 竞赛场地分布的传声器拾取的声响

运动声响的拾取，为环绕声提供了一个更具特色的体育运动的展示机会，这在单声道技术时期是绝对做不到的。有了摄像机和场地安放的传声器，音频专家就可以在竞赛中，根据运动项目的特点，把运动员及器械的运动轨迹在环绕声场中出色地再现给电视观众。运动员和物体通常会做如下几种不同的运动：

- 水平左右运动

例如：足球、篮球、曲棍球比赛运动员从自己的一方向对方作直线或曲线的进攻路线等。

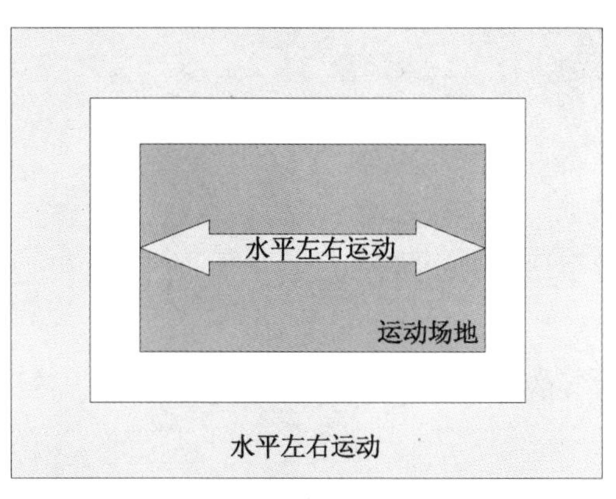

图 6-10A

• 水平前后运动：

例如：射箭、射击比赛中箭和子弹射出的路线；网球比赛大部分击球的路线等。

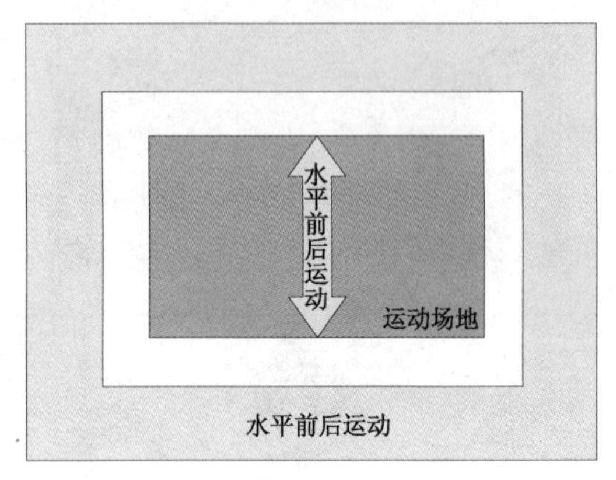

图 6-10B

• 水平交叉运动：

例如：自由体操比赛运动员的开场和结束动作等。

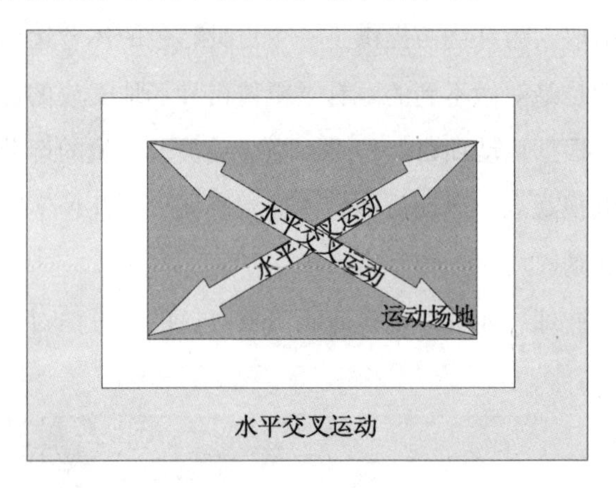

图 6-10C

• 水平环形运动：

例如：赛道自行车比赛的线路等。

• 垂直运动：

例如：跳水、田径的撑竿跳、排球二传与大力扣球、篮球的带球与投篮等。

• 综合运动：

例如：体操、田径、山地自行车等。

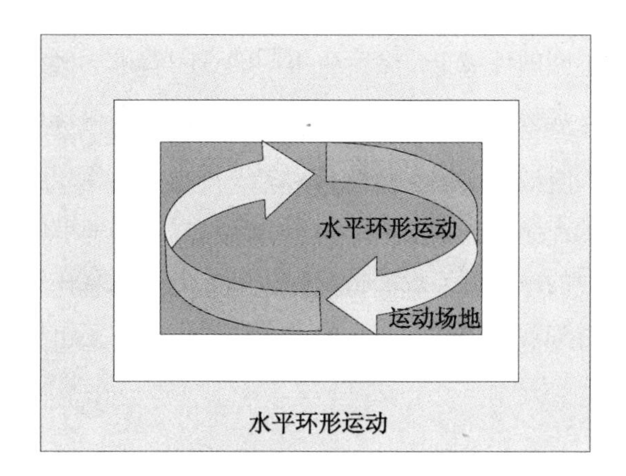

图 6-10D

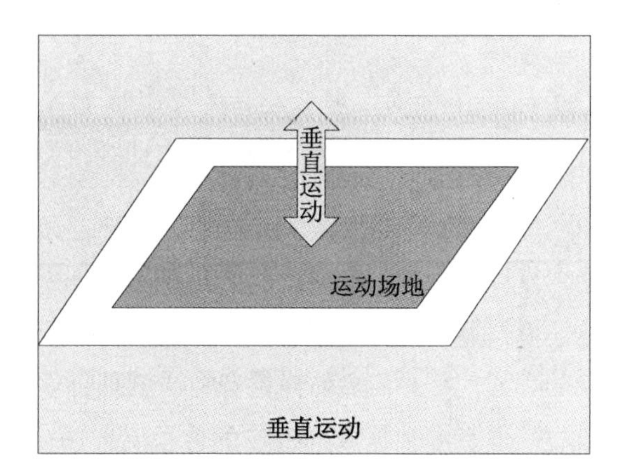

图 6-10E

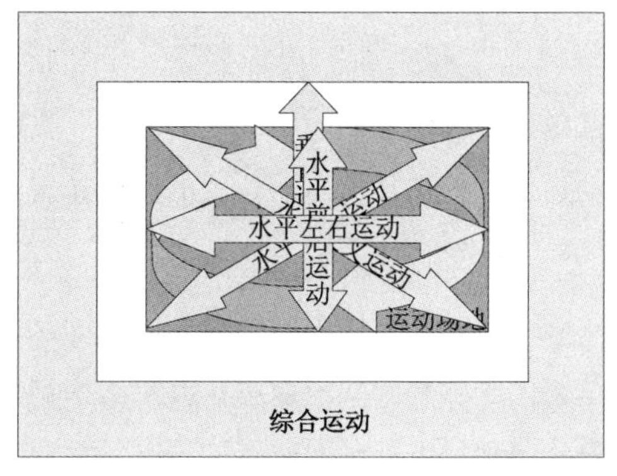

图 6-10F

除了上述的运动方向和空间的变化以外，许多体育项目是在特殊的环境条件下进行的。在这些不同的环境里，会产生不同的音响效果。例如，游泳和跳水等水上比赛项目，就要求拾取水下的声响；跳远等在沙坑里取得成绩的项目，就要表现运动员跳进沙坑时的声响效果；还有冬季项目中雪上运动的声响等。

奥运会转播环绕声制作的理念概括起来就是，只要能辅助画面反映运动员更真实、更具有感染力的声响都要设法拾取，让广大电视观众在观看清晰的电视画面的同时，亲耳聆听到现场逼真的音响效果，让他们与在场馆的观众一起享受百年不遇的视听大餐。

第四节　奥运转播环绕声制作方法

奥运转播中环绕声的制作将成为难点，也是转播的一大亮点。谈到制作方法，就应该讨论拾音设计、混音和传输方案等与制作直接相关的课题。

1. 拾音设计

在环绕声的制作中可以沿用传统的立体声制作方法，其中包括点声源拾音方法和立体声拾音方法。点声源拾音就是将单只传声器根据需要摆放在拾音点，用来拾取该传声器附近的声源信号；而立体声拾音方法就是将立体声传声器根据需要摆放在要拾取的具有一定宽度和纵深的声场前方，用来产生相对完整的“面”的声像要素，提供给 5.1 环绕声声像群，以构成丰满的“环绕”效果。当然，在可能的情况下，也可以使用比较成熟的环绕声传声器组来直接制作局部或全部环绕声声像要素，与其他“点”和“面”声像要素一起，混合成所需的环绕声。在体育项目制作中，选择传声器位置是成功制作的关键。在本书的第七章、第八章，将针对不同的运动项目如何选择传声器位置的问题作着重探讨。

2. 混音方案

环绕声制作与传统的单声道和立体声制作最大的不同发生在混音阶段。首先需要对所有的运动项目提出一个准确的声像定位方案。根据对该项目的发声源及其声响特点的研究，遵从该项目电视画面制作的理念，结合分镜头表提供的表现程式，统筹考虑混音方案。有一些原则，可供制定混音方案时参考，如下：

- 空间定位要稳定，通常在整场比赛转播过程中保持不变；
- 临场气氛效果声像要素的分配要均匀，尤其是观众和啦啦队的喊叫声和公共广播喇叭声；
- 运动声响只要出现，就必须考虑它们的方位和方向感，不能与电视镜头出现矛盾，尤其不能出现“左右”位置和运动方向的错误；
- 运动声响不要过大，过大会给电视观众不真实的感觉，甚至会造成观众不舒服，影响观看效果；
- 运动声响一定要按照实际情况分配在前方声像区域，除非该声响真的来自它方；
- 评论声将不事先混合在国际公共信号中，由持权转播机构在播出前进行混合；

一般对比较保守的声像要素的通道，建议分配方案可以参考表 6-4。

表 6-4　体育比赛声源在 5.1 环绕声通道中的分配方案

声源		5.1 环绕声声道分配					
		后左	前左	中	前右	后右	低音
1	临场气氛	全分配	部分分配		部分分配	全分配	
2	观众和啦啦队	部分分配	全分配		全分配	部分分配	
3	运动声响	部分分配	全分配	部分分配	全分配	部分分配	部分分配
4	摄像机传声器		全分配		全分配		
5	录像带音响	全分配	全分配		全分配	全分配	
6	音乐重放	全分配	全分配		全分配	全分配	部分分配
7	评论员			全分配			

第五节　奥运转播环绕声传输方案

奥运转播制作的环绕声将传输给持权转播机构，由他们将评论声混合后进行直播。第 29 届奥运转播提供的 5.1 环绕声被称作“分立”式 6 通道环绕声。

这里所说的“分立”式是相对于“矩阵”式而言的。在分立式环绕声中，有一定数量的独立通道，每一个通道都传递唯一的音频信息，并且与特定的扬声器或扬声器群相对应。比如，分立式 5.1 环绕声包括 6 个通道：其中的 5 个通道，每一个对应一个扬声器，第 6 个通道称为“.1”通道对应低音扬声器。在 DVD-Video、DVD-Audio 和 SA-CD 中的音频数据流都是分立式的，还有像 Dolby Digital（AC-3）、DTS、MLP 和 DST 编码格式也是分立式的。而相对应的“矩阵”式系统则是将这些特定的通道音频信息编码成为立体声信号进行传输，然后再用镜像的解码过程将它们恢复成原来的那些通道信息。最常见的矩阵式解码器是用于家庭影院等接收设备中的 Dolby Surround Pro Logic® II（通常简称“Pro Logic”）、SRS Labs Circle Surround，以及 DTS Neo：6。

此次奥运会的电视转播除了全面采用高清制作和传输外，还同时提供数字标清信号。与此相适应的声音信号则采用立体声格式。

音频信号被分成两类进行输出：一类是主输出信号（图 6-10 中的 A 所示），是各国转播机构需要的国际声，其中电视台国际声采用 5.1 环绕声制式进行合成，这里面包含了所有采集的声源信息；而电台国际声则采用立体声制式进行混合，里面主要包括场馆内扩声和观众效果声，以两通道的方式输出。另一类是中

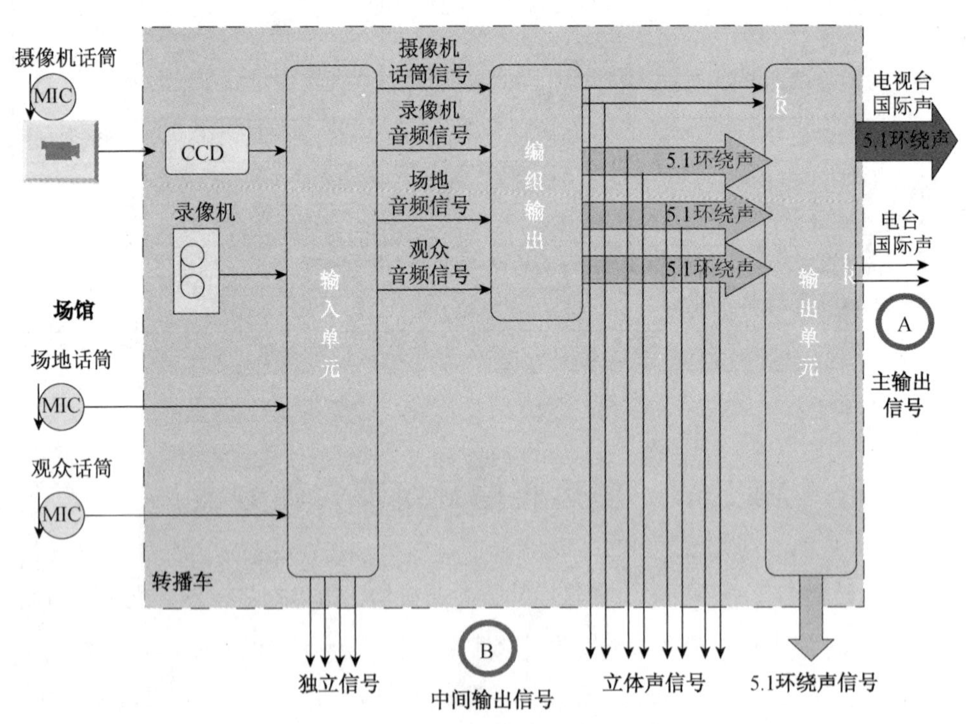

图 6-10　音频信号的传输方案和示意图

间输出信号（图 6-10 中的 B 所示），其中包括各种分组声源的 5.1 环绕声，以分立的 6 通道方式输出；各种分组声源的立体声，以两通道方式输出，以及各采集声源的独立信号，以单声道方式输出。

本章总结

利用上述理论和方法，笔者对所有的体育项目进行分析和研究，从而给出相应的音频设计方案。将这些方案应用在转播实践中，不断地总结经验，从而得到该运动项目的最佳解决方案。这也是笔者和同行们今后的努力目标。在本书的后续章节中将与大家分享这些研究和实践的结论，进而以此为契机，在我国全面展开对环绕声技术应用的讨论。欢迎大家积极提出建设性的方案，以此不断完善各类体育项目的声音制作方案。

本章习题

1. 体育转播环绕声制作的理论依据是什么？
2. 5.1 环绕声出现之前有哪几种主要的录音和重放方式？
3. 体育转播 5.1 环绕声的混音原则是什么？

第七章　撑杆跳高比赛环绕声制作设计与实践

体育电视转播的声音制作从未像今天这样受到关注。北京奥运会的电视转播全面采用了高清技术，声音制作则全面采用了5.1环绕声制作方式。奥运转播音频专家们对各个体育项目进行了潜心的研究，提出了切实可行的制作方案。制作团队的音响师们则根据这些设计，具体实施现场安装和调音，圆满地完成了制作任务。本文将简单介绍田径赛事中撑杆跳高比赛的环绕声制作。

1. 环绕声声场的建立

1.1　空间定位

要想利用环绕声系统表现一个体育项目的比赛进程，首先要通过声音整体形象的设计来表现比赛现场所拥有的空间，并为电视观众进行虚拟声场定位。尽管比赛场馆的具体位置和空间形态可以通过电视画面传递给电视观众，但是当比赛开始后，绝大多数的电视镜头都会聚焦在赛事上，而很少会再次交代场馆的周围环境。另外，由于在实况转播时，镜头总是跟踪竞赛热点区域，并且随时被导演切换，因此场景会在瞬间变化，使得电视观众实际上在随着电视镜头不断地“运动”或“跳动”。田径比赛集中体现了这一特点。田径赛事的各个项目是在一个场馆内同时进行的。分为径赛区、田赛区和投掷区。为了使电视观众有一个相对稳定的空间感，声音元素构成的特定声场这时就将起到决定性的作用。针对田径赛事的特点，我们可以把环境气氛再细分成两个不同的层次。

首先，根据习惯，通常把田径场主看台中心靠近竞赛场地的位置定义为电视观众观看田径比赛的位置。这个位置也通常是电视转播安放主摄像机的位置。因此，这个位置就是音频专家进行拾音设计和制定混音方案的基准点。图7-1说明了电视观众感受到的田径场内声音空间定位和环绕声系统设置的相对关系。

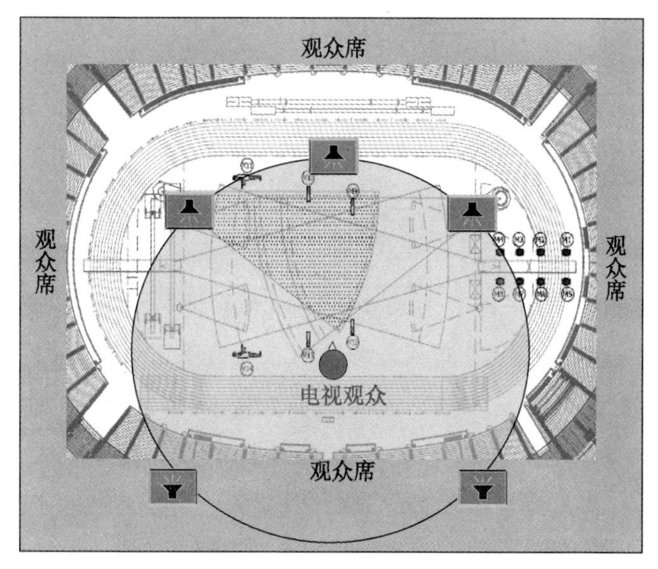

图 7-1　田径比赛电视观众的场馆空间定位和环绕声系统设置

然后，根据单项比赛场地的需要，再安排一组用于转播撑杆跳高比赛的拾音和混音方案（见图 7-2）。撑杆跳高通常安排在田径场的弯道内侧。当转播撑杆跳高时，镜头会集中在撑杆跳高场地的一侧，电视观众被临时“带”到这一特定区域。来自这个区域的运动效果和啦啦队声响应该替换原有定位空间的声响，根据现场的具体情况分配这些声响的声像位置，而环境气氛声响可以不被改变。

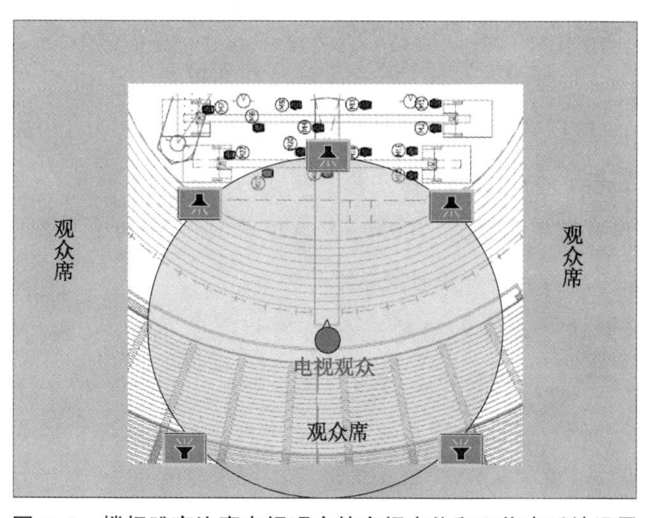

图 7-2　撑杆跳高比赛电视观众的空间定位和环绕声系统设置

小常识

田径场

田径运动场地用于田径运动教学、训练，开展群众体育活动，组织竞赛。分标准田径场和非标准田径场两类。内设由两弯道和两直道组成的环形径赛跑道及各项田赛区。

跑道通常被分成6-8条分道（国际性大赛设第9道），分道宽1.22m（或1.25m），含5cm宽的分道线。标准田径场为半圆式400m跑道。内弯道半径为36m时，两弯道长228.08m，两直道长171.92m；内弯道半径为37.898m时，两弯道长240m，两直道长160m。跑道内侧边缘筑“突沿”，宽度不小于5cm，高度为5.0-6.5cm，若不筑突沿，则应画5cm宽的标志线。

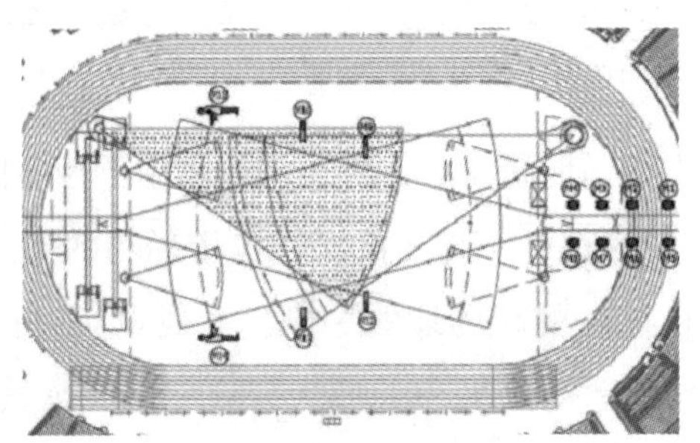

非标准田径场通常为半圆式300m、250m、200m跑道，也有周长为400m非半圆式的。半圆式300m跑道：内弯道半径为26.76m时，两弯道长170m，两直道长130m；内弯道半径为28.35m时，两弯道长180m，两直道长120m。半圆式250m跑道：内弯道半径为21.98m时，两弯道长140m，两直道长110m；内弯道半径为25.16m时，两弯道长160m，两直道长90m。半圆式200m跑道：内弯道半径为18.799m，两弯道长120m，两直道长80m。第一分道的长度计算，以内突沿外缘外延30cm为准。

跑道和助跑道的斜度：沿跑进方向不超过1∶1000，左右方向不超过1∶100。跳高起跳区向横杆中心的倾斜度不超过1∶250。标准田径场第二弯道的内侧（或外侧）修筑障碍水池。场地中央设置足球场。除跑道之外的场地设跳高、撑竿跳高、跳远、三级跳远场地，以及各投掷项目场地。田赛场地亦可设在田径场以外的空地。

撑竿跳高场地

撑竿跳高的落地区，至少为5米×5米，重大比赛为6米×6米。落地区和穴斗两边铺海绵包。助跑道宽1.22米，长最少40米。撑竿跳高插斗用木料、金属或其他坚实材料制成。插斗埋入地下，上口应与地面齐平。撑竿跳高架两立柱或延伸臂之间的距离应不少于4.30米，不超过4.37米。

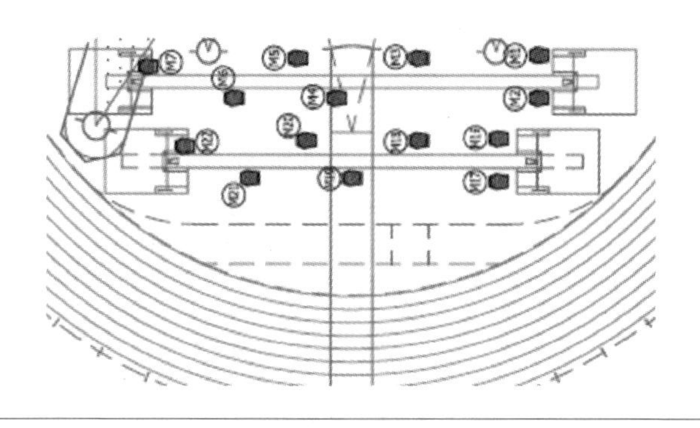

1.2 临场气氛

另外一个十分重要的现场信息，需要用声音来表达的是临场气氛。田径场是内部容积巨大的大型建筑体，它的自然建筑声学特性是十分特别的。临场气氛可以分解成以下几个层次：

- 稳定的背景噪声

当场馆内坐满观众时，由观众发出的不规则的、连续的骚动声响构成了场馆内独特的本底噪声声场。正确地拾取这种噪声，并合理地分配到相应的环绕声声道中，可以向电视观众成功地传达逼真的现场信息，告诉他们，此时他们正处于即将开赛的体育场馆里。

- 此起彼伏的观众和啦啦队的喊叫声

比赛进行过程中，观众和啦啦队的有节律的呼喊声、鼓乐声和哨声构成了一种田径赛事特有的临场声响。成功地拾取这种声响，并将其分配到合适的环绕声声道中，可以向电视观众准确地传达现场的动态信息，表达比赛进行的激烈情况。

- 时隐时现的公共广播喇叭声

在比赛开始前后和进行中，都可以在现场听到从公共广播中不时传来的广播

员和背景音乐的声响，这种声响也是人们非常熟悉的一种田径比赛特有的场馆声响。这一声响在理论上对于电视观众是可有可无的，因为电视观众是通过评论声来了解赛事进程的，但是它为营造体育赛事临场气氛提供了不可多得的音响元素。另外，在拾音实践中，在场地摆放的传声器拾取公共广播的声响是避免不了的，因此，它也就在“不太受欢迎”的情况下，成为体育场馆声音气氛的一部分。

以上三种声响通过不同层次的混合构成了田径场贡献给电视转播的“临场气氛”音响效果，这也是5.1环绕声技术系统所需要的非常重要的“环绕效果”的主要成分（见图7-3）。

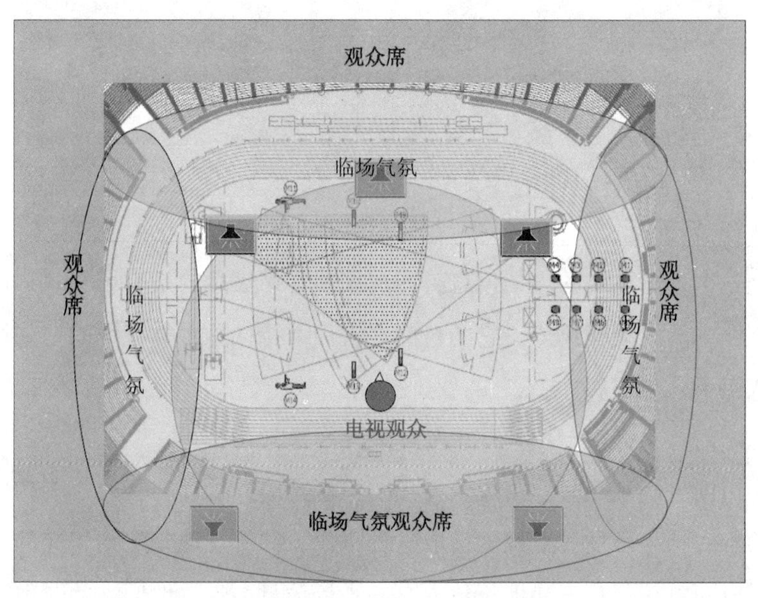

图7-3　田径比赛电视观众通过环绕声重放系统感受到的场馆的“临场气氛”

图7-4表示的则是撑杆跳高比赛电视观众通过环绕声重放系统感受到的场馆的“临场气氛”。

正像上面分析的那样，田径赛事通常同时进行多个项目的比赛，不同的项目会分布在不同的观众看台区域，临近某个项目的观众就会对该项目的比赛进程产生较之远离该项目看台观众较强烈的反响。因此，临场气氛在原有的基础上增加了与项目相关的新的信息，这些信息会同时出现在赛场。因此，这部分声响的拾取与声像分配是必须考虑的。

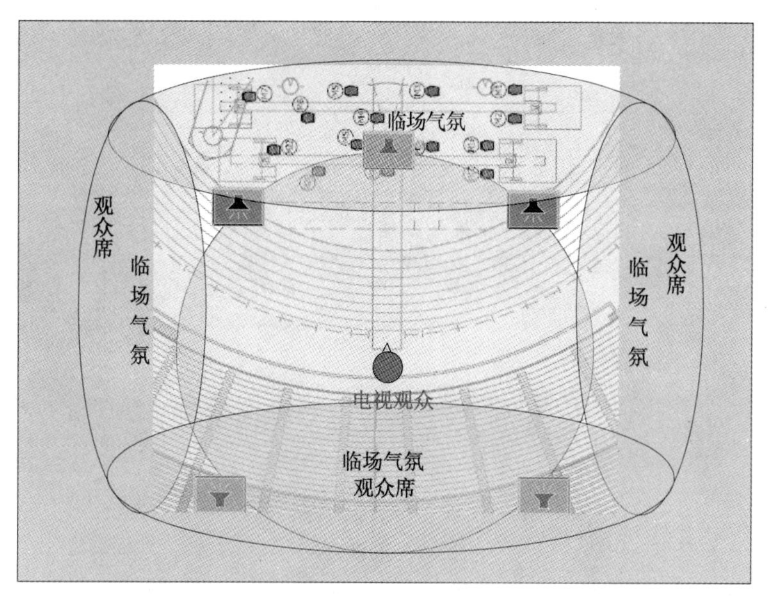

图 7-4　撑杆跳高比赛电视观众通过环绕声重放系统感受到的场馆的“临场气氛”

1.3　比赛场地

为了提高体育电视转播的感染力，拾取竞赛场地内的各种运动声响是必不可少的。上面提到的类似电影中的音响效果，就是依靠混合这类音响来营造的。在电视转播中，运动声响由两种不同的方式来拾取，也就相应地被分成了两个不同的传输和重放层面。

- 摄像机传声器拾取的声响
- 竞赛场地分布的传声器拾取的声响

运动声响的拾取，为环绕声提供了一个更具特色的体育运动的展示机会，这在单声道技术时期是绝对做不到的。有了摄像机和在场地安放的传声器，音频专家就可以在竞赛中，根据运动项目的特点，把运动员及器械的运动轨迹在环绕声场中出色地再现给电视观众。撑杆跳高运动是一项田赛运动，运动员在完成跳跃的过程中会连续产生一系列的运动声响，内容十分丰富。根据撑杆跳高比赛的特点，我们可以分析出运动员会做如下几种不同的运动：

- 水平左右运动

例如：运动员起跑后，从电视画面的左（右）方向右（左）方的跑动路线(见图 7-5)。

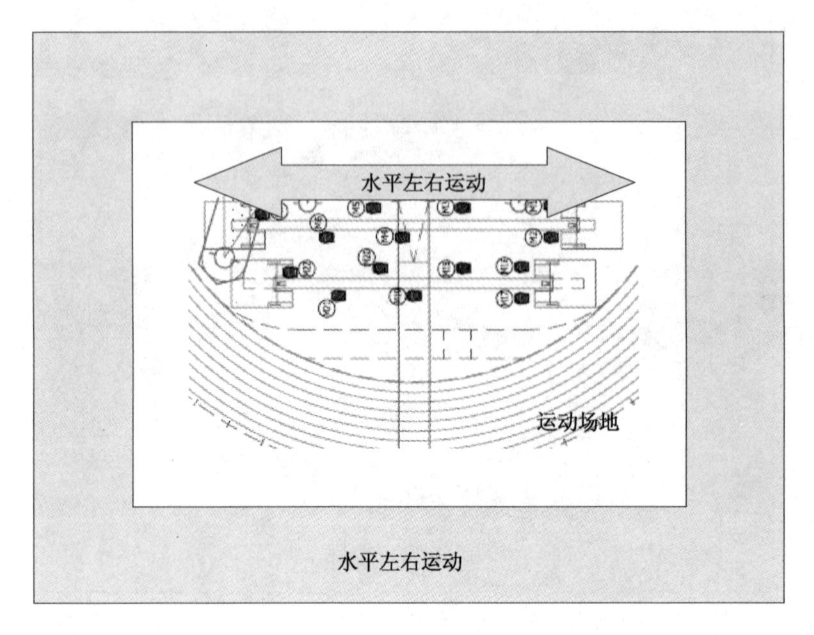

图 7-5　水平运动

• 垂直运动：

例如：运动员撑杆跳起和自由落下的动作路线（见图 7-6）。

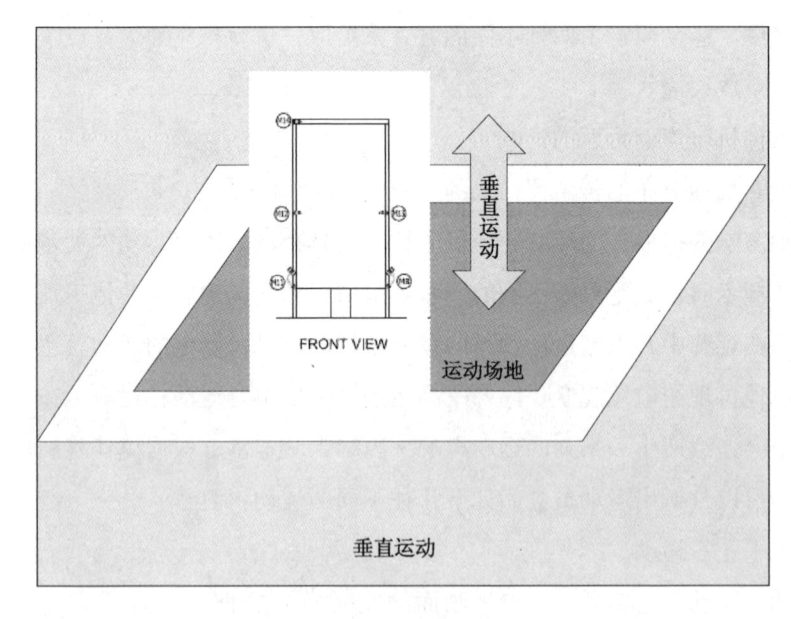

图 7-6　垂直运动

体育转播环绕声制作的理念概括起来就是，只要能辅助画面反映运动员更真实、更具有感染力的声响都要设法拾取，让广大电视观众在观看清晰的电视画面的同时，亲身感受到现场逼真的音响效果，让他们与在场馆的观众一起享受视听大餐。

2. 拾音设计的原则与步骤

在体育环绕声的制作中可以沿用传统的立体声制作方法，其中包括点声源拾音方法和立体声拾音方法。点声源拾音就是将单只传声器根据需要摆放在拾音点，用来拾取该传声器附近的声源信号；而立体声拾音方法就是将立体声传声器根据需要摆放在要拾取的具有一定宽度和纵深的声场前方，用来产生相对完整的“面”的声像要素，提供给5.1环绕声声像群，以构成丰满的“环绕”效果。当然，在可能的情况下，也可以使用比较成熟的环绕声传声器组来直接制作局部或全部环绕声声像要素，与其他“点”和“面”声像要素一起，混合成所需的环绕声。在体育项目制作中，选择传声器位置是成功制作的关键。本章将着重探讨针对撑杆跳高运动项目如何选择传声器位置的问题。

2.1　声源分析

下面就以撑杆跳高比赛为例，说明这项运动的拾音特点和传声器方案的设计思路。

• 撑杆跳高比赛的运动声响最有特点的应该算是助跑（运动员持撑杆在地面上大步奔跑，然后跳起）的声音。这种声响是沿着助跑道直线移动的，因此可以在环绕声听音环境里带来运动员在撑杆跳起之前“运动”的效果，给观众带来“蓄势待发”的感受。

• 撑杆跳高音效最集中的地区是栏杆和垫子周围。这个区域的音效特点是规律、连续的。从撑杆头部触地、杆身弯曲、杆身弹起，到运动员弃杆越过横杆、自由落下，“摔”倒在垫子上，每一个环节都会产生相应的声响。这个区域的音效可以给电视观众尤其是广播听众带来真实的“飞跃”感觉。

• 撑杆跳高比赛的运动声响的另外一个特点是，如果此次跳跃没有成功，横杆就会因碰撞而从高处落下，还会产生更具特色的声响。这个声响是众多体育项目中仅有的在高处产生声响的运动项目之一。这个音效可以给电视观众尤其是广播听众传递竞赛结果的准确信息。

• 教练员和板凳队员的声响。主要是他们的喊声，可以作为辅助音效。

• 现场广播声。虽然有时候现场的广播喇叭声会给转播带来不便，但是它的存在是不可避免的。同时，由于电视观众和广播听众先前的生活体验，体育赛场内的广播声是体育赛事的一部分。因此在转播时，这个音效也将被拾取作为国际声的组成部分。

• 看台观众、啦啦队的掌声和呼喊声。这种声响是转播音频信号的主要组成部分，它是表现体育比赛现场感的最好的效果声源。首先，它可以烘托赛场的气氛，使得电视机前的观众好像身临其境；其次，由于观众通常围坐在场地的一侧，因此声响也将来自特定的方向，为环绕声声场的形成提供了极好的多层声源的层次感。

• 环境气氛声响。这种声源来自场馆内的远声场区域，主要由混响声组成，用于提供环绕声声场建造中的“环境气氛”。

2.2　混音方案

环绕声制作与传统的单声道和立体声制作最大的不同发生在混音阶段。首先，需要对所有的运动项目提出一个准确的声像定位方案。根据对该项目的发声源及其声响特点的研究，遵从该项目电视画面制作的理念和规律，结合分镜头表提供的表现程式，统筹考虑混音方案。有如下一些原则，可供制定混音方案时参考：

• 空间定位要稳定，要在整场比赛转播过程中保持不变；

• 临场气氛效果声像要素的分配要均匀，尤其是观众和啦啦队的喊叫声和公共广播喇叭声；

• 运动声响只要出现，就必须考虑它们的方位和方向感，不能与电视镜头出现矛盾，尤其不能出现“左右”位置和运动方向的错误；

• 运动声响不要过大，过大会给电视观众不真实的感觉，甚至会造成观众不舒服；

• 运动声响一定要按照实际情况分配在前方声像区域，除非该声响真的来自其他方向；

• 评论声将不事先混合在国际公共信号中，由持权转播机构在播出前进行混合；

一般撑杆跳高比赛各种声响的通道分配可以参考表 7-1。

表 7-1　撑杆跳高比赛声源在 5.1 环绕声通道中的分配方案

声源		5.1 环绕声声道分配					
		环绕左	前左	中	前右	环绕右	低音
1	评论员			分配			
2	助跑		分配		分配		<120Hz
3	落杆		分配		分配		
4	起跳		分配		分配		
5	碰栏杆		分配		分配		
6	落垫		分配		分配		
7	裁判		分配		分配		
8	运动员喊声		分配		分配		
9	教练喊声		仅左		仅右		
10	观众和啦啦队	分配				分配	
11	临场气氛	分配	分配		分配	分配	

声道分配和声像调整建议描述如下：

- 评论声将分配到中间声道；
- 运动员助跑时的声音经由滤波器切掉 120Hz 以下的低频成分后送入前左和前右立体声对，而 120Hz 以下的部分被送入低频效果通道；
- 裁判员哨声送入前左或前右声道，并将声像定位在左或右扬声器处，根据场地使用的方向而定；
- 落杆、起跳、碰杆、落垫和运动员喊声等声响送入前左和前右立体声对，虚拟声像居中，向左右各展开约 30 度；
- 教练的喊声前左或前右声道，并将声像定位在左右扬声器处，根据场地使用的方向而定；
- 观众和拉拉队的声响送入环绕左和环绕右立体声对，声像全部打开，与现场观看的位置相一致；
- 环境气氛声则应分配到前左前右两组立体声对中，声像全部打开，深度较远；同时也分配到环绕左和环绕右，深度较近，构成环绕电视观众的后环境声像“群”，包围在观众四周。

图 7-7 表示声像定位后，电视观众在电视机前对各种声响所处位置的听感示意。

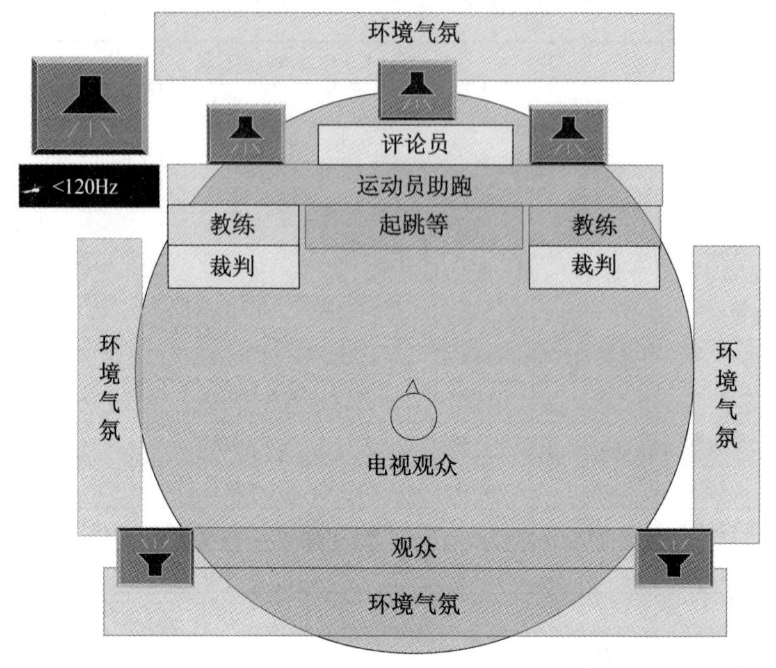

图 7-7　撑杆跳高比赛 5.1 环绕声混音方案示意图

图 7-8 给出了按照上述混音方案得到的重放效果示意图，可见这个方案基本还原了撑杆跳高比赛场馆内声场的真实情况。

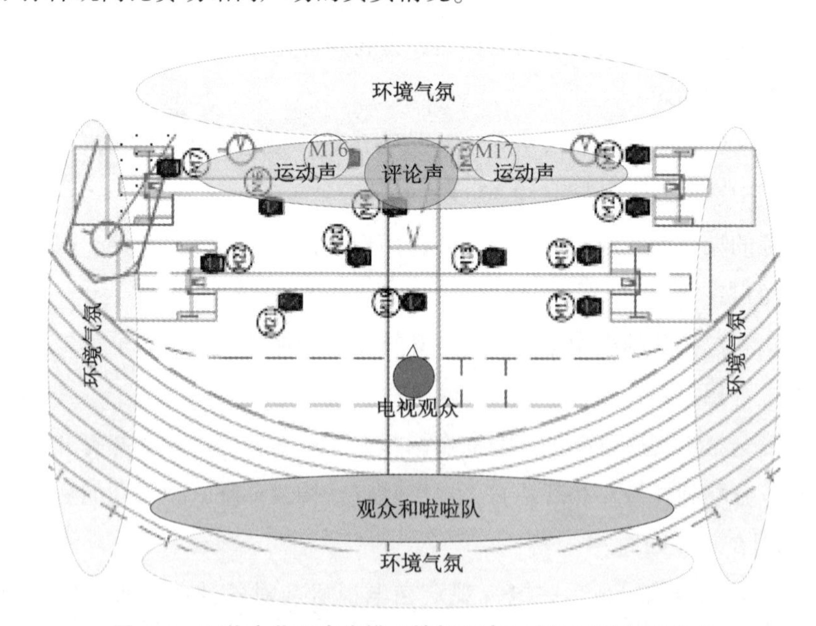

图 7-8　环绕声监听声像模拟撑杆跳高比赛现场效果示意图

3. 传声器的选择和布置

确定了混音方案后，就可以开始考虑传声器的选择和位置布置了（参见图7-9撑杆跳高比赛传声器布置示意图和表7-2传声器选择实例）。在这个阶段，先不要考虑摄像机传声器拾取。另外，给出的传声器选型和布置只是一个例子，用来说明原理。读者可以在实践中不断摸索，提出更好的选型和布置方案。

3.1　撑杆跳高比赛传声器布置和选型举例

• 评论员和广播员的声音将有另外的通路拾取和传输，不在这个环节混合。

• 运动员助跑的声响由安装在助跑跑道两侧的界面传声器拾取（见图7-9，M1-M7），界面传声器的选择性很大，比如选择AT-ES961。这只传声器灵敏度高、体积小，还进行了特殊隐蔽设计，外壳为坚硬的压模铸造机构，即不会伤害到运动员，也不会因为踩踏而损坏。

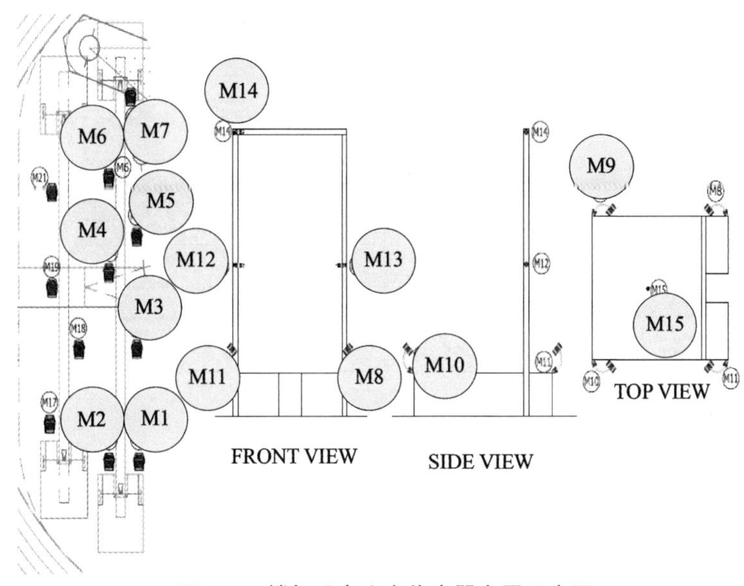

图7-9　撑杆跳高比赛传声器布置示意图

• 运动员起跳后的声响由安装在落垫四角、底部和竖杆上的传声器来拾取。声像定位为全左全右。适合落垫四角的传声器很多，可以选择ATM35型单向性双供电乐器夹持式电容传声器，它可以方便地夹在垫子的角上（见图7-9，M8-M11）。

• 竖杆上分成两个高度安装传声器。在中间部位安装两只超小型领带全方向AT898型传声器。AT898型传声器被视为是佩戴在表演者衣服、领带上而设计的，它体积小，不易察觉，但拾音效果很好。在杆顶也安装一只同样的传声器，用于拾取横杆碰落时的声响（见图7-9，M12-M14）。

• 为了加强运动员落垫时的声响效果，我们专门设计了一只接触型传声器，放在垫子的底部（见图7-9，M15）。

表7-2　撑杆跳高比赛传声器选择和布置

传声器编号	传声器类型	传声器位置	可选用的传声器型号
M1	界面	助跑跑道两侧	AT-ES961
M2	界面	助跑跑道两侧	AT-ES961
M3	界面	助跑跑道两侧	AT-ES961
M4	界面	助跑跑道两侧	AT-ES961
M5	界面	助跑跑道两侧	AT-ES961
M6	界面	助跑跑道两侧	AT-ES961
M7	界面	助跑跑道两侧	AT-ES961
M8	乐器夹持式电容	落垫一角	ATM35
M9	乐器夹持式电容	落垫一角	ATM35
M10	乐器夹持式电容	落垫一角	ATM35
M11	乐器夹持式电容	落垫一角	ATM35
M12	超小型领带全方向	竖杆中部	AT898
M13	超小型领带全方向	竖杆中部	AT898
M14	超小型领带全方向	竖杆顶部	AT898
M15	接触式全方向	落垫底部	AT880

3.2　摄像机安装的传声器

在拾音方案设计时，还要考虑在摄像机上安装合适的传声器。电视体育转播离不开摄像机，而且摄像机的机位通常都是选择距离运动员最近的位置，将传声器安装在摄像机上，可以拾取到比赛现场清晰的声响。目前生产的摄像机大部分都具有安装传声器的功能，一般可以安装两只传声器。其中一只通常安装在摄像机机身的上方，在摄像机移动和转动时，传声器将随之移动和转动，使得传声器的拾音主轴方向总是指向所摄制的景物。另一只可以通过延长线连接一只传声器用于拾取摄像机周围的声源。

当然，在奥运转播的拾音设计中，只会使用直接安装在摄像机上的传声器。这种传声器一般都选用强指向性的。一个被称为“音频跟随视频”的电子电路控制着传声器的开启和关闭，使得它拾取的声音总是与镜头“同时”出现，并且总是与摄像机所拍摄的方向一致。图 7-10 给出了声音随摄像机开启和关闭而自动“淡入淡出”的时间参数。

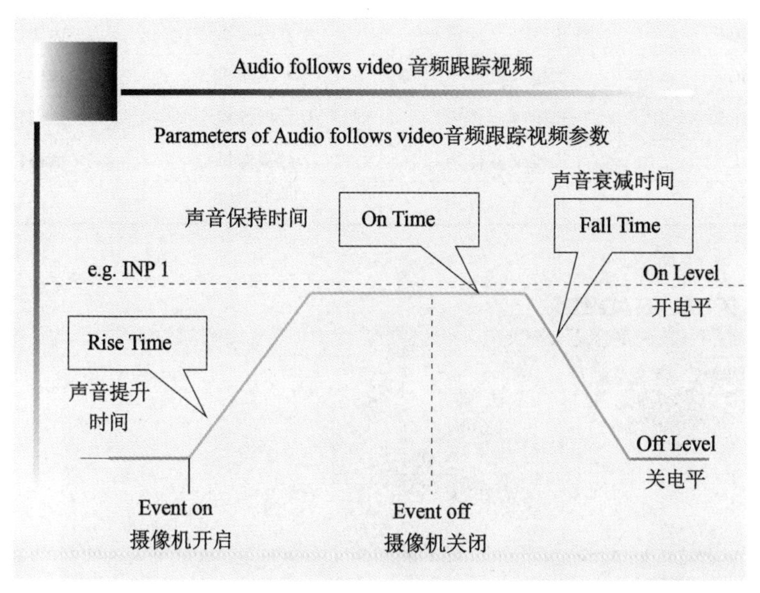

图 7-10　音频跟随视频时间控制参数

这个声音将通过“音频嵌入视频”技术，与摄像机的视频信号一起传输到转播车上。因为操作便捷，在一般的体育赛事电视转播中，这种方式被大量地采用，有时甚至用它来代替在比赛场地独立安装传声器的方式。奥运会的电视转播也将采用这种方式拾取的信号，作为独立安装传声器方式拾取的主体信号的补充。当然，在专门提供给电台的国际声中将不包含这类信号。

究竟在哪一台摄像机上安装传声器呢？首先，要研究摄像机机位布置图。然后根据拾取现场声源的需要选定安装传声器的摄像机。下面还是撑杆跳高比赛摄像机传声器的布置方案（见图 7-11）。

摄像机上传声器的声像定位，可以根据摄像机机位分配到相对应的前左和前右的声像位置（见表 7-3）。

表 7-3　撑杆跳高比赛安装在摄像机上传声器的选择和布置

传声器编号	传声器类型	传声器位置	可选用的传声器型号
MC1	长枪	1 号摄像机	AT4071

续表

传声器编号	传声器类型	传声器位置	可选用的传声器型号
MC2	长枪	2 号摄像机	AT4071
MC3	长枪（立体声）	3 号摄像机	AT815ST
MC4	长枪（立体声）	4 号摄像机	AT815ST
MC5	长枪（立体声）	5 号摄像机	AT815ST
MC6	长枪（立体声）	6 号摄像机	AT815ST
MC7	长枪（立体声）	7 号摄像机	AT815ST
MC8	长枪（立体声）	12 号摄像机	AT815ST

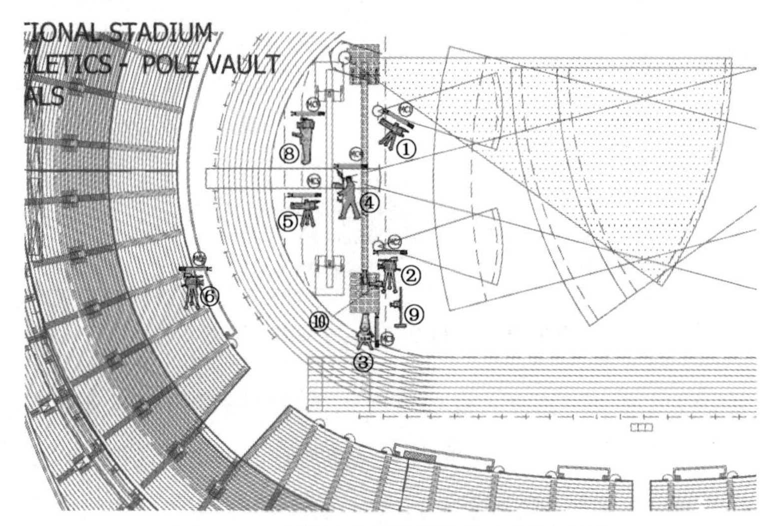

图 7-11　安装传声器的摄像机位置示意图

第八章　双杠比赛环绕声制作设计与实践

一、环绕声声场的建立

为电视观众建立一个合适的环绕声声场，是体育比赛转播环绕声制作的第一步。环绕声声场的建立需要解决三个方面的问题：第一，空间定位问题。也就是制作人作为电视观众坐在电视机前观看比赛实况、聆听环绕声效果时，相当于坐在现场的什么位置。第二，临场气氛问题。主要是研究利用哪些音响效果来为观众介绍场馆的比赛氛围，建立一个未定的临场印象。第三，比赛场地问题。通过对该项体育项目的运动规律的分析，观察比赛场地及其使用器械的特点，找到可能会产生的所有音效，从中找出有特色、能够有效反映该体育项目特点的音效。

1. 空间定位

要想利用环绕声系统表现一个体育项目的比赛进程，首先要通过声音整体形象的设计来表现比赛现场所拥有的空间，并为电视观众进行虚拟声场定位。尽管比赛场馆的具体位置和空间形态可以通过电视画面传递给电视观众，但是当比赛开始后，绝大多数的电视镜头都会集中在赛事上，而很少会再次交代场馆的周围环境。另外，由于在实况转播时镜头总是跟踪竞赛热点区域，并且随时被导演切换，因此场景会在瞬间变化，使得电视观众实际上在随着电视镜头不断地“运动”或“跳动”。体操比赛集中体现了这一特点。体操赛事的各个项目在一个场馆内同时进行，共有 10 个单项，分别为：男子/女子自由操、男子鞍马、女子平衡木、男子/女子跳马、男子吊环、男子双杠、男子单杠和女子高低杠。男子和女子交替进行。为了使电视观众有一个相对稳定的空间感，声音元素构成的特定

声场这时就将起到决定性的作用。针对体操赛事的特点，我们可以把环境气氛再分成两个不同的层次。

首先，根据习惯通常把体操赛场主看台中心靠近竞赛场地的位置定义为电视观众观看体操比赛的位置，这个位置也通常是电视转播安放主摄像机的位置，同时正对自由体操和艺术体操比赛场地中央。因此，这个位置就是音频专家在今后进行拾音设计和制定混音方案的基准点。图 8-1 说明了电视观众感受到的体操赛场内声音空间定位和环绕声系统设置的相对关系。

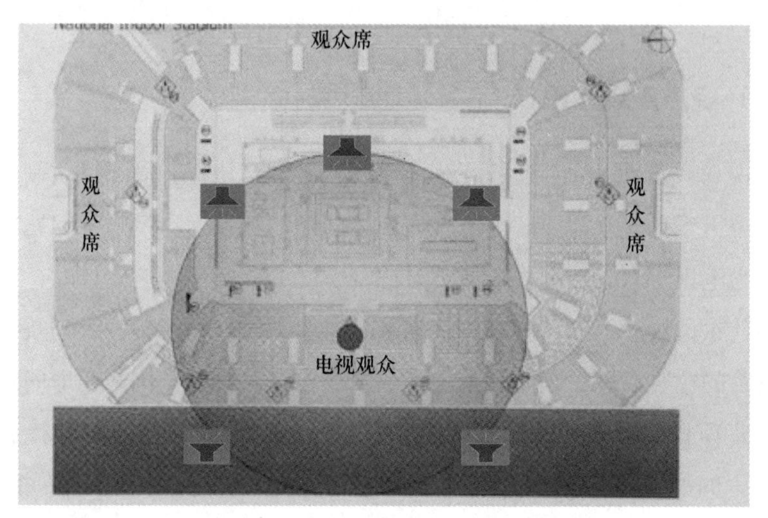

图 8-1　体操比赛电视观众的场馆空间定位和环绕声系统设置

其次，根据单项比赛场地的需要，再安排一组用于转播双杠比赛的拾音和混音方案。双杠通常安排在体操馆的一侧，当转播双杠比赛时，镜头会集中在双杠场地的一侧，电视观众临时被带到这一特定区域。来自这个区域的运动效果和啦啦队声响应该替换原有定位空间的声响，根据现场的具体情况分配这些声响的声像位置，而环境气氛声响可以不被改变（见图 8-2）。

2. 临场气氛

另外一个十分重要、需要用声音来表达的现场信息是临场气氛。体操馆是内部的容积巨大的大型建筑体，它的自然建筑声学特性是十分特别的。临场气氛可以分解成以下几个层次：

- 稳定的背景噪声

当场馆内坐满观众时，由观众发出的不规则的、连续的骚动声响构成了场馆

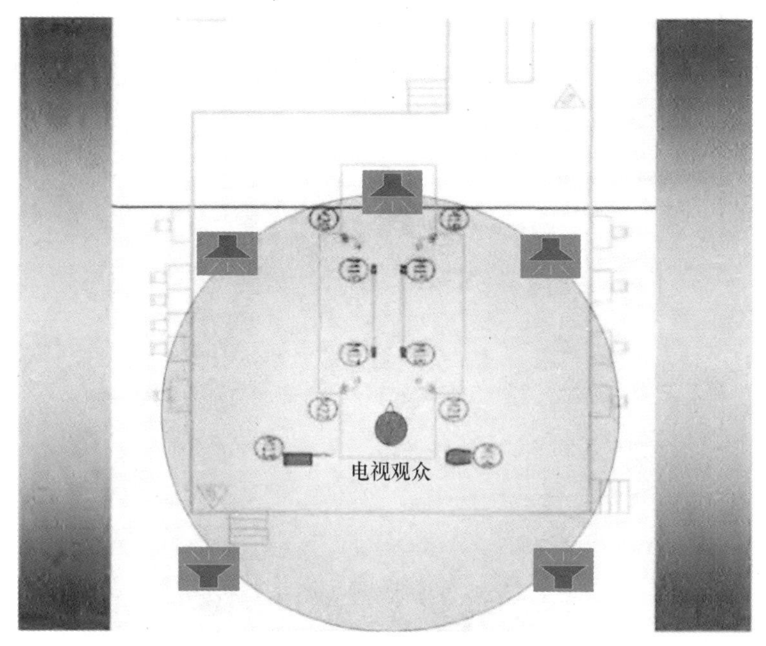

图 8-2 双杠比赛电视观众的空间定位和环绕声系统设置

内独特的本底噪声声场。正确地拾取这种噪声并合理地分配到相应的环绕声声道中，可以向电视观众成功地传达逼真的现场信息，告诉他们，此时他们正处于即将开赛的体育场馆里。

- 此起彼伏的观众和啦啦队的喊叫声

比赛进行过程中，观众和啦啦队的呐喊加油声和哨声构成了一种体操赛事特有的临场声响。成功地拾取这种声响并将其分配到合适的环绕声声道中，可以向电视观众准确地传达现场的动态信息，表达比赛进行的激烈情况。

- 时隐时现的公共广播声

在比赛开始前后和进行中，都可以在现场听到从公共广播中不时传来的广播员和背景音乐的声响，这种声响也是人们非常熟悉的一种体操比赛特有的场馆声响。这一声响在理论上对于电视观众是可有可无的，因为电视观众是通过评论声来了解赛事进程的，但是它为营造体育赛事临场气氛提供了不可多得的音响原素。另外，在拾音实践中，场地上摆放的传声器拾取公共广播的声响是避免不了的，因此它也就在“不太受欢迎”的情况下，成为体育场馆声音气氛的一部分。

以上三种声响通过不同层次的混合构成了体操赛场贡献给电视转播的“临场气氛”音响效果，这也是5.1环绕声技术系统所需要的非常重要的“环绕效果”的主要成分（见图8-3）。

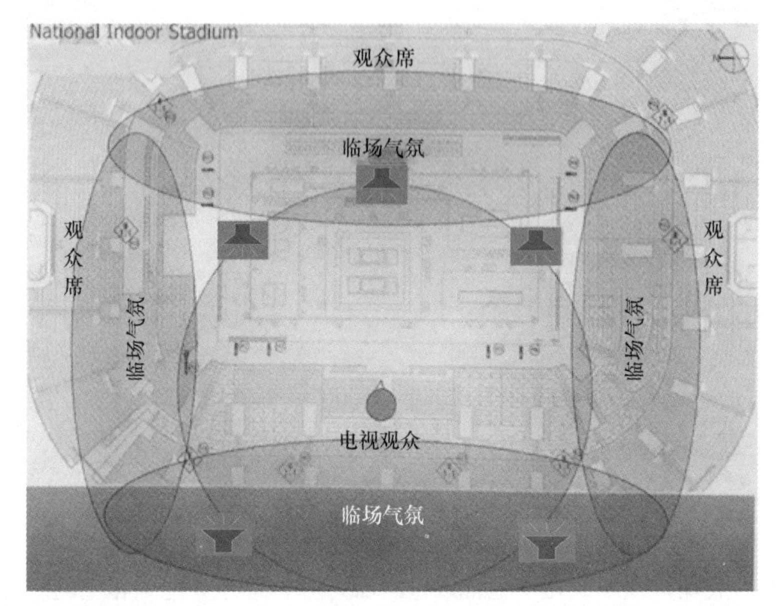

图8-3　体操比赛电视观众通过环绕声重放系统感受到的场馆的“临场气氛”

正像上面分析的那样，体育赛事通常同时进行多个项目的比赛，不同的项目会分布在不同的观众看台区域，临近某个项目的观众就会对该项目的比赛进程产生较之远离该项目看台观众较强烈的反应。因此，临场气氛在原有的基础上增加了与项目相关的新的信息，这些信息会同时出现在赛场。这部分声响的拾取与声像分配是必须考虑的。当镜头切到双杠比赛场地时，临场气氛声响成分除了保留原来整体场馆的元素外，还要增加双杠附近看台观众的反馈声效（见图8-4）。

3. 比赛场地

为了提高体育电视转播的感染力，拾取竞赛场地内的各种运动声响必不可少。上面提到的类似电影中的音响效果，就是依靠混合这类音响来营造。在电视转播中，运动声响由两种不同的方式来拾取，即摄像机传声器拾取的声响和竞赛场地分布的传声器拾取的声响，因此也就相应地被分成了两个不同的传输和重放层面。

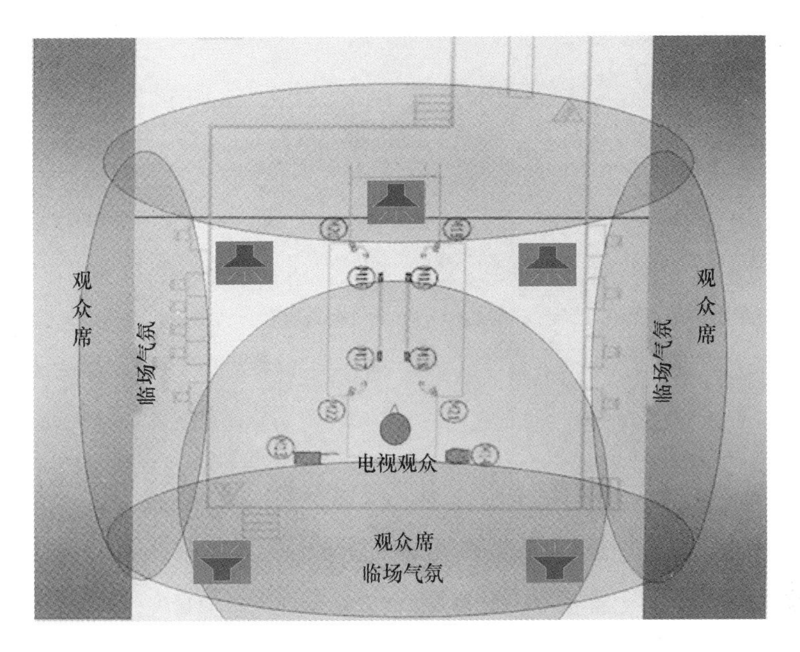

图 8-4　双杠比赛电视观众通过环绕声重放系统感受到的场馆的“临场气氛”

运动声响的拾取，为环绕声提供了一个更具特色的体育运动的展示机会，这在仅有单声道技术的时期是绝对做不到的。有了摄像机和在场地安放的传声器，音频专家就可以在竞赛中根据运动项目的特点，把运动员及器械的运动声响在环绕声场中出色地再现给电视观众。双杠运动是一项器械运动，运动员在完成各种杠上旋转和空中翻腾的过程中会连续产生一系列的运动声响，内容十分丰富。根据双杠比赛的特点，我们可以分析出运动员会做出如下几种不同的运动：

- 水平前后左右运动

例如，运动员上杠后，从电视画面的前后和左右方向的移动路线（见图 8-5）。

- 垂直运动

例如，运动员上下杠及在杠间上下翻腾的动作路线（见图 8-6）。

体育转播环绕声制作的理念概括起来就是，只要能辅助画面反映运动员更真实、更具有感染力的声响都要设法拾取，让广大电视观众在观看清晰的电视画面的同时，亲身感受到现场逼真的音响效果，让他们与在场馆的观众共同享受视听大餐。

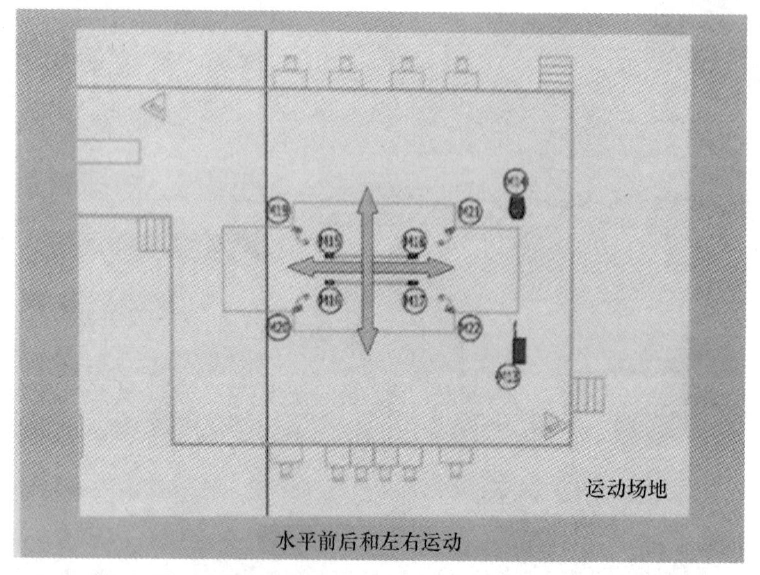

图 8-5　双杠项目水平前后和左右运动示意图

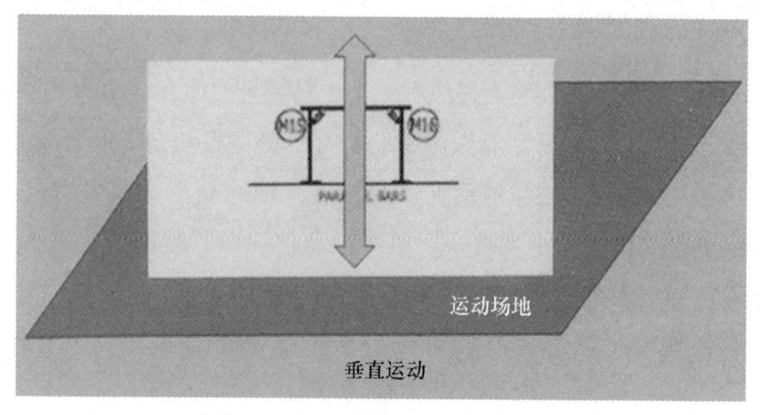

图 8-6　双杠项目垂直运动示意图

二、拾音设计的原则与步骤

在体育环绕声的制作中可以沿用传统的立体声制作方法，其中包括点声源拾音方法和立体声拾音方法。点声源拾音是将单只传声器根据需要摆放在拾音点，用来拾取该传声器附近的声源信号；而立体声拾音方法是将立体声传声器对（两个传声器）根据需要摆放在要拾取的具有一定宽度和纵深的声场前方，用来产生相对完整的“面”的声像要素，提供给 5.1 环绕声声像群，以构成丰满的“环绕”效果。当然，在可能的情况下，也可以使用比较成熟的环绕声传声器组来直接制作局部或全部环绕声声像要素，与其他“点”和“面”声像要素一起混合成所需的环绕声。在体育项目制作中，选择传声器位置是成功制作的关键。本章将着重探讨针对双杠运动项目如何选择传声器位置的问题。

1. 声源分析

下面以双杠比赛为例，说明体操运动的拾音特点和传声器方案的设计思路。

• 运动员在进行双杠等器械比赛前，要对双手涂抹碳酸镁粉末，用于吸收汗水并增加摩擦力。双手摩擦和拍打的声音具有特色。

• 双杠比赛的运动声响最有特点的首先应该算是上杠和落地的声音。运动员上杠时，有时会借助一个踏板。运动员在蹬踏踏板时会发出踩踏声；而落地时，一定会发出“咚”的一声踏响地板。这两种声响都是在地面上产生的，并且只发生在一套动作的开始和结束。因此，拾取这样的声响可以在环绕声听音环境里给观众带来运动员整套动作的完整性的效果，也就是“有始有终”。

• 双杠音效最集中的还是在双杠本身。双杠的音效特点是无规律的、间断的。从上杠、腾跃、翻转到下杠，每个环节都会产生相应的声响。双杠上的音效可以给电视观众尤其是广播听众带来真实的“飞跃”和手臂触杠时略感“疼痛”的感受。

• 双杠比赛运动声响的另外一个特点是，运动员在做团身空翻后落下时，双臂会重重地落在双杠上，对双杠杠身产生很大的振动。这时，双杠会发出剧烈摇动的声响，这个声响是其他体育项目中少有的。这个音效可以给电视观众尤其是广播听众传递高难动作完成了的准确信息。

• 教练员和板凳队员声响。主要是他们的喊声，可以作为辅助音效。

• 现场广播声。虽然有时候现场的广播声会给转播带来不便，但是它的存在不可避免。同时，由于电视观众和广播听众先前的生活经验，体育赛场内的广播声是体育赛事的一部分，因此转播时这个音效也将被拾取，作为国际声的组成部分。

• 看台观众、啦啦队的掌声和欢呼声。这种声响是转播音频信号的主要组成部分，它是表现体育比赛现场感的最好效果声源。首先，它可以烘托赛场的气氛，使得电视机前的观众好像身临其境；其次，由于观众通常围坐在场地的一侧，因此声响也将来自特定的方向，为环绕声声场的形成提供极好的多层声源的层次感。

• 环境气氛声响。这种声源来自场馆内的远声场区域，主要由混响声组成，用于提供环绕声声场建造中的“环境气氛”。

2. 混音方案

环绕声制作与传统的单声道和立体声制作最大的不同发生在混音阶段。首先，对所有的运动项目都要提出一个准确的声像定位方案。根据对该项目的发声源及其声响特点的研究，遵从该项目电视画面制作的理念，结合分镜头表提供的表现程式，统筹考虑混音方案。有如下一些原则，可以供制定混音方案时参考：

• 空间定位要稳定，通常在整场比赛转播过程中保持不变；

• 临场气氛效果声像要素的分配要均匀，尤其是观众和啦啦队的喊叫声和公共广播声。

• 运动声响只要出现就必须考虑它们的方位和方向感，不能与电视镜头出现矛盾，尤其不能出现“左右”位置和运动方向的错误；

• 运动声响的总体音量可以稍微大一些，主要是保证在加进评论声后，仍然能够让电视观众听到，但是切记不要过大，过大会给电视观众不真实的感觉，甚至会造成观看不悦；

• 运动声响一定要按照实际情况分配在前方声像区域，除非该声响真的来自其他方向；

• 评论声将不事先混合在国际公用信号中，由持权转播机构在播出前进行混合。

一般双杠比赛各种声响的通道分配可以参考表 8-1。

表 8-1　双杠比赛声源在 5.1 环绕声通道中的分配方案

声源		5.1 环绕声声道分配					
		环绕左	前左	中	前右	环绕右	低音
1	评论员			分配			
2	涂抹防滑粉末		分配		分配		
3	上杠（踏板）		分配		分配		分配
4	左前立杠		分配				

续表

声源		5.1 环绕声声道分配					
		环绕左	前左	中	前右	环绕右	低音
5	右前立杠				分配		
6	左后立杠	分配	分配				
7	右后立杠				分配	分配	
8	下杠（落地）		分配		分配		分配
9	裁判		分配		分配		
10	运动员喘气声		分配		分配		
11	教练喊声		仅左		仅右		
12	环境气氛（整场）	分配	分配		分配	分配	
13	区域拉拉队				分配	分配	
14	临场气氛	分配	分配		分配	分配	

声道分配和声像调整建议如下：

- 评论声将分配到中间声道；
- 涂抹防滑粉的声音分配到前左和前右声道；
- 运动员上杠踏板的声音经由滤波器切掉 120Hz 以下的低频成分后送入前左和前右声道，而 120Hz 以下的部分被送入低频效果通道；
- 左前立杠处安装的传声器通道分配到前左声道；
- 右前立杠处安装的传声器通道分配到前右声道；
- 左后立杠处安装的传声器通道分配到环绕左声道；
- 右后立杠处安装的传声器通道分配到环绕右声道（注意以上 4 个声道在分配时都不要全左或全右，以避免给观众造成双杠“太宽”的感觉）；
- 运动员下杠落地的声音经由滤波器切掉 120Hz 以下的低频成分后送入前左和前右声道，而 120Hz 以下的部分被送入低频效果通道；
- 裁判员哨声被送入前左或前右声道，并将声像定位在左或右扬声器处，根据场地使用的方向而定；
- 运动员喘气声被送入前左和前右声道；
- 教练的喊声送入前左或前右声道，并将声像定位在左或者右扬声器处，根据场地使用的方向而定；

• 环境气氛声（整场观众）则应分配到前左前右两组立体声对中，声像全部打开，深度较远，同时也分配到环绕左和环绕右，深度适中，构成环绕电视观众的后环境声响“群”，包围在观众四周；

• 区域啦啦队则根据现场的实际情况被分配到前右和环绕右声道里，与电视观众看到的双杠比赛场地，与整个赛场的相对位置一致。

图 8-7 表示声像定位后，电视观众在电视机前对各种声响所处位置的听感示意。

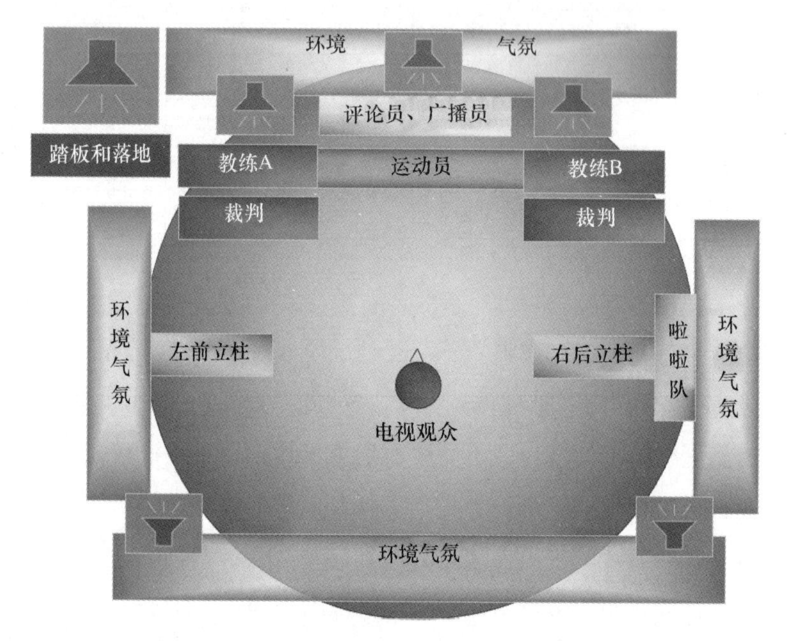

图 8-7　双杠 5.1 环绕声混音方案示意图

图 8-8 给出了按照上述混音方案得到的重放效果示意图。可见，这个方案基本还原了双杠比赛馆内场地的真实情况。

三、传声器的选择和布置

确定了混音方案后，就可以开始考虑传声器的选择及其位置布置了。在这个阶段，先不要考虑摄像机传声器拾取。另外，给出的传声器选型和布置只是一个例子，用来说明原理。读者可以在实践中不断摸索，提出更好的选型和布置方案。

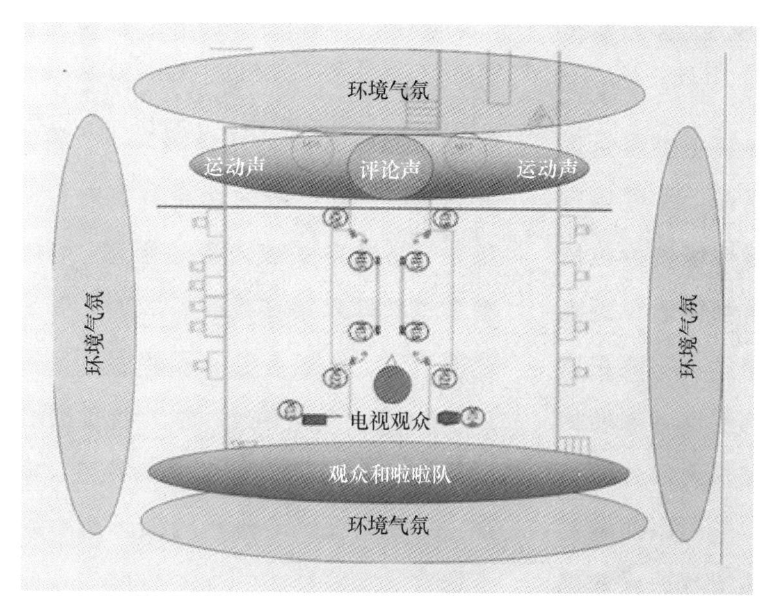

图 8-8　监听声响模拟双杠比赛现场效果示意图

1. 体操整场比赛传声器布置和选型举例

• 观众声源由分别安装在观众看台前方的传声器拾取（见图 8-9 的 M1/M2、M5/M6、M9/M10 和 M13/M14）。可以选择两只 AT 枪型传声器，组成大 A-B 立体声方式。

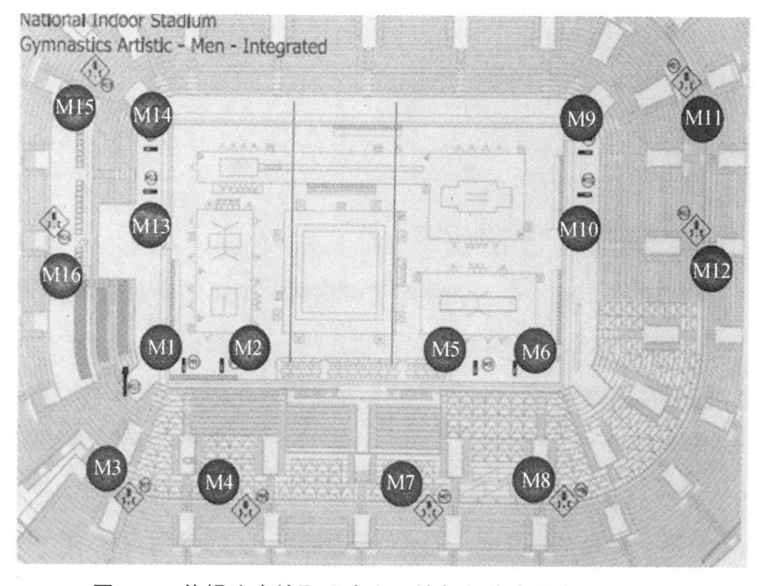

图 8-9　体操比赛拾取观众和环境气氛传声器布置示意图

• 环境气氛声源由安装在观众上方的大膜片传声器拾取（见图 8-9，左看台 M15/M16，中看台 M3/M4/M7/M8，右看台 M11/M12）。AT4050 是一款非常适合的传声器，它具有大口径双镀金振动膜，指向性可调，信噪比高，动态范围宽等特点。

2. 双杠比赛场地内传声器布置和选型举例

• 评论员和广播员的声音将由另外的通路拾取和传输，不在这个环节混音；

• 运动员涂抹防滑粉末的声音利用一只无线传声器拾取，这是因为碳酸镁粉箱会被任意移动位置（见图 8-10 的 M13）。

• 运动员进入双杠比赛场地的脚步声和踏板声将通过一只界面传声器来拾取，选择性很大，比如 AT961RxC（见图 8-10 的 M14）。这只传声器灵敏度高，体积小，还进行了特殊隐蔽设计，外壳为坚硬的压模铸造机构，既不会伤害运动员，也不会因为踩踏而损坏。

• 双杠的 4 个立柱在接近横杠处各安装一只领夹式传声器、领带上设计款，它体积小，不宜察觉，但拾音效果很好（见图 8-10 的 M15-M18）。

• 运动员下杠落垫的声响由安装在落垫四角的传声器来拾取。声像定位为全左全右。适合落垫四角的传声器很多，可以选择 ATM35 型单向性双供电乐器夹持式电容传声器，它可以方便地夹在垫子的角上（见图 8-10 的 M19-M22）。

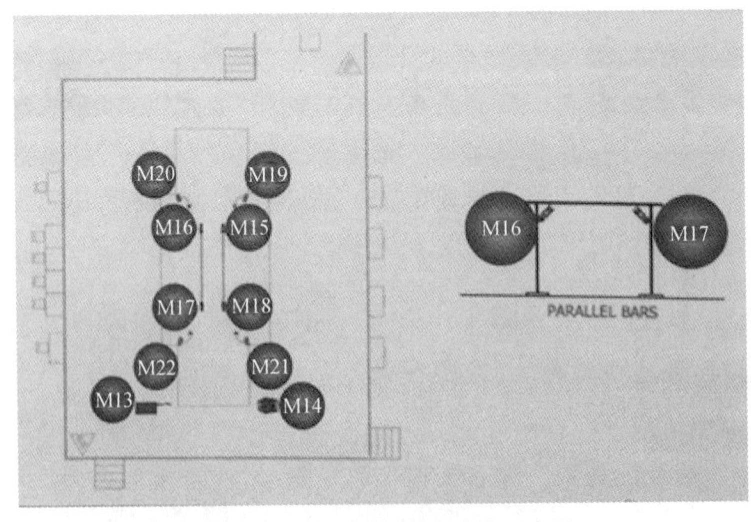

图 8-10 双杠比赛传声器布置示意图

双杠比赛的传声器选择和布置可参考表 8-2。

表 8-2 双杠比赛传声器的选择和布置

传声器编号	传声器类型	传声器位置	可选用的传声器型号
M13	无线	手掌防滑剂	AEW5000
M14	界面	运动员出入及上杠	AT961RxC
M15	微型领带	双杠立柱	AT899
M16	微型领带	双杠立柱	AT899
M17	微型领带	双杠立柱	AT899
M18	微型领带	双杠立柱	AT899
M19	乐器夹持式电容	落垫一角	ATM35
M20	乐器夹持式电容	落垫一角	ATM35
M21	乐器夹持式电容	落垫一角	ATM35
M22	乐器夹持式电容	落垫一角	ATM35

三、摄像机安装的传声器

在拾音方案设计时，还要考虑在摄像机上安装合适的传声器。电视体育转播摄像机的机位通常都是选择距离运动员最近的位置，将传声器安装在摄像机上，可以拾取到比赛现场清晰的声响。目前生产的摄像机大部分都具有安装传声器的功能，一般可以安装两只传声器，其中一只通常安装在摄像机机身的上方，在摄像机移动和转动时，传声器将随之移动和转动，使得传声器的拾音主轴方向总是指向所摄制的景物，另一只可以通过延长线连接一只传声器用于拾取摄像机周围的声源。

当然，在奥运转播的拾音设计中，只会使用直接安装在摄像机上的传声器。这种传声器一般都选用强指向性的，由一个被称为“音频跟随视频”的电子电路控制传声器的开启和关闭，使得它拾取的声音总是与镜头“同时”出现，并且总是与摄像机所拍摄的方向一致。图 8-11 给出了声音随摄像机开启和关闭而自动“淡入淡出”的时间参数。

摄像机上的传声器拾取的声音信号将通过“音频嵌入视频”技术，与摄像

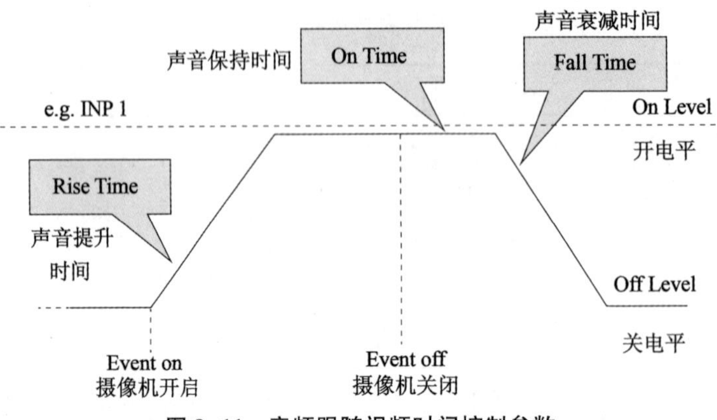

图 8-11　音频跟随视频时间控制参数

机的视频信号一起传输到转播车上。因为操作便捷，在一般的体育赛事电视转播中，这种方式被大量地采用，有时甚至用它来代替在比赛场地独立安装传声器的方式。奥运会的电视转播也采用这种方式拾取信号，作为独立安装传声器方式拾取的主体信号的补充。当然，在专门提供给电台的国际声中将不包括这类信号。

究竟在哪一台摄像机上安装传声器呢？首先要研究摄像机机位布置图，然后根据拾取现场声源的需要选定安装传声器的摄像机。双杠比赛摄像机传声器的布置方案如图 8-12 和表 8-3 所示。

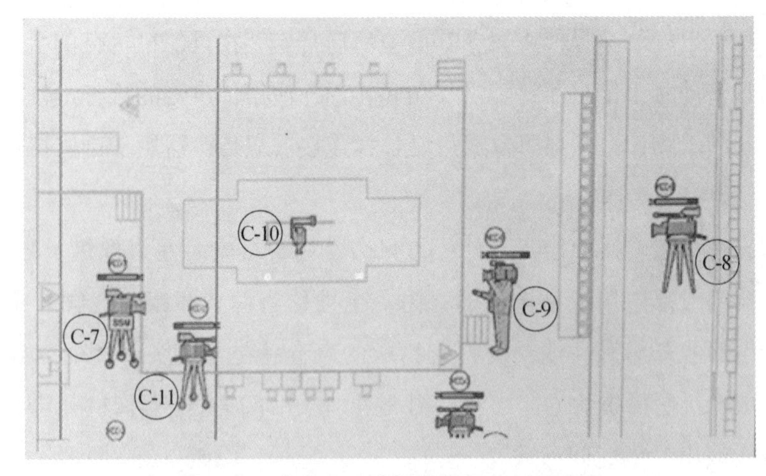

图 8-12　安装传声器的摄像机位置示意图

表 8-3　双杠比赛摄像机传声器的选择与布置

传声器编号	传声器类型	传声器位置	可选用的传声器型号
MC7	长枪（立体声）	7 号摄像机	AT815ST
MC8	长枪（立体声）	8 号摄像机	AT815ST
MC9	长枪（立体声）	9 号摄像机	AT815ST
MC11	长枪（立体声）	10 号摄像机	AT815ST

摄像机上传声器的声像定位，可以根据摄像机机位分配到相对应的前左和前右的声像定位中。

参考文献

[1] Dickreiter，M.：《Handbuch der Tonstudiotechnik》，Bd. 1 und Bd. 2，K. G. Sauer Verlag，1997.

[2] 池口真：《Surround Sound Production Manual》（《环绕声录音制作技术手册》）科讯文化交流有限公司，2003 年 4 月 .

[3] IOC：《Technical Manual on Venues-Design Standards for Competition Venues》，November 2005.

[4] 白石：《浅谈奥运会的音频制作》，《世界灯光与音响》杂志 2009 年第二期 .

[5] 袁跃、王树森：《奥运网球转播音频公共信号制作探讨》，《世界专业音响与灯光》杂志，2008 年 10 月 .

[6] 王树森：《奥运转播、热点论坛、环绕声系列文章》，《世界专业音响与灯光》杂志，2007-2009 年 .

[7] 王树森：《北京奥运话转播系列文章》，《音响技术》杂志，2007-2012 年 .

[8] 王树森：《应用技术系列文章》，《电声技术》杂志，2008-2009 年 .

[9] 王树森：《系列专题文章》，《传播与制作》杂志，2008-2009 年 .

[10] Jim Owens：《Television Sports Production》Fourth Edition，Focal Press，2012.

[11] Dennis Baxter，《A Practical Guide to Television Sound Engineering》，Focal Press，2007.

[12] 任金州、马国力：《体育赛事电视公共信号制作标准研究》，中国传媒大学出版社，2005.

[13] Harry F. Olson：《Elements of Acoustical Engineering》，USA，D. Van Nostrand Company，Inc. USA，1957.

[14] IOC：《OLYMPIC CHARTER，International Olympic Committee》，the International Olympic Committee，2018.

[15] IOC：《Technical Manual on Media-Broadcasting》，International Olympic Committee，2005.

[16] IOC：《Technical Manual on Venues-Design Standards for Competition Venues》，International Olympic Committee，2005.

[17] IOC：《ANNUAL REPORT 2014》《ANNUAL REPORT 2018》，International Olympic Committee.

[18] IOC：《Games of the XXIX Olympiad，Beijing 2008，Global Television and Online Media Report》，International Olympic Committee.

[19] AES：《Multichannel surround sound systems and operations》，Audio Engineering Society，AESTD1001. 1. 01-10，2010.

[20] ITU：《Multichannel stereophonic sound system with and without accompanying picture》，International Telecommunications Union，Geneva，Switzerland（1992-1994）. ITU-R BS. 775-1.

[21] AES：《Recommended Practice for Professional Audio-Subjective evaluation of Loudspeakers》，Audio Engineering Society，AES20-1996；r2007；s2008.

[22] AES：《Standard for digital audio-Digital input-output interfacing-Serial transmission format for two-channel linearly represented digital audio data》，Audio Engineering Society，AES3（AES/EBU）.

附　录

大型体育赛事转播音频专业技术英语速成教程

Audio Engineering English for Sport Broadcasting

目录

Contents

上篇 口语篇——技术英语
Technical Spoken English

第一章 与调音师会话
A Talk with a Sound Engineer

作为音频专业技术人员，有很多机会与外国人一起工作。掌握专业英语的沟通方式和技巧是尤为重要的。这一章为学员编写了一段实际对话。对话发生在某次大型演唱会的剧场。对话中仅有两个角色，一个是来自国外的调音师里查德先生；另一个是负责剧场扩声的技师李建华先生。对话从见面做自我介绍、讨论调音方案开始，到彩排结束。演出结束后，理查德和李建华还聊起来有关体育转播的事。对话中大量出现声像专业常用的专业词汇和实用的句子，通过主讲老师讲解、带读和组织学员对话练习，可以帮助学员尽快学会使用英语进行沟通。编写时考虑到学员的基础水平，给出了中文译文，以帮助理解。

1. （R） I'm Richard. I'm the live sound engineer for this show.
   我是理查德。是这次演出的调音师。
2. （L） Pleased to meet you，Richard. I'm Li Jiang Hua. Please call me Jian Hua. I'm the PA （Public Address） system technician. I'm here to help you.
   很高兴见到你，理查德。我叫李建华。请教我建华。我是扩声系统技师。我是来协助你工作的。
3. （R） Nice to meet you，Jian Hua. That's great. Here is the stage plan for the band.
   见到你很愉快，建华。那太好了。这是乐队在舞台上的布置方案。
4. （L） Thanks. That will be very useful for setting up the stage… so，there are four backing vocals，lead vocal，trumpet，trombone and tenor sax，two guitars，key-

boards, bass guitar and drums. That means we will use at lest 16 input channels. The bass guitar and keyboard through DI boxes and the rest will be microphones. That's quite a good sized group. Are you familiar with our sound system here?

谢谢。这对舞台布局很有用……我看，伴唱 4 个，领唱 1 个，有小号，长号和高音萨克斯，两个吉他，合成器，低音吉他和鼓。这就是说，我们最少要用 16 路输入通道。低音吉他和合成器可以通过 DI 盒子直接输入，其他的就要用传声器了。这个乐队编制还不小呢。你对我们的音响系统了解吗？

5. (R) No, can you show me what you have here?

 不了解，你可以让我看看你们这里有些什么吗？

6. (L) Sure, here are the block diagrams of our system.

 没问题，这是我们系统的方框图。

7. (R) Let me have a look. 我看看。

8. (L) Also, here is a list of our equipment.

 这里还有我们音响设备的清单。

9. (R) Thanks, I'll need to have look at these.

 谢谢你。我需要先看一下这些图纸和清单。

10. (L) That's fine, go ahead. I'll come back in about half an hour, if that's okay?

 好的，你先看吧，我半小时以后再来，你看行吗？

11. (R) That's perfect.

 那太好了。

12. (L) Fine, I'll see you then.

 那好，待会儿见。

----

13. (L) Hello, have you finished?

 你好，看完了吗？

14. (R) Yes, you just came at the right time. I've got a few questions.

 看完了，你来得正好。我有几个问题呢。

15. (L) Sure.

请讲。

16. (R) What are the dimensions of this venue?

演出现场有多大?

17. (L) 26 meters by 55 meters, ceiling height 15 meters.

26 米宽,55 米长,天花板高是 15 米。

18. (R) How many seats are there?

有多少个座位?

19. (L) One thousand seats.

1000 个座位。

20. (R) Is it a little bit cramped?

会不会有点拥挤?

21. (L) Not at all, the gallery has 300 seats.

不会的,楼厢还有 300 个座位呢。

22. (R) I see. How many levels are there all together?

哦,有楼厢。地面和楼厢总的一共有几层?

23. (L) There are two, including the gallery.

连楼厢在内一共是两层。

24. (R) Okay. Well, that's fairly large for this show. Can you tell me what is the SPL (Sound Pressure Level) of the system? Your diagram shows sixteen loudspeakers, but it doesn't indicate their capacity.

那不错了。对这次的演出是足够大了。你可以讲一下整个系统的声压级是多大吗?图纸上有 16 个音箱,但是没有标注功率的大小。

25. (L) Sorry. That's an oversight. We have eight JBL 47 series loudspeakers on each side of the stage, each one handles 250 watts, and the total capacity is 4000 watts.

对不起,可能是忽略了。我们在舞台两边各有 8 个 JBL47 系列的音箱,每一个音箱的输出功率是 250 瓦,总功率是 4000 瓦。

26. (R) That's okay, just as long as I know the efficiency and the SPL of the loudspeakers and the output power of the amplifiers.

不要紧，我只要知道音箱的功率和声压级，还有放大器的输出功率就行。

27. (L) The sensitivity of the loudspeaker is 99dB. Is that good enough?
音箱的灵敏度是99dB。这足够了吗?

28. (R) Well, if each loudspeaker has a SPL of 99dB, then each cluster should have at least 105dB. So, we shouldn't have any problem with the SPL.
我看看，如果一只音箱的灵敏度是99dB，那么每一边的音箱在听众席上的声压级最少应该有105dB。我看，声压级不会有任何问题。

29. (L) Yes, that's more than enough for a normal live gig.
我看也是，这对一般的演奏会都绰绰有余。

30. (R) Are the loudspeakers at the correct height and orientation?
音箱的高度和朝向都正确吗?

31. (L) Yes, when we installed them yesterday we checked all that.
正确，昨天我们安装时就进行了所有的校正。

32. (R) Is everything else ready to operate?
那其他设备都准备就绪了吗?

33. (L) Yes, except for microphones. We don't know which type you need.
除传声器外，其他的都准备好了，我们不知道你需要什么样的传声器。

34. (R) That's fine. In fact, I have my own microphones. It will make things easier for me to operate if I can have one more effects unit for the lead vocal microphone.
没关系，实际上我用我自己的传声器。假如可以的话我想再要一个效果器给主歌手的传声器用，这样操作起来就方便多了。

35. (L) We have three extra effects units. You can choose anyone you like.
我们有3台额外的效果器，你可以随便选一台。

36. (R) Do you have a set of headphones for monitoring?
你有没有监听耳机?

37. (L) Yes, I will get a set for you.
有的，我会给你一副。

38. (R) We'll also need two walkie-talkies for intercom purposes.
我们还需要两副对讲机作为内部联系用。

39. （L） That's no problem.

没问题。

40. （R） What time is the rehearsal?

排练什么时候开始？

41. （L） 7:30pm.

傍晚7点半。

42. （R） That's great. That means we have plenty of time to check out the whole system.

那太好了，这样我们有足够的时间把整个系统都检查一遍。

43. （L） Let's go to the control room and start there.

那我们现在就去主控室，然后从那儿开始。

----

44. （L） Here we are. This is the concert hall.

到了，这就是音乐厅。

45. （R） Wow! This is great. The acoustics are excellent.

哇！好极了。声学上十分出色。

46. （L） This is one of the best concert hails in China. Now, I'll show you the control room. It is at the back of the hall. Here we are.

这是中国最好的音乐厅之一。现在我带你去看看声音控制室。就是在音乐厅的后部。我们到了。

47. （R） It's a good sized room and it has good sight with the stage area. Could I ask you a few questions about the power supply?

这控制室的大小不错，与舞台之间的视线也很好。我可以问问你有关电源的供电问题吗？

48. （L） Certainly.

当然可以。

49. （R） Firstly, is the entire system securely earthed?

首先，整个电源系统是不是安全接地的？

50. （L） Yes, our resident electrician regularly checks, therefore all the AC power

outlets are OK.

是的，我们这里固定电工技师定期检查，所有的电源插座都很安全。

51. (R) Are the control room and main amplifiers on a separate circuit isolated from the lighting, air-conditioning and all other power circuits in the venue?

那音响控制室和放大器的电源线路是不是和灯光、空调还有其他电源线路完全独立分开的？

52. (L) Yes, don't worry. There shouldn't be any interference caused by lighting control gear and switching transients.

完全分开的，不要担心，这里不会有灯光控制器材和其他开关使用所带来的任何干扰。

53. (R) That's good. I've been in so many places where the performance has been spoilt by problems like that. I'm glad that we don't have to worry about that here.

那就好。我曾经去过不少地方，演出就是被这些干扰给破坏了。我很高兴在这儿不用担心这个问题。

54. (L) I promise you will find this AC system very reliable. This is our mixing console.

我保证你会觉得这里的电源系统非常可靠。这是我们的调音台。

55. (R) It's a Soundcraft. That's good.

是声艺的。不错的。

56. (L) Have you used this model?

你用过这种型号吗？

57. (R) Yes, many times. I'm very familiar with it. It has 24 input channels with 6 subgroups.

用过不知多少次了。我很熟悉这种型号。这调音台有 24 路输入和 6 路编组。

58. (L) This is not the top model, but I think it's very good for live sound.

这倒不是最好的型号，但作为现场演出调音已经很好了。

59. (R) I agree. Is it all right for me to mark out the layout on the console?

我赞同。我可以在调音台上作设置记号吗？

60. (L) Certainly. Use a wax pencil on the white marker strip.

完全可以，用蜡笔写在白色的标记牌上。

61. (R) And if it is possible, I would like a few copies of the panel layout to write down our settings, just in case it is changed before our show.

还有，如果可能的话，我想要几张调音台面板的复印件把我们的调音设置记下来，主要是以防万一，怕演出前被人动过。

62. (L) That's a good idea. I'll try to get some for you.

这主意很好。我会尽量给你找几张的。

63. (R) Thanks. I'm planning to use group one for percussion, group two for bass, three for key boards/guitars and four for vocals.

谢谢你。我打算打击乐用第一路编组，低音部用第二路编组，合成器和吉他用第三路编组，然后人声用第四路编组。

64. (L) How are you planning to connect the effects units?

效果器你打算怎样连接?

65. (R) From Auxiliary sends one to four. What kind of signal processors do you have?

从辅助 1—4 送出到效果器。你们有些什么类型的信号处理器?

66. (L) We have compressors, limiters, reverberation units, exciters and so on. This compressor is stereo.

我们有压缩、限制、混响、激励器……这台压缩器是立体声的。

67. (R) Fine. Could you adjust the threshold of the compressor to-6dB?

不错。你可以把压缩值调到-6dB 吗?

68. (L) Is that rotary control for threshold adjustment?

那个旋钮是调压缩阀值的吗?

69. (R) Correct! Perhaps, turn it to-4dB rather than-6dB.

对的。也许还是不要调到-6dB，-4dB 好了。

70. (L) -4dB? Are you sure?

-4dB? 你肯定吗?

71. (R) Positive, please switch the compression ratio to 2 : 1

绝对肯定，请把压缩比开到 2 : 1。

72. (L) Do you want the exciter connected to the master channel?
你想把激励器接在主通道上吗?

73. (R) No. I prefer to feed from the auxiliary send 3 and have its output on auxiliary return 3.
不要接在主通道上。我看还是从辅助输出 3 送出到激励器,然后激励器的输出再由辅助返回 3 返回。

74. (L) Okay, that's done. What's next?
行,接好了。下一个做什么?

75. (R) Let's set up the graphic equalizers. Are they stereo?
我们来调整图形均衡器吧。这些均衡器是立体声的吗?

76. (L) Yes. They are. These are one-third octave band and that one is a two-third octave band version.
是立体声的。这几台是三分之一倍频程,这一台是三分之二倍频程的。

77. (R) Are all of these one-third octave band equalizers 31 bands?
三分之一倍频程的均衡器都是 31 频段吗?

78. (L) Not really. Some are 31 band and some are 27 or 29 band.
不全是。有 31 频段,也有 27 和 29 频段的。

79. (R) Well, we use the 31 band EQs for the stage monitors.
那么舞台上的监听我们都用 31 段的均衡器。

80. (L) Sure. Are we going to adjust the main system EQ?
没问题。现在开始调整主系统的均衡器吗?

81. (R) Yes. Can you put a microphone on a stand somewhere around the middle of the hall?
对。你到厅里差不多中间的地方架一个传声器可以吗?

82. (L) Would you like to use the microphone that comes with the spectrum analyzer?
你想用频谱仪本身的传声器吗?

83. (R) No. I'd rather use one from the stage, but don't forget to put it back.
不用频谱仪器仪的传声器,还是用舞台上的传声器好,不过用完后记着把它放回舞台。

84. (L) Trust me.

我会放回去的。

85. (R) I'm running the pink noise from 20Hz to 20 kHz. Would you give me a hand adjusting the sliders on the graphic EQ?

我开始从 20Hz 到 20kHz 放粉红噪声了。你来帮我调一下图形均衡好吗?

86. (L) Ok. Now, the analyzer shows that the line from 100Hz to 4 kHz is almost flat.

没问题。现在从频谱仪看，100Hz 到 4kHz 几乎是一条直线了。

87. (R) Fine, but I always find it is best for my ears to be the final test. You know, what is acoustically flat to a microphone may not be exactly right to the human ear.

是不错，不过 我总觉得最好还是用耳朵再做最后一次测试。你知道，人耳与传声器在声学上并不完全一样。

88. (L) Do you want to play a CD to make the final check?

你想放一盘 CD 做最后的检查吗?

89. (R) Yes, here is my CD.

对，放我的 CD 吧。

90. (L) All right. Now, I think there will not be any feedback squeals.

现在好了。我想不会有任何返馈啸叫声了。

91. (R) Yes, I agree. Is the monitor system equalized? That's the most important part of the system.

我赞同。舞台监听系统的均衡调过了吗? 在整个系统中这是最重要的一部分。

92. (L) Yes, it is. I'm sure there is no problem with it. Besides, we use a separate console for the monitor system.

调过了。这是很重要。我可以肯定不会有任何返馈问题的。此外，舞台监听调音台是和主控调音台分开用的。

93. (R) That's good. The monitors have to be loud enough, sound good and without feedback.

那很好。舞台监听音响必须要足够大、足够好，而且不能有任何的返馈。

94. (L) I'm with you. No matter how good the main system is, if the monitor goes wrong, we'll be in big trouble.

我完全明白这点。不管主系统再好，如果舞台监听出了事，麻烦就大了。

95. (R) 1 need to insert an individual parametric EQ for the solo singer if that is possible.

要是可能，我需要插入一个单独的参量均衡器在独唱的通路上。

96. (L) That's no problem. Do you want to see the connections of the power amplifiers?

没问题。你想看看放大器的连接吗?

97. (R) Yes. It's always good to know how they are connected.

看一下吧，能知道他们是怎样连接总是有好处的。

98. (L) We have 8 main amplifiers and they are installed on this rack.

我们有 8 台主放大器，全都装在这个机架上的。

99. (R) Are all of the amplifiers bridged?

所有的放大器的都是桥式连接吗?

100. (L) No, they were connected in stereo. Because we only have 8 speakers per slide and each AMP is able to drive two speakers.

不是，是采用的立体声连接，因为一个放大器可以推动两个音箱，正好我们两边各有 8 只音箱。

101. (R) What is the impedance of each speaker?

音箱的阻抗是多少?

102. (L) It's 8 ohms.

8 欧姆。

103. (R) How are the amplifiers feed?

放大器的输入是怎么连接的?

104. (L) We use a distribution amplifier that has two inputs and eight outputs.

我们用了一个 2 进 8 出的信号分配器。

105. (R) Is it connected after the two master equalizers?

是那台接在两台主均衡器后面的放大器吗?

106. (L) Yes, and the 8 outputs go into the 8 main power amplifiers, four to the left and four to the right.

对，是那台，它把8路输出信号分别输进这8台主动率放大器，4路分到左，4路分到右。

107. (R) So far so good. Now let's set up the microphones.

到目前为止，一切都进行的不错。现在我们来装传声器。

108. (L) Here is the stage box and the microphone leads, all of them are labeled to help identification.

这是舞台传声器插口盒，这些是传声器线，线和盒子上的插口都贴有编号以方便辨认。

109. (R) That's very organized. It will help us save heaps of time.

做得很有条理。这可以让我们节省许多的时间。

110. (L) Do you have any preferences which particular microphone to use for different instruments?

对不同的乐器用那一种特定的传声器，你有什么选择?

111. (R) Thanks for asking, I'm just coming around to that. Basically, we are going to use dynamic microphones for vocals and a mixture of dynamic and condenser microphones for instruments.

谢谢你的询问，我正要谈这个呢。人声基本上用动圈传声器，其他乐器就电容和动圈传声器混合起来使用。

112. (L) Then, what pick up (polar) pattern for each microphone do you want?

那么，你想每个传声器用什么指向性?

113. (R) For the lead singer a super-cardioid is needed, a cardioid for the bass drum and a bidirectional placed between the two tom-toms in the drum set.

人声传声器用超心型，低音鼓用心型的，架子鼓里放一个双向型的传声器在两个通通鼓之间。

114. (L) So, we'll use SHURE SM58s on vocals, the AKG D12 for kick drum and NEUMANN KM87 for cymbals and snare drum and SHURE Beta57s on tom-toms.

那就是说，人声用 SHURE SM58，低音鼓用 AKG D12，铜钹和小军鼓用 NEUMANN KM87，通通鼓用 SHURE BETA57。

115. (R) You are right. But the lead vocal will use the handheld microphone. It is a wireless microphone.

你说得对，不过主唱歌手用手握的无线传声器。

116. (L) Isn't the wireless microphone more expensive?

无线传声器是不是更贵些？

117. (R) Yes. It costs more than twice as much to get the same quality as a standard microphone, but you always need a back up microphone and cable plugged in, just in case any thing goes wrong.

是更贵。要花两倍以上的价钱才买得到一个质量和有线传声器相当的。而且还要预防万一出问题，总是要装好一个有线传声器做备用。

118. (L) Every singer wants a wire less microphone. Anyway, how do you want to place the microphone for the snare drum?

可每个歌手都喜欢用无线传声器。话归正题，小军鼓的传声器你想怎么放？

119. (R) Put a boom arm on the short stand and point it towards the middle of the drum skin.

装一个传声器杆在矮的传声器架上，然后把传声器面向鼓皮的中间。

120. (L) Is that all right?

这样合适吗？

121. (R) It's too close. The drummer may hit it.

太近了。鼓手有可能击着传声器。

122. (L) Well, I'm moving it away from the drummer and positioning it 6 inches above the edge of the drum.

那我把它移开一点，移到离鼓的边缘 6 英寸的上方。

123. (R) Be careful. Point it away from the drum monitor. Now let's make sure that all the vocal microphone stands are adjusted to the correct height.

小心一点。避开鼓的监听音箱。现在我们再看一下人声传声器架的高度是否都调合适了。

124. (L) Is this one high enough?

这个传声器够高吗?

125. (R) Yes, but the third one from the right will need to be a bit lower because the guy that uses it is shorter.

还行，但是右面的第三个传声器需要再低一点，因为这个歌手比较矮。

126. (L) If you like you can go back to the control room to check whether each channel works on the mixer. I don't mind setting up the rest of the microphones.

如果你愿意你可以先回音响控制室去检查调音台上每一通路是否工作。我不介意装这剩下的传声器。

127. (R) That's a good idea. Do you have a walkie-talkie with you?

好主意。你带了对讲机吗?

128. (L) Yes, I've got one.

我带了。

129. (R) Jian Hua, are you ready to check the microphones?

建华，你现在可校对传声器了吗?

130. (L) Yes, this is the vocal microphone. Can you hear me?

可以，这是人声的传声器。你听得见吗?

131. (R) Something is wrong. There is no signal coming into this channel.

有些不对。这一路完全没有信号进来。

132. (L) Can you check the input socket on the back of the mixer?

你看一下调音台后面的传声器的输入插孔?

133. (R) Oh, it hasn't been plugged in. Ok. Now let's try the drum microphones. I think we have a problem here.

真是，插头还没插进去呢。这路好了。我们现在试试鼓的传声器。我看这路有问题。

134. (L) Is the phantom power switched on?

幻象电源打开没有?

135. (R) It's switched on but it sounds like a faulty cable.

开着的，这声音听起来好像是传声器线有毛病。

136. (L) Wait a minute. I'll change the cable. How is that?

那你等一下。我换一根线。怎么样?

137. (R) It sounds good. But I think we should check the vocal microphones. They sound like they are out of phase.

声音听起来好了。不过我觉得还应该检查一下人声的传声器，整个声音听起来是反相了。

138. (L) Are they? Let me check that. It's fixed.

是吗?我看看……好，拨过来了。

139. (R) Well done. Everything is fine. We can have a break. As soon as the band arrives we will do some sound checks.

干得不错。现有所有的通路都好了。我们可以休息一会儿。等乐队来了我们再作声音调整。

----

140. (R) The band is here now. Let's get started.

乐队已经在这儿了。我们开始吧。

141. (L) I'm ready. What would you like, stereo or mono?

我好了，你是想用立体声还是单声道?

142. (R) Mono would be fine.

单声道就可以了。

143. (L) I have pulled down all channel faders, group faders and the master fader. And all the EQ settings on the mixer are flat. In other words everything is set to zero.

我把调音台上所有的通路，编组和总路的推子都拉掉了，而且所有的音频补偿也都放在平线上的。换句话说就是调音台上所有的手段都没起作用。

144. (R) Very good, now let's bring the vocal channel fades up to 0db or 3/4 the way up and ask the lead singer to sing into the microphone.

这很好，现在我们把人声的这一路慢慢推到 0dB 或者是推到全程 3/4 的位置上，然后让主歌手对着传声器唱。

145. (L) Have you pressed in the PFL/SOLO button?

PFL/SOLO 键按下去了吗?

146. (R) It's on, now watch the meter. Slowly bring up the gain control until it is peaking at-6 to-3db.

按下去了，现在看着显示表，慢慢地提升增益控制，直到峰值达到-6dB 至-3dB.

147. (L) Should we set all the channel gain controls the same?

是不是所有通路的增益控制都应该调到一样?

148. (R) May be a bit less for the drums. These three channels are the vocals.

可能鼓应该调小一点。这 3 个通路是给人声用的。

149. (L) The solo vocal seems too soft.

独唱这路听起来好像太弱了。

150. (R) Yes, it is. Please increase its level so that it is louder than the background vocals. The solo vocal must always be the loudest in the mix.

是太弱了点，给它增加点电平，这样独唱就会经伴唱大声点。混合中独唱一定总是最突出的。

151. (L) Does it sound a bit dull?

这声音是不是听起来有点晦暗?

152. (R) Yes, make it brighter by boosting a few dB in the mid-high.

是有点，在中高频区域补偿几个 dB 可以使声音明亮些。

153. (L) Ok, how does that sound to you?

好了。你觉得声音怎么样?

154. (R) Oh, that sounds harsh. Just a moderate boost will be enough.

哎呀，声音发毛了。适当的补一点就足够了。

155. (L) What effects do you want?

你想用些什么效果处理呢?

156. (R) Try a little reverb…No! No! That's too much. Just a little bit will do.

试着用点混响……过了！过了！加得太多了。一点点就应该合适了。

157. (L) Sorry, that was an accident. How is it now?

对不起，是失手了。现在好了吗?

158. (R) Just a moment…that's much better, but bring it up slightly…stop! That's

perfect.

等一下……现在好多了，不过再微微的提升一点……好停！就这儿正好。

159. （L） I've cut several dB in the 200-400Hz range from the kick drum. Does that sound better?

我在低音鼓的200—400Hz区域减了几个dB。声音听起来是不是好点？

160. （R） Can you turn the EQ switch on and off so that I can compare the equalized sound with the original sound? The clarity is excellent now, but we've lost too much bass. It sounds a little thin to me.

你可以把均衡器直通然后再拉入吗？这样我就可以对比一下原来的声音和补偿后的声音。清晰度是十分好，但又失去了不少低音部分。我觉得声音听起来好像是有点单薄。

161. （L） In that case, I'll add a few db at the low frequencies. Does that sound better?

如果这样的话，我在低频部分再补偿几个dB。声音好点吗？

162. （R） Be careful, we are getting feedback on the stage. There's too much boom.

小心，舞台上开始有反馈。低频太多了。

163. （L） So, what now?

那该怎样做？

164. （R） Reduce the bass level slightly and try a little HF boost. See what that sounds like.

轻微地减少低音部分，再补偿一点点高频部分。听听看声音会怎么样。

165. （L） I think that's just right.

我觉得正好。

166. （R） Yes, it really makes the kick drum sound very clear and full without any feedback.

是正好，低音鼓听起来非常清晰和丰满，但又没有反馈声。

167. （L） The tom-tom level is nice and high, but their microphone is picking up too much extraneous noise.

通通鼓的电平比较高但刚好合适，不过它的传声器传进来太多其他乐器的干扰声。

168. (R) Insert a noise gate on the tom-tom channel. That should fix it.

插一个噪声门在通通鼓的通路上。这样应该可以解决这个问题了。

169. (L) I've set the Attack at Fast and the Release at Medium.

我把动作时间设置在“快速”，恢复时间设置在“中等”。

170. (R) Fine, now slowly turn the Threshold control up until the gate starts to open on the beats of the drum, and close in between. Don't go too far or the drum sound will shut off completely.

可以，好慢慢地旋转门阀的旋钮一直到敲鼓时门打开，停止敲时门关闭就可以了。不要开得太过了，否则整个鼓声全都关闭了。

171. (L) Good. That makes the sound much cleaner. The bass guitar may need a little subtle EQ and peak limiting.

很不错，声音听起来干净多了。低音吉他需要一点轻微的均衡和峰值限制。

172. (R) Do you have a compressor available? That will take care of any possible overload problem.

你还有空余的压缩器吗？用一个就可以解决这些过载的问题了。

173. (L) Yes, we have one. I'll insert it into the bass-guitar channel. I've set the ratio at 4 : 1, but it still does not sound as good as it should.

有一个空余的。我把它插进低音吉他的通路上。压缩比我是设在4∶1，但是声音还是不理想。

174. (R) Perhaps, the attack time is too fast. Slow it down to 30 milliseconds and set the release time a little slower too.

可能是压缩的动作时间太快了把它调慢到30毫秒，压缩恢复时间也再调慢一点。

175. (L) The rhythm guitar is louder than the lead guitar.

这节奏吉他比主吉他声音还大。

176. (R) Maybe we should compress it a little so that the lead guitar won't be overpowered.

可能我们应该压缩它一点，这样主吉他声音就不会被它盖过了。

177. (L) Is the trumpet too loud? I don't think it really needs a microphone, do you?
小号的声音是不是太吵了？我看不需要传声器，你说呢？

178. (R) You're right. You can either put the fader down or turn its channel power off. We'll take the microphone off the stage later.
说得有道理。你可以把小号那一路的推子拉掉，或者是把那一路关了。我们等会儿再去把传声器取下来。

179. (L) I can hardly hear the keyboard (synthesizers).
我怎么简直就听不到合成器的声音。

180. (R) I think you pushed the wrong faders.
我看你是把推子推错了。

181. (L) Gops! That should be right now.
哦，真的！现在这个应该对了。

182. (R) Well, may be a little low cut and a little high boost will stop them sounding so muddy.
对了，声音听起来有些模糊，可能减一点低频，再补偿一点高频就会好些。

183. (L) It sounds much better now.
现在听起来好多了。

184. (R) Good. Everything sounds fine here in the control room now. Would you go down and check out the sound in the hall?
很好。现在每样在这儿控制室里听起来都不错。你可以到下面厅里去听听好吗？

185. (L) Sure. Can you hear me, Richard?
好啊。理查德，你听得见我吗？

186. (R) Yes. How does it sound in the hall?
听得见，厅里的声音听起来怎么样？

187. (L) It's great, nicely balanced. Everyone should be happy with it.
好极了，声音比例关系协调得很好。人人都会喜欢的。

188. (R) That's wonderful. Thanks for all your help.
那真是太好了。谢谢你的帮助。

----

189. （R） What's the time now?

现在几点了？

190. （L） It's 7:40pm.

晚上 7 点 40 分。

191. （R） Why hasn't the rehearsal started yet?

怎么彩排还不开始？

192. （L） Maybe the band is late. It should start any minute now.

可能是乐队来晚了。应该马上就要开始了。

193. （R） Here is the programme for the rehearsal tonight.

给你，这是今晚彩排的程序表。

194. （R） The band is here at last. Are we ready?

乐队终于来了。准备好了吗？

195. （L） Yes, we are.

准备好了。

196. （R） Use the vocal soloist's microphone for the presenter.

节目主持人是用独唱的传声器。

197. （R） Play the music back immediately when the announcement is finished.

报幕一结束马上放音乐。

198. （R） Tell the lighting operator to turn on the spotlight as soon as he hears the music.

告诉灯光操作员一听到音乐就立刻打追光灯。

199. （R） The band is not playing for the next singer because he will use a prerecorded sound track as accompaniment.

下一个歌手乐队不演奏，因为他用录好的音乐带作伴奏。

200. （R） Play the accompaniment tape on that quarter inch machine.

用 1/4 英寸的录音机放伴奏带。

201. （R） Watch the keyboard player. He will sing in a minute.

注意，演奏合成器的歌手马上要开始唱了。

202. （L） That worked really well.

一切都操作的十分好。

203. (R) Yes, it was good. Thanks so much for your help.

是的，一切都很好。非常感谢你的帮助。

204. (L) It has been a pleasure working with you. Good bye, see you at the show tomorrow.

和你一起工作很愉快。再见，明天演出见。

由于大家准备充分，系统配置合理，加上合作默契，第二天演出的扩声工作圆满结束。由于奥运会将在北京举行，在庆功宴会上，理查德和李建华不由地谈论起体育转播的话题。这一段将用中文提问，用英文作答。为了大家学习方便，给出了一些重要的英文词汇的中文译文作为理解和参考。授课时，将由主讲老师带领学员练习翻译。

205. (L) 理查德，我听说你还搞过体育转播，是吗?

206. (R) Yes. I was in two Olympic Games and several other Television sports production.

207. (L) 北京的奥运会你又可以大干一场了。

208. (R) If there is an opportunity, I will.

209. (L) 体育转播中的音频也很重要吗?

210. (R) Yes. It's same important as in other television production.

211. (L) 体育转播中的音频都是由那些部分组成的?

212. (R) There are mainly voices, natural sound and sound effects.

213. (L) 那么，体育转播中的音频主要起到那些作用呢?

214. (R) Audio sets the scene (场面、情景) and tone (气氛) of the program, the voices carry the story forward and the natural sound and sounds effects make the whole program more realistic (现场感的、临场感的).

215. (L) 你是怎样决定拾取哪些音响的呢?

216. (R) Firstly you should ask your self what does the audience (听众) need to hear? In order for the audience to hear the necessary audio, who and what needs to have a microphone?

217. (L) 传声器在摆放时还要特别注意什么?

218. (R) You must know, can the microphone appear (出现) in the shot (摄像镜头)?

219. (L) 由于有一些体育项目在室外进行，会遇到许多意想不到的 (beat all) 问题，你能举个例子吗？

220. (R) A common problem with outdoor sport is wind. Wind blowing across the diaphragm of a microphone causes a fluttering (摆动) low frequency sound that is heard as periodic (周期的) rumbling (轰轰声) distortion in the sound program.

221. (L) 你用什么办法解决这一问题呢？

222. (R) Foam (泡沫材料) and specially designed encasements (套子) are used to reduce this noise. And windshields are used but be careful because they are fragile and expensive to replace.

223. (L) 传声器在放置时需要进行绝缘处理吗？

224. (R) This is a good question. Yes. Microphone generates minute amounts of AC electrical voltage.

225. Alternating current (AC) has the same characteristic as common house voltage.

226. If you grab (抓握) an electrical wire that has fallen on the ground you will be electrocuted (触电致死) because you complete the natural electrical path to ground.

227. If a microphone casing or connector completes a path to ground, a hum will be induced. Similarly, if a microphone touches a metal fence (护栏) or mounting post a ground may occur between the microphone and earth, and a ground hum can be induced.

228. (L) 据我所知，有些体育赛事赶上下雨也要继续进行。那样的话，传声器的防水就是个大问题了。

229. (R) You are right. Wet weather is one of the most common problems given that many televised sports are played outdoors and will continue in the rain. In order for waterproofing, do not leave audio connectors on the ground or exposed (暴露) to weather, because a ground hum can be induced into the sound when the

metal jacket or moisture conducts to earth.

230. Always wrap（缠绕）connectors with a plastic sleeve（袖子）that is taped along the jacket of the cable. The jacket connection to the sleeve should be seamless and without gaps to ensure no water can trickle（滴淌）down.

231. （L）再给我们讲讲传声器的摆放原则吧。

232. （R）OK. The key to microphone placement is finding the location that will allow you to capture the specific audio you want.

233. Considerations include analyzing the sport from a sound perspective；the type of microphone can be seen by the camera and whether sounds are present that you do not want to record.

234. （L）传声器摆放的位置与声源的距离应该怎样掌握?

235. （R）When determining microphone placement，place the microphones as close as possible to the audio source to ensure the highest quality sound.

236. The farther the distance between the microphone and the audio source，the poorer the sound quality and the higher the possibility of picking up unwanted sounds will be.

237. （L）听说体育转播中使用的传声器有增多的趋势，对同一个体育项目传声器摆放的越多越好吗?

238. （R）No. An experienced audio engineer recommends that the lowest number of microphones possible be used. People sometimes have a tendency to over-mike a shot，using three or four microphones when one or two would be sufficient（足够的）.

239. If additional mics don't make things sound better，then they will probably make things sound worse.

240. （L）传声器的摆放方案是怎样设计出来的?

241. （R）The types of microphones being used and microphone placement is determined during the planning phase.

242. Microphones are cabled and placed during the set-up phase.

243. Therefore，at production time the senior audio person should be ready to mix the event.

244. （L） 体育转播音频系统中的声源都包括哪些？

245. （R） Audio inputs come from a variety of sources which may or may not include: Multiple talent（在镜头前讲话者）, Public address system, Field-of-play microphones（including camera mics）, Ambience（周围气氛）microphones, CD-Player, coach/referee（教练/裁判）wireless mic, Multiple VTRs or other type of playback equipment.

246. （L） 体育转播时通常由谁来负责对这些声源进行混合？

247. （R） Audio Supervisor is responsible for mixing all of these audio signals into a clear representation of what is actually occurring at the event.

248. He must concentrate on which camera is being called for by the director as well as know which talent is going to speak.

249. Then he can ‘pot up’ the corresponding microphone in order to provide the audience with the sound from the proper source.

250. （L） 他也负责传声器位置的设计吗？

251. （R） Yes. He's generic responsibility are as following: Determines where microphones are to be placed in the field of play, generally patches the various microphones in the inputs/output（I/O）patch panel located on the outside of the mobile unit, gives instructions to the Audio Assistant, and sets up and/or patches the Production Line（PL）system in the mobile unit.

252. （L） 音频助理的主要职责是什么？

253. （R） Audio Assistant receives instruction from the Audio Supervisor as to where microphones should be placed on the field of play and sets out the microphones.

254. Other responsibilities may include patching the I/O, assisting the talent with their microphones on the field of play such as a parabolic dish（碟形定向器）.

255. The Audio Assistant also troubleshoots audio problems during the production.

256. （L） 在赛时还有什么辅助工作要做？

257. （R） During the production, the Audio Assistant's responsibilities include hand holding microphones, making sure that wireless mics have good batteries, chan-

ging batteries, keeping the appropriate mic flag on the microphone and troubleshooting any problems with the microphones and cables. Sometimes a microphone or cable may need to be changed during the broadcast.

258. (L) 持握传声器有什么要点需要注意吗?

259. (R) Always test the microphones before the production begins.

260. Run microphone cables perpendicular to (垂直于) electric cords, not parallel.

261. Limit the distance between the talent and mic to reduce ambient noise.

262. (L) 体育转播系统通常需要大量的布线工作，你能讲讲关于布线要注意的问题好吗?

263. (R) Cable used in television broadcasting vary from simple coaxial (同轴的) configurations to very complex multicore cables. Triax (三同轴的) cable is used by most mobile units/OB vans.

264. Fiber optic cable (光缆) is frequently used to carry signals over long distances with minimum degradation. There is also a variety of cable connectors used in remote television production.

265. The following is a list of things to keep in mind when cabling:

266. Run cables neatly (整洁地) and, if possible, parallel. Try to group them together so the cable run is obvious (可见的) and well defined. Lay cables as close to the production truck as possible so that the production crew will not trip or continuously walk on them.

267. When running camera cable, make sure that the correct end is toward the camera.

268. Cable connectors must be protected from the elements to ensure signal quality.

269. If a cable connector must be exposed to the elements, try to support the connector so it is hanging downward or, preferably, wrap it with plastic and tape it.

270. However, only tape the plastic on the top end, allowing air to come in underneath to prevent condensation in and on the connector.

271. Do not allow the ends of cables to lie where water may puddle (搅泥浆) in the event of rain or melting snow.

272. Label all cables. For example, “Mic 1”.

273. Report damaged cable to the supervisor; it is easier to solve problems in the cabling phase than try to troubleshoot the problem during a competition.
274. Excess cable should be placed on the ground in a figure eight pattern or the over-and-under method so that the cable will not kink (纠结) or tangle (混乱).
275. A knotted cable can cause significant stress and subsequently irreparable damage to the cable.
276. Do not run a cable around any object to get a tight bending (易弯曲的) radius (半径). An extremely tight band could damage the cable.
277. Avoid running video and audio cables close and parallel to power cables since these cables may be subject (遭受) to a buzz.
278. Video and audio cables that must cross over power cables should do so at a 90-degree angle to minimize the impact of the power on the video and audio signals.
279. Do not suspend (吊挂) tightly stretched cables between two points for much of a distance. Cables must be supported to ensure the cable is not damaged due to tension. Cables should be pulled and supported by the cable, not the connectors.
280. (L) 最后，我想了解一下体育转播中的音频制作理念。
281. (R) Television sound should closely track the visual impact of the camera work and maintain a stereo image relationship that work closely with the coverage angles in order to deliver synchronicity (同步性) between the eyes and ears.
282. Be careful with selection and placement of microphones, with a focused application of modern mixing techniques will allow us to deliver a product that will be world class.
283. Balanced mixing of the audio will provide the viewer with a spectacular (引人入胜的) sensation (感觉) of being there.
284. Audio is finally being recognized for its partnership with video to deliver a holistic (整体的) experience with all the intense (强烈的) emotion (情感) and in-

teresting nuances（细微差别）that take the viewer out of the stands and onto the field of dreams.

285. We will create and mix three distinct（截然不同的）staged sound that will be mixed to a conventional（传统的）stereo feed：

286. Crowd ambience：The crowd ambience mix should reflect the true dynamics and imagery of the venue.

287. Sport specific effects：The sound is derived（取自）from the use of close centered stereo microphone techniques.

288. Camera effects：Stereo or mono shotgun microphones attached to designated cameras will provide additional close range pick-up.

第二章　体育转播英语训练

Sports Broadcasting English

一、音频系统 Audio System

1. Consider trying to follow the plot of a television program without audio.
   想象一下在没有声音的情况要理解电视节目情节的难度吧。
2. Unless it was designed to be a silent movie，it is impossible to follow the action.
   除非是设计成无声电影，否则你不可能迅速理解情节。
3. Audio is one of the most under-rated yet important segments of television.
   音频是电视工作中最容易被轻视但却十分重要的组成部分。
4. Audio sets the scene and tone of the program，the voices carry the story forward and the natural sound and sounds effects make the whole program more realistic.
   音频设定了场景和节目的基调，语音推动着情节发展，而自然声和声效让整个节目更具真实感。
5. Sound involves the audience.
   声音会让观众全身心投入。

6. It is important to determine probable audio interference when surveying possible shooting locations.

   在勘察可能的拍摄地点时，确定可能存在的音频干扰是很重要的。

7. You must recognize that sounds will vary widely with the time, day, and scheduling.

   你必须认识到，声音会随着时间、日子和时间表而产生很大的变化。

8. Sound checks should take place during the same time of day as the shoot occur.

   声音核查应安排在与拍摄在同一时间段进行。

9. The sources of outside sounds vary with the location. However, interferences that you may be unable to change may include cars, trucks, trains, manhole covers, animals and crowds.

   外部声音源因位置而异。但是，你可能无法改变的干扰也许包括汽车、卡车、列车、下水道井盖、动物和人群。

10. For some interference, there is nothing that can be done.

    对于某些干扰，你是无法消除的。

11. You need to either be willing to have the sound in the background or change shooting locations. There may be options for other sound interferences:

    你要么将这些声音包括在背景声中，要么改换拍摄地点。对于其他声音干扰可采用其他方式：

12. A sound barrier can be built to reduce audio interferences. This barrier could be as simple as hanging a blanket between the microphone and the unwanted sound.

    可以构建一个隔音屏障来减少声音干扰，这种屏障可以简单到在传声器与不想录制的音源之间悬挂毯子。

13. Other times a barrier can be purchased or rented to reduce sounds.

    有些时候也可以购买或租赁用于减少声音干扰的隔音屏障。

14. Change the type of microphone being used to one that is more directional.

    将当前使用的传声器改换成定向性更好的类型。

15. Change the schedule to a different time of day.

    将拍摄时间改成一天中的另外时段。

16. If it is a mechanical sound such as an air conditioner or heater, can the equipment be turned off on a temporary basis?
如果存在机械运转声，例如空调或加热器，是否能够临时将这些设备关闭呢？
17. If it is an acoustical condition (echo or reverberation), sound flats can be used.
如果存在某种声学条件（回声或回响），则可以使用声音挡板。
18. Single camera audio may be as simple as using the built-in camera microphone that comes on some video cameras.
单摄像机拾音可以简单地使用某些摄像机自带的内置式传声器。
19. On-camera microphones are generally a type of unidirectional microphone so that they do not pickup camera-generated noise.
摄像机传声器通常采用单向式传声器以避免拾取到摄像机本身产生的噪声。
20. Almost all cameras also have the option of attaching an external microphone.
几乎所有摄像机均可附加外置传声器。
21. Keep in mind that the closer you can get the microphone to your subject, the better quality the audio will be.
请牢记，传声器距拍摄对象越近，音频质量就会越好。
22. Multiple microphones can also be used with a single camera by using a field audio mixer.
通过配备现场混音器，也可以为单台摄像机配备多个传声器。
23. The field mixer plugs into the camera through the external microphone jack.
现场混音器可以通过外置传声器插口插入到摄像机上。
24. The field audio mixer can also amplify weak signals so that all incoming audio signals are at the same level.
这个现场混音器也可以放大微弱的信号，使所有输入音频信号处在同一电平上。
25. Multi-camera audio is generally a much larger operation.
多摄像机音频的工作规模通常要大得多。
26. Since there is a large audio mixer in the control room or in an OB van, many mi-

crophones can be used to mic multiple people, the event atmosphere (audience applause, etc.), musical instruments, and/or the field of play.

由于要在控制室或实况转播车内设置一台大型混音器，可以使用许多传声器来收录多个人的声音、活动氛围（观众鼓掌等）、乐器和/或比赛场地的声音。

27. Audio inputs may also include audio from VTRs and a CD/DVD.

音频输入也可以包含来自录像机和CD/DVD的音频。

28. Each input can be manipulated by amplification and quality controls.

每项输入均可以通过放大和质量控制来操纵。

29. Test the mic before you begin recording.

在开始录音前要测试传声器。

30. Wear headphones so that you can hear exactly what is being recorded.

佩戴耳机以精确收听正在录制的内容。

31. Run mics cables perpendicular to electric cords, not parallel.

传声器电缆的敷设要与电线垂直相交，不得并行敷设。

32. Mics used on the camera pickup camera noises unless it is a shotgun mics.

除非是猎枪式传声器，否则摄像机所用传声器一定会收录到摄像机的噪声

33. Use manual gain, not auto gain.

采用手动增益控制，而非自动增益。

34. Decreasing the distance between the talent and the mic will always cut down on ambient noise.

缩短演播人员与传声器之间的距离一定可以减少周围环境噪声

35. No matter how well you plan ahead, sooner or later you will probably run into an audio-related problem.

无论你计划得多么周密，迟早会遇到与音频相关的问题。

36. To help you out in those situations, here are some of the more common problems encountered in doing audio-for-video, along with some possible solutions.

为了帮助你解决这种状况，以下介绍一些进行视频摄制录音工作时经常遇到的问题，并提供一些可能适用的解决方案。

37. Buzz, hum, crackle, and other noises: These are almost always caused by an electrical problem somewhere in the system.

    嘤嘤声、嗡嗡声、噼啪声和其他噪声：这些噪声几乎总是系统中某个地方的电气问题造成的。

38. A low, steady buzz or intermittent crackle usually indicates a loose ground wire, probably in or near a connector.

    低沉、稳定或间歇式的噼啪声通常表明接地线松动，并可能是在接头内或靠近接头处。

39. A humming sound is usually picked up by unbalanced cables near light fixtures, dimmer switches, power or loudspeaker cables.

    嗡嗡声通常是靠近灯具、变光开关或电缆或扩音器电缆附近的不平衡电缆拾取到的。

40. You can try moving the mic cable around a bit, but the only permanent solution is to use balanced microphone cables.

    可以试着稍稍调转传声器电缆，但唯一永久性解决办法是使用平衡式传声器电缆。

41. If your microphone is the unbalanced, high－impedance type, you can save yourself some headaches by using an in－line transformer which converts the signal to the balanced, low－Z configuration.

    如果传声器是不平衡、高阻抗式，则可使用线内转换器来解决令你头痛的问题，这种转换器能够将信号转换成平衡式、低阻抗的配置。

42. You can then plug the mic into a balanced mic input or use another transformer to convert the signal back to high－Z to match the equipment's input.

    这样就可以将传声器插入到平衡输入口或使用另一台转换器来将信号转换回高阻抗以匹配设备的输入。

43. It's important that the transformer is used as close to the microphone end of the cable as possible, so that the majority of its length is balanced.

    重要的是，转换器的位置要尽量靠近电缆的传声器端，这样能使大部分电缆成为平衡线路。

44. Placing the transformer at the mixer input will not make the mic cable more resistant to electrical noise.

而将此转换器布置在混音器处是不会增强传声器电缆对电气噪声的抵抗能力的。

45. Distortion: this "fuzziness" or general lack of clarity results when the input of some piece of equipment in your audio chain is being overloaded (a condition called clipping).

失真：这种"模糊"或总体缺乏清晰度的结果是由于音频链中的某些设备发生了过载（一种称为削波的现象）。

46. Once the signal is distorted, there is absolutely no way to remove the distortion with another device further down the audio chain.

一旦信号出现失真现象，即使向这个音频链内再加入另一台设备，也无法消除这种失真现象。

47. If the signal level coming from the microphone is too high for the mixer and sounds distorted, for example, you must turn down that channel's input level control on the mixer.

例如，如果传声器信号的电平对于混音器过高而导致失真时，你必须降低混音器上的这个信道的输入电平控制。

48. Adjusting the input control on the videotape recorder will not help.

而调节磁带录音机的输入控制不会有任何帮助。

49. If the range of adjustment is not wide enough, you can use an attenuator (also called a pad), which reduces the level of the signal by a specified amount without altering its sound.

如果调节范围不够宽，你可以使用衰减器（也称为垫子），它能够在不改变声音的情况下将信号电平减少一定量。

50. The amount of attenuation is measured in decibels, or "dB" for short.

衰减量以分贝为单位测量，或简写为"dB"。

51. A 10dB or 20dB attenuator is frequently all that is required to make a signal easier for the mixer to deal with; a 50dB attenuator will bring a line-level signal all the

way down to mic level.

要让信号更容易被混音器所处理，通常采用一台 10dB 或 20dB 的衰减器，而 50dB 的衰减器会将线路电平信号直接衰减至传声器电平。

52. “Tin can” sound: this usually results when the microphone is located too far from the talker.

“铁皮罐头”声：这种声音通常是由于传声器距讲话人过远造成的。

53. The more reverberant the room is, the closer the microphone must be in order to obtain good sound quality.

房间的回响越大，传声器的距离就要越近，以获得良好的声音质量。

54. “Tin can” sound can also be caused by phase cancellation, which occurs when the same sound waves reach more than one microphone at slightly different times.

“铁皮罐头”声也可能是由于相位消除而导致的，这种现象发生在相同的声波在稍有不同的时刻到达一个以上的传声器时。

55. When the signals are combined at the mixer, the time delay between them causes unpredictable changes to the signal, resulting in a strange sound.

信号在混音器内组合时，这种声音之间的时间延迟给信号带来不可预期的改变，产生奇怪的声音。

56. “Popping”: Popping is caused by an explosive sound wave striking the microphone diaphragm. It, for example, occurs when a talker says words beginning with the letters “p” or “t”.

“爆音”：爆音是由于爆破性的声波碰撞传声器振膜所造成的，例如讲话者讲到以字母“p”或“t”开头的单词时。

57. To lessen the likelihood of this phenomenon occurring, you should: 1) Keep the microphone at least 6 inches away from the talker's mouth, tilted toward the user at about 45 degrees from vertical. 2) Use a foam windscreen if the microphone's built-in pop filter is insufficient or if a very close source-to-mic distance is required.

要减少这种现象发生的可能性，应该：1）保持传声器距讲话者的嘴部至少 6 英寸距离，并与垂直方向成约 45 度夹角倾向使用者。2）如果传声器的内置滤声器不足以发挥作用，或要求音源与传声器的距离非常近时，可使用泡沫塑料挡风罩。

58. Wind noise: Wind noise is frequently a outdoors problem, especially to condenser microphones. The only solution is to use a foam windscreen, and in extreme conditions, a "zeppelin" or "blimp" type windscreen such as those used on shotgun microphones.

风噪声：风噪声是室外工作常遇到的问题，特别是电容式传声器。唯一的解决方案是使用泡沫塑料挡风罩，并在极端条件下，采用诸如猎枪式传声器所使用的“齐柏林”防震防风罩或“软飞艇型”隔音罩。

59. Vibration noise: This is usually heard in the form of low "thumping" when someone taps or bangs on the stand or lectern on which the microphone is mounted.

振动噪声：这种噪声通常以较低的“捶打声”的形式出现，发生在有人敲击或撞击传声器安装的支架或演讲台的时候。

60. It can be reduced (although not always eliminated) through the use of a shock mount.

这种噪声可以通过使用防震底座来减少（虽然不总是消除）。

61. This is a special mounting bracket for the microphone which uses rubber or elastic to isolate the microphone body from mechanical noise.

这是一种特殊的传声器安装支架，它采用橡胶或弹性材料将传声器与机械噪声隔离开。

62. An external shock mount may be essential if the microphone has little or no internal shock mount of its own.

如果传声器本身不带或只有很少的内部防震底座时，外部防震底座是非常必要的。

63. Feedback: If you are using microphones to feed a loudspeaker system in the same room, you may occasionally encounter feedback (a loud howl or squeal when microphones are moved too close to the loudspeakers.)

反馈：如果你正在使用传声器为同一个房间内的一套扬声器系统提供馈入时，偶尔会遇到反馈现象（因传声器太靠近扬声器而产生的巨大振鸣或长声尖啸）。

64. Feedback is usually caused by a combination of several factors such as speaker volume, placement of mics and loudspeakers, and room acoustics.
反馈现象通常是由于若干因素综合造成的，例如扬声器音量，传声器和扬声器的布置以及房间的声学特性。

65. The easiest way to improve the situation is to adjust those factors over which you have some control such as microphone pickup pattern, mic placement, loudspeaker location, and loudspeaker volume, so that they don't interfere with each other.
改善这种状况的最简单的方法是对你可以控制的因素进行调节，诸如传声器拾音模式、传声器的摆放、扬声器位置以及扬声器的音量，从而使它们不相互干扰。

66. For instance, in any given feedback situation, you can: 1) move the microphone farther away from the loudspeakers, 2) move the loudspeakers farther away from the microphone, 3) switch to a microphone with a more directional pickup pattern, 4) turn down the overall volume of the sound system.
例如，在任何给定的反馈状况下，你可以：1）将传声器移至距扬声器更远的位置，2）将扬声器移至距传声器更远的位置，3）切换到定向性更好的拾音模式，4）将音响系统的整体音量调低。

67. There is no known device which will eliminate feedback; proper use of microphones and loudspeakers is usually the only solution.
目前没有可以消除反馈现象的设备；正确使用传声器和扬声器通常是唯一的解决办法

二、评论席系统 Commentary System

68. Commentary Control Room (CCR) operators are vital members of Commentary Systems crews employed to work at competition venues.
评论席控制室操作员是评论席系统团队中工作在比赛场馆的重要的成员。

69. Their role is crucial to the efficient operation of the CCR prior to, during and after the event.

他们的角色对于评论员控制室在赛前、赛中和赛后的有效运行是至关重要的。

70. Each venue crew is headed by a Venue Commentary Manager (VCM), who usually has had previous Olympic experience and is well versed in the operation of the CCR.

每个场馆的全体成员都由该场馆评论席经理领导，他或她通常具有上届奥运转播的经验，并且精通评论席控制室的运行。

71. At the larger venues or those requiring a second shift, the Venue Manager is seconded by an Assistant Venue Commentary Manager (AVCM), many of whom also have previous Olympic experience.

在较大的场馆或者要求两班倒的场馆一般要安排一个助理场馆评论席经理，他们中的许多人也具有上届奥运转播经验。

72. Each crew also includes Installer/Operators, who first assist in installing the system and then perform as Operators during Games Time.

每一个成员都要履行赛时的操作的职能，也包括安装师/操作员。他们首先协助系统安装，然后执行赛时操作。

73. The Commentary Systems Group (CSG) is headed by the Director of Commentary Systems whose office is in the International Broadcast Center (IBC).

评论席系统团队由评论席系统主管指挥，他的办公室位于国际广播中心内。

74. The Director is responsible for all matters concerning CSG.

评论席系统主管负责团队的所有事务。

75. He oversees the planning, design, installation, operation and de-rigging of all CSG functional areas prior to, during and after Games Time.

他统领评论席系统团队在赛前、赛时及后的计划、设计、安装、运行和拆卸等所有的功能领域。

76. Working under the Director are several Commentary System Venue Managers (CSVM), each of whom oversee the planning and operation of Commentary at several venues.

在主管的手下，有几个评论席系统场馆经理，他们负责几个不同的场馆的计划和实施。

77. These managers are also based in the IBC during the Games. Each CSVM is responsible for the detailed planning of a group of venues and reports to the Director.
这些经理们在赛时将定位在国际广播中心。每个评论席系统场馆经理负责其场馆群的详细计划，并向主管汇报。

78. In the IBC，CSG's functional area is the Commentary Switching Centre（CSC）.
在国际广播中心，评论席系统团队的功能区域是评论席系统交换中心。

79. Heading the preparations for the functioning of the CSC is the IBC Commentary Systems Engineer.
负责评论席系统交换中心各功能的准备工作的是国际广播中心评论席系统工程师。

80. He will also head the crew staffing the CSC during Games Time.
他同时也将带领评论席系统交换中心的成员们完成赛时的运行任务。

81. CSG has two major spheres of functional responsibility.
评论席系统团队负责两个主要的功能领域。

82. Both relate largely to 4 wire circuits used by Rights Holding Broadcasters（RHB's）.
两个领域都大量地涉及授权转播商使用的四线回路系统。

83. Primarily，CSG has the task of providing certain contracted facilities and services to each RHB's Commentary Position（CP）at competition venues.
首先，评论席系统团队要为所有竞赛场馆的评论席提供已经约定的设施和服务给每个授权转播商。

84. From these positions the sports events are watched and commented upon for TV and Radio.
电视台和电台将利用这些席位观看和解说体育赛事和各项活动。

85. CSG is also responsible for the Host Broadcaster Coordination Network.
评论席系统团队同时也要负责为授权转播商提供协调和联络网络。

86. This network provides communication paths between functional centers at the venue and those at the IBC.
这个网络将为场馆内的功能中心和国际广播中心之间建立沟通通道。

87. The Host Broadcaster (HB) for Athens 2004 is Athens Olympic Broadcasting (AOB).

雅典2004奥运会主转播商为雅典奥林匹克转播有限公司。

88. The Commentary Position Area (CP) at the venue is within the viewing stands.

场馆里的体育评论员座席位于看台上。

89. From there Commentators from the various RHB's cover the sport events.

授权转播商的评论员在那儿对体育赛事和各项活动进行解说。

90. The CP Area is strategically located to provide commentators with the best unobstructed view of the activities of the venue and the field of play.

体育评论员座席区域应该最大限度地保障评论员对场馆内的各项活动和比赛场地有最好的观看角度和视野，不能有任何遮挡。

91. The area is restricted to Accredited Media, CCR staff, Liaison Officers, etc.

这个区域仅限注册媒体、评论席控制室工作人员、联络官员等人员活动。

92. The CP Area is selected with emphasis on providing the best possible viewing for the Commentators.

选择评论席位置的重中之重是为评论员提供尽可能好的观看条件。

93. Commentators share the same perspective of events as the HB's main cameras.

评论员所坐的位置与主转播机构架设的摄像机具有同样的视野。

94. The standard Un-equipped Commentary Position (UCP) consists of:

标准的“不带装备”评论席配备如下：

• One desk with three chairs.

一个桌子，三把椅子；

• One color CATV monitor with available signal.

一台彩色有线电视监视器；

• Where available, a touch - screen monitor connected to the Competition Information System (CIS).

部分场馆配有一台带触摸屏的竞赛实时信息系统；

• Basic power, 220V/50Hz.

供电；

• Clear dividers separating adjacent CP desks.

桌间隔离透明隔板。

95. On the CATV monitors Commentators watch the multilateral video coverage of the sporting events coming from Production at that venue.

通过有线电视监视器评论员可以观看本场馆制作的公共信号。

96. That is, they receive the Television International Signal (TVIS) from the local venue.

也就是说，他们收到的是本场馆的电视国际信号。

97. At available venues, CIS is an online service carrying continuously updated details of the sport (s) at that venue, such as running scoreboards, times, laps completed, athletes' positions and competitors in each event.

在部分场馆，竞赛实时信息系统在线提供实时并随时更新的运动项目的细节，如：计分板、时间、完成的圈数、运动员的排位和竞争者。

98. Broadcasters may also order telephones, ISDN lines and additional technical power for equipment which they may bring themselves into their CP.

转播商也可以订购电话、ISDN 线路和用于评论席自带设备的技术供电。

99. Other available types of positions include:

其他可能的提供的评论席类型包括：

Equipped Commentary Positions (ECP), which additionally include:

带设备的评论席增加配置如下：

• One Commentary Unit (CU) and two headsets. (The CU will accommodate a third headset, and may be ordered by the RHB.)

一台评论席小盒，两部耳机。(评论席小盒可供三部耳机使用，可以由转播商订购。)

• HB audio signals from Production, i. e., HB Cue, Public Address (PA), both International Sound Radio and International Sound Television. These signals can be monitored by the Commentator to coordinate with the video coverage being produced.

主转播机构制作的音频信号，包括：主转播机构提示音、扩声、广播国际声和电视国际声。评论员可以在转播过程中实时监听到。

Commentary Positions with Camera (ComCam), which may be Equipped or Unequipped. Besides the basic set-up, they include:

"带摄像机"的评论席，可以是"带装备"的和"不带装备"，其配置如下：

• A Point-of-View (POV) camera. This camera provides video of the commentators, during the event or as they conduct interviews with competitors or officials.

一台景点摄像机。它提供评论员的视频图像及他们采访运动员的镜头。

• Com Cam positions are larger than ECP's and are usually located in the rear portion of the CP Area.

"带摄像机"的评论席占位大于"带装备"的评论席，并且通常位于整个评论席区域的后排。

100. Larger platforms without desks may be ordered as Announce Positions.

 一个较大的没有桌子的平台也许会被订购作为播音席。

101. An RHB may also order adjacent CP's which are not separated from each other by the clear dividers described above.

 有的转播商也会一次订购数个紧邻的评论席，中间不要隔开。

102. RHB's order CP's and related facilities in advance through Booking Services.

 转播商通过订购系统预先订购评论席和相关设施。

103. RHB's retain their positions for the duration of all events at the venues where they've ordered them.

 转播商一旦订购席位就将在整个赛事期间保留它们。

104. At certain venues only, there may be a few CP's which may be booked on a per-event basis.

 只有在特定的场馆才可以以项目为单位订购评论席。

105. Some are reserved for use by Host Broadcaster personnel from either Production or Broadcast Information.

 有些评论席是供主转播商的制作和信息人员使用的。

106. Some may also be available for late ordering by RHB's.

 也有一些评论席可供转播商后期定购。

107. In the vicinity of the CP Area are Observer Seats and desks for the Press media.
紧邻评论席是观察员座位和媒体席位。

108. Observer seats are regular venue seats allocated for accredited RHB and HB personnel.
观察员座位在普通的场馆一般位于主转播机构和授权转播机构证件区。

109. A limited number of observer seats are provided.
提供的观察员座位是有限的。

110. No additional services are provided to them.
没有另外的服务提供给观察员。

111. The desks, telephones, CIS and electrical power at CP's are installed by BOCOG teams.
用于评论席的桌子、电话、竞赛实时信息系统和供电由组委会提供。

112. CATV and all 4 wire circuits are installed by the CCR crew at the venue or by an advance CSG (SWAT) crew.
有线电视和所有4线回路均由该场馆的评论席控制室的工作人员负责安装或由评论席系统团队的专业安装队伍提前安装。

113. The Commentary Systems crews for the most part perform their duties from the Commentary Control Room (CCR).
评论席系统的绝大部分员工将在评论席控制室完成他们的职责。

114. The CCR may be located in one of the venue's existing rooms or in a temporary constructed room or trailer. Usually, it is adjacent or near to the Commentary Position (CP) area.
可以使用场馆内的某个房间作为评论席控制室也可以是一间临时搭建的房间或活动房。通常，评论席控制类都会邻近评论席区域。

115. In the CCR equipment is installed, operated and maintained for connecting the RHB 4 wire circuits and the HB coordination circuits originating in the venue to the Commentary Switching Center (CSC) in the IBC.
安装在评论席控制室的设备，以及这些设备的操作和维护的目的，就是用来连通从各场馆到国际广播中心授权转播商的4线回路和主转播商的协调回路的。

116. In the same room there is equipment for HB venue telephony and for CATV carried to the Commentary Position Area.

在评论席控制室里，还集中了主转播机构在场馆内的电话系统和供给评论席的有线电视系统设备。

117. CSG has both direct and overall responsibility for the CP Area.

评论席系统团队具有对评论席区域的直接和全面的责任。

118. While CSG is not immediately responsible for the set-up of all facilities and services in the CP area (e. g., actual building of CP's, V and A, CIS and telephony for RHB's), it is charged with making sure that preparations are complete in advance of the Commentators arriving at the venue.

尽管评论席系统团队不直接负责评论席区域的所有设施和服务（比如：评论席的实际建造、视/音频线、竞赛实时信息系统和给授权转播商的电话），但是，它仍然要负责在评论员到达场馆之前保证所有的准备工作顺利完成。

119. CSG is often the group which interfaces with the RHB's on-site and so may be called upon when any questions or problems related to the space or facilities arise.

评论席系统团队往往承担着在现场与授权转播商的接头联络职责，并且每当出现与位置或设施相关的问题时通常会被召唤。

120. The Venue Commentary Manger will coordinate the final installation of commentary equipment and cabling ordered through Booking Services by RHB's.

场馆评论席经理将负责协调评论席设备的最后安装及布线，这些要求通常是由授权转播商通过订购服务系统提出的。

121. He or she will also verify that the remaining RHB's requirements for the CP Area have been met by the other responsible non-CS groups.

他或她也将检查那些非评论席系统团队的职权范围内的，在提前安装时遗留下来的授权转播商的各种需求。

122. There are other areas at the venues with which CSG is also concerned, but for which it does not have overall responsibility.

在场馆的其他相关区域还有一些事项是评论席系统团队也应该关心的，虽然这些并不在其全权负责的范围。

123. These areas include the Mixed Zone (MZ), RHB Unilateral Camera Platforms, Pre/Post (P/P), and the Broadcast Compound (Compound). In these areas, CSG is responsible for establishing certain 4 wire circuits or tie-lines used by RHB's or the HB.

这些区域包括，混合区、授权转播商单边摄像机位、赛前/赛后注入点和广播技术综合区。在这些区域，评论席系统团队的责任是为授权转播商或者主转播商建立特定的4线回路或者联络线。

124. 4 wire circuits originating at Commentary Positions are connected either to Commentary Units (CUs'), which are provided by CSG, or to other communication equipment which RHB's themselves provide.

源自评论席的4线回路不是与评论员小盒连接，这通常是由评论席系统团队提供的，就是与授权转播商自带的通信设备相连。

125. Commentary Systems Group (CSG) crews are responsible for the integrity of all 4 wire circuits.

评论席系统团队的员工负责所有的4线回路的整合。

126. However, the only commentary equipment in the CP for which CCR crews are responsible is the CU's and their connections.

尽管如此，在评论席由评论席控制室的员工负责的评论席设备只有评论员小盒及其连线。

127. A 4 wire circuit is a generic designation for an audio circuit which establishes communication, which can occur in both directions at the same time, in two directions (send and receive). With this type of link, parties at both ends can speak and hear each other simultaneously (called "full duplex").

4线回路是为旨在建立双向通话（送出和接收）并且这种通话将在同时发生的音频回路设计的。利用这种连接，可以使得在两端的双方同时讲话和听对方讲话。(又称为：全双向)

128. A signal from one end does not block the receiving of a signal from the other.

从一段来的信号不会阻断从另一端来的信号。

129. CSG uses these sorts of audio circuits to send and receive RHB audio.

评论席系统团队使用这种类型的音频回路将音频信号送给授权转播商并从他们那里接受传回的信号。

130. CSG is responsible for distribution of all k/f, cc and 4 wire circuits which originated in competition venues and distributed within the IBC. There are specific uses of these sorts of audio circuits provided by CSG.

评论席系统团队的责任是分配所有的“评论/返回”“协调回路”和4线回路。这些信号均来自比赛场馆，在国际广播中心进行分配，评论席系统团队还利用此类音频回路提供特别的服务。

- Commentary/Feedback（k/f）评论/返回
- Coordination Circuits（cc）协调回路

131. By definition, an Equipped Commentary Position is a Commentary Position with a Commentary Unit installed.

根据定义，一个“带装备的”评论席是在这个评论席安装一台评论员小盒。

132. The CU functions as an audio interface for delivering commentary over a 4 wire circuit.

评论员小盒的功能是作为音频接口通过4线回路提供评论声。

133. Thus, an ECP（and a CU）will have at minimum a k/f circuit.

因此，“带装备的”评论席（同样，一个评论员小盒）将具有最少一路“评论/返回”回路。

134. It may also optionally have a coordination circuit（cc）. “k/f” designates the bi-directional circuit on which commentary（k）can be sent from the CP to some destination and on which audio feedback（f）can be received simultaneously from personnel at the other end.

“带装备的”评论席也可选择装备“协调回路”。“评论/返回”是为双向回路设计的，通过这个回路，“评论声”可从评论席送到其他用户端；同样通过这个回路，也可同时从在另一端讲话的人那里接收到“返回”信号。

135. The destination of most 4 wire circuits is the Commentary Switching Centre（CSC）in the IBC, although it could also be another point at the venue.

绝大部分的4线回路的传输目的地是位于国际广播中心的评论席系统切换中心，当然也许会是场馆内的其他位置。

136. The primary purpose of the "k" side of the k/f circuit is to carry commentators' narration of a sporting event for eventual radio or television broadcast.

“评论/返回”回路中“评论声”这一端的首要作用是承载评论员为电台或电视台转播的赛事解说声。

137. This signal will be mixed with the video of the associated event downstream to create a television program of the event.

这个信号将与同一赛事的视频信号混合成这一赛事的电视节目信号。

138. Off Air communication between the RHB personnel in the CP and the studio is possible on the "cc" circuit, if it has been booked.

如果事先预订和购买了这项服务，授权转播商在评论席的工作人员与其演播室之间的非播出的通话可以通过“协调回路”传输。

139. This is achieved without interfering with the flow of the commentary when the "studio" button is pushed.

当“演播室”按键按下时，授权转播商在评论席的工作人员便可与演播室通话，而不影响评论员的解说。

140. The cc might be used by a second Commentator who is not currently speaking "on air" or by a Coordinating Producer in the CP.

没有在直播的另一个评论员或者坐在评论席位置的导播人员也可以使用协调回路。

141. It should be noted that the CU is designed to accommodate a second or even third, commentator at the same CP on a single k/f.

应该说明的是，评论员小盒为工作在同一个评论席的第二个，甚至第三个评论员设计了解说通道，混合后通过同一个“评论/返回”回路传输。

142. Only one or two 4 wire circuits may connect with a CU; these coule be one and only one k/f, and one and only one cc.

仅有一个或两个4线回路可以与评论员小盒相连接。它们或许是一路并且仅可能是一路“评论/返回”回路，和一路并且仅可能是一路“协调回路”。

143. Any 4 wire circuit connected to a CU will be used either for k/f or for cc.
任何连接到评论员小盒的 4 线不是用于“评论/返回”就是用于“协调回路”。

144. One end of the k/f or cc circuit must be in the CP area and only connet with an ECP, which is a CP with a CU.
“评论/返回”回路或“协调回路”的一端一定通向评论席区域并且只与“带装备的”评论席连接，也就是说与一台评论员小盒相连接。

145. 4 wire circuits for other uses may originate from any CP, either equipped or unequipped.
用于其他用途的 4 线回路可以来自任何评论席——“带装备的”或者“无装备的”。

146. These 4 wire circuits have the same bi-directional character as k/f and cc, but require different terminal equipment.
这些 4 线回路虽具有与“评论/返回”和“协调回路”同样的双向特性，但是，他们需要不同的终端设备。

147. This equipment is brought to the CP, installed, maintained and operated by the RHB.
这个设备是由授权转播商自己带到评论席，并且由自己安装、维护及操作的。

148. These kinds of 4 wire circuits may also originate in functional areas outside the CP, such as a Unilateral Camera Platform, Mixed Zone Position, or a Unilateral Facility in the Broadcaster Compound. (See: Other Functional Areas at Venues)
这些种类的 4 线回路也可以来自评论席以外的功能区域，比如：单边摄像机位、混合区或位于转播技术综合区的单边设施。(见场馆其他功能区)

149. Inside the CCR, k/f and cc are handled somewhat differently from other 4 wire circuits, as will be explained in more detail below.
在评论席控制室内，“评论/返回”和“协调回路”的处理与其他类型的 4 线回路是不同的，将在下面详细说明。

150. All 4 wire circuits are carried by one type of cable or another between various points in the venue.
所有的4线回路都是某种型号的线缆在场馆的各不同的节点之间传输的。

151. The cable types include 4, 8 and 25 pair cables with Category 5 ratings(CAT 5).
这些线缆的型号包括4对、8对和25对五类双绞线。

152. Some of these cables will be installed by different CSG crews(SWAT or CCR) and some by Venue Engineering.
这些线缆的一部分会由评论席系统团队的不同的员工（安装队或者评论席工作人员）负责铺设，另一部分则由场馆工程部门铺设。

153. Following is a drawing of the Commentary Control Unit(CCU). Up to 10 individual CUs' may be connected to it via 10 Control Modules(CM).
下面是一张评论员小盒控制单元的前面版图。

154. Up to 10 individual CUs' may be connected to it via 10 Control Modules(CM).
最多有10路独立的评论员小盒可以经过10个控制模块连接到这个控制单元上。

155. Each competition venue will have at least one CCU. Some larger venues, the Olympic Stadium or the Aquatics venue for example, may easily have 10 or more CCUs'.
每一个竞赛场馆至少安装一个评论员小盒控制单元。一些大型的场馆，比如，奥林匹克体育场或者游泳中心体育馆甚至会安装10个或者更多的评论员小盒控制单元。

156. Typically, a venue will have 2 to 4 CCUs'. The CCU performs a number of functions.
典型的场馆一般会安装2个到4个评论员小盒控制单元。评论员小盒控制单元担负着许多功能。

157. It allows commentators in ECP's to receive various signals from the TOC at the venue through their CU's.
它允许在"带装备的"评论席工作的评论员们通过他们的评论员小盒来接收从该场馆的技术运行中心传来的各种信号。

158. These signals include Cue，Public address，international sound for radio，and international sound for TV.

这些信号包括提示音、公共广播、给广播的国际声和给电视的国际声。

159. *Cue* is a signal coming from the HB production facility and informs commentators about the progress of the multi-lateral video coverage.

提示音指的是从主转播商制作设施来的信号，它同志评论员们关于国际公共信号的视频转播的进程。

160. Public address（*PA*）is the announcements being made to spectators at the event.

公共广播是指场馆内为观众的广播。

161. International sound for radio（*IS-RA*）is the ambient sound of the event taking place.

给电台的国际声是采集的发生在现场的赛事的环境的音响。

162. International sound for TV（*ISTV*）is the same but is also follows the cameras' perspective.

给电视台的国际声与给电台的一样，只是它所采集的音响也要跟随摄像机的镜头。

163. All of these signals are uni-directional，i. e. to the commentators through their headsets plugged into the CU，as are all signals from TOC.

所有这些信号都是单方向的，就是说，这些信号是从技术运行中心传来，经过插在评论员小盒上的头戴耳机供给评论员监听。

164. Each commentator can control which signals are heard in his or her headset by selections on the CU，except for *cue*，which is always present in the left ear.

每个评论员都可以通过切换评论员小盒上的按键来选择他或她的耳机收听的是哪种信号。但是，提示音除外。提示音总是出现在左耳一边。

165. HB cue is particularly important. It carries directing information from HB production about what is coming up next in the video production，like the start and end of transmission，a switch in program，or a slow motion replay.

主转播商的提示音是特别重要的。它承载着主转播商制作部门有关视频制作在下一个时间会出现什么的指示信息，比如，传输开始和结束、节目切换或者慢镜头闪回。

166. This helps commentators to synchronies their commentary with the pictures on TV.
此指示信息帮助评论员使得他们的解说与电视上的图像同步。

167. On the CCU each control module can also be used to record a short identification（“ident”）up to 24 seconds long，which can be continuously looped in play-back to replace program from the CU on the K side of the K/F circuit.
在评论员小盒控制单元上的每个控制模块都可以用来录制一小段最长为 24 秒的供识别通路的录音。这个录音可以连续反复播放，用它来替代从评论员小盒来的信号接在“评论/返回”回路的“评论”端。

168. This continuous signal allows technicians to monitor the circuit at various points even when there is nobody in the CCR，and no commentators in the CP's. This is helpful to technicians in CSC and RHB studios in the IBC.
这个连续不断的信号允许技术员在各个不同的节点监测回路，甚至当评论席控制室内没有人，及没有评论员在评论席的情况下。对于工作在国际广播中心的评论席系统切换中心和授权转播商演播室的技术员来说这是个很有用的功能。

169. During actual transmissions the CCU is constantly monitored by a CCR operator.
在实际转播过程中，评论员小盒控制单元总是处在评论席控制室的操作员的监控之下的。

170. His or her main responsibility is to answer any calls from commentators on the *technician* circuit.
他或她主要职责是回答评论员通过“技术员”回路向他们提出的任何问题。

171. When the commentator presses the“tech”button on the CU，the CCU will ring and they can request technical or operational assistance from the CCR operator.
当评论员按下评论员小盒上的“技术员”按键时，评论员小盒控制单元便会鸣响，他们便可以请求评论席控制室的操作员提供技术或者操作方面的协助。

172. The CCR operator will always answer the call and decide what action may be required. It is also the operator's responsibility to log the request，time of request，

what action was taken, and time taken to resolve the request.

评论席控制室的操作员将总是回答他们的问话并且决定采取哪种必须的行动。记录这些请求也是评论席控制室的操作员的职责。什么时间提出的要求？采取了什么行动？以及解决需求的时间等。

173. The CCR operators should also log anything they do to the CCU, whether it is at the request of a RHB, the VCM, or the AVCM.

评论席控制室操作员也应该记录他们在评论员小盒控制单元所做的任何操作，不管是授权转播商、场馆评论席经理，还是场馆评论席经理助理提出的要求。

174. At the end of each broadcast day the VCM will report the day's operation to the Director of Commentary Systems.

在每一天转播结束后，场馆评论席经理都要提交今天的运行报告给评论席系统团队的主任。

175. The director must be informed of all technical problems and their resolutions.

所有的技术问题及其解决方案都要让主任知道。

176. The operators log is the basis for this report and may even be included in daily briefings which are held between HB directors and all the RHB's, so it is very important that the operators' logs are accurate.

操作员的记录是报告的基础，甚至还可以包括在每日简报中。每日简报会议将在主转播商的主任们和所有授权转播商之间举行，所以说，操作员的记录准确性是非常重要的。

177. Following is an explanation of the venue distribution frame (VDF), an interface and demarcation point for 4 wire circuits.

下面是一个场馆分配接线板的说明，一个为 4 线回路的接口和划分点。

178. 4 wire circuits are extended to the CP area from the CCR by cable.

4 线回路通过线缆从评论席控制室延伸到评论席。

179. Inside CCR these circuits are routed to their destinations by a physical matrix called the VDF.

在评论席控制室内，这些回路由被称为分配接线板的物理上的矩阵来接通。

180. The VDF consists of columns of connection blocks called T-66 blocks.

分配接线板由被称作T-66接线器构成的纵向阵列所组成。

181. Each circuit is cross-connected between various T-66 blocks with jumper wire to route it from its origin to its destination or to any point in between.

每个回路都在不同的T-66接线器之间用跳线跨接，以把它从原点接到它的目的地或者到任何在其间的节点。

182. The right hand column of blocks is the "demarcation" between the VDF and the transport of all circuits to the Commentary Switching Centre in the IBC.

这些接线器右手一边的纵向阵列是分配接线板和通往国际广播中心评论席系统切换中心的所有回路传输之间的"分界"。

183. This transport may be via codec/multiplexes (codec/mux). In these games we use the BCMX 9600 to convert audio signals to digital, combine them and transmit them.

这个传输也许经过编解码/多路（复用）器。在这些赛事中，我们使用BCMX 9600把音频转换成数字信号，混合并传输。

184. In Asia, standard 2 megabytes/second lines (E-1 lines) are used in the telecommunications service provider's (TSP) Synchronized Digital Hierarchy (SDH).

在亚洲标准的2兆字节/每秒的线路（E-1）用在通讯服务提供商的同步数字层。

185. The TSP for Beijing games is China Netcom Corporation (CNC).

北京奥运会的通讯服务提供商是中国网通。

186. In general, all 4 wire circuits connect to the VDF and pass to their destinations from a suitable point on it. Most 4 wire circuits have the IBC as their final destination, and so are immediately cross-connected to the demarcation area. In some cases, a 4 wire circuit may come into the CCR but then be extended to some other point in the venue. An extended circuit may terminate at that point, or may be returned to the CCR and then cross-connected to the demarcation area.

通常，所有的4线回路都连接到分配接线板上，并且在其上通过某一个合适的点连接到它们的目的点。大多数的4线回路都以国际广播中心作为它们的最终目的地，并在那里直接跨接到分界区。在有些情形下，一个4线回路可以进入评论席控制室，但是马上就被继续连接到场馆的一些其他节点去了。延伸的四线回路可以此节点为终点，或者再次返回评论席控制室，然后再交连接到分界区。

187. For example, a RHB may need a 4 wire circuit that is entirely internal to the venue, having both its origin and destination within the venue. So, it would order a “tie-line “between its area in the Mixed Zone and its Position in the Commentary Area, or between a CP and its Production Unit in the Compound.

例如，某个授权转播商可能需要一个4线回路，其全部位于场馆内部，起点和终点都在场馆内。这样，这个授权转播商就应在混合区它所拥有的位置和评论席区域它所占据的席位之间，或者在评论席和它在转播综合区的制作单元之间定购一个“打结线路”。

188. A k/f circuit, whose origin is in an ECP, and whose final destination is the IBC, may have needed to go “via” the RHB's unilateral facility in the compound. This means that the k/f is extended from the CCR to the compound and then extended back to the CCR, where it is cross-connected to the demarcation and on to the IBC. This may sound more complicated than it really is.

某个“评论/返回”回路，如果它的起点是“带装备”评论席，终点是国际广播中心的话，就可以提出需求，让该回路“经过”一下位于转播综合区的授权转播商的单边设施。意思是说，“评论/返回”从评论席控制室延伸到转播综合区然后再返回评论席控制室，在这里，它被跨接到分界区和传输到国际广播中心。听上去也许要比实现起来要难得多。

189. CSG has responsibility for the continuity and quality of all 4 wire circuits ordered by RHB's.

评论席系统团队具有保障授权转播商订购的4线回路高音质和不间断的责任。

190. Circuits are distinguished not only by use (k/f, cc, and 4-w), but also by

quality.

这些回路的优良品质不仅表现在应用上（“评论/返回”“协调回路”和4线），也体现在他的音质上。

191. The higher the kHz or “bandwidth”, the higher the quality of the audio signal. Circuits intended for broadcast, such as k/f, might be ordered as “7. 5” or “15” to provide a better signal. Coordination or other non-broadcast circuits will generally be ordered at the lowest quality. Circuit type is a function of how a circuit is processed by the codec/mux.

频率或者说带宽越高（宽）音频信号质量越高。为广播特别使用的回路，比如“评论/返回”，可以定购7. 5kHz或者15kHz带宽的，以获得更好的信号质量。协调用的或者其他非广播回路通常定购最低的质量的。回路的类型不同主要取决于其回路经过编解码/多路（复用）器处理的不同。

192. In the CSC the conversion process is reversed. Signals are converted back to analog by codec/multiplexes configured identically to those at the venues.

评论席系统切换中心信号的转换过程正好是相反的。信号经过与在场馆使用的配置相同的编解码/多路（复用）器转换回到模拟信号。

193. The circuits are then cross-connected on the Main Distribution Frame (MDF), to be distributed and extended by 25 pair cables to the RHB studios in the IBC.

回路的信号然后就被跨接到主分配板上进行分配，并用25对的双绞线缆继续传送到位于国际广播中心的授权转播商的演播室。

194. A wall of jack fields allows the CSC crew to perform these functions.

在主分配板上（插孔墙）评论席系统切换中心的工作人员允许进行这些功能的操作。

195. Collectively, RHB and HB commentary and coordination circuits constitute the HB 4-Wire Contribution Network.

授权转播商和主转播商的评论声和协调回路共同构成了主转播商的4线采集网络。

196. RHB 4 wire circuits originating either inside or outside of the competition venues

(the latter being known as "outside the fence") and passing through the CSC to RHB studios are considered National Circuits. International Circuits are those circuits originating in the RHB studios, extended back to CSC and then on to the TSP to carry 4 wire audio back to RHB home countries.

起源于比赛场馆内部或者外部（以后称为“围栏外”）并且经过评论席系统切换中心到其演播室的授权转播商的4线回路定义为国内回路。而国际回路则是那些起源于授权转播商的演播室，传回到评论席系统切换中心，再通过通讯服务提供商将4线音频信号最终传输给授权转播商的本国的演播室的回路。

197. Each national and international circuit is designated by a unique alphanumeric code. Circuit codes, in the form of AAA###, have two parts. In the Contribution Network, the first part of the code is a 3 letter venue code. The second part is the number assigned to each circuit according to its sequence on the CCR demarcation. For example, the first circuit originating from the Olympic Stadium would be STA001. This format provides a convenient, informative and unambiguous reference to each circuit.

每一个国内和国际回路都由一组包括文字和数字在内的唯一的代码表示。回路代码AAA###，由两部分构成。在采集网络中，第一部分用3个字母表示场馆代码。第二部分用数字表示每一回路在评论席控制室的分界板上所对应的顺序。例如，第一个来自奥林匹克体育场的回路代码应该为STA001。这个格式为每一回路提供了一个方便的、信息量充分并且不会混淆的参数。

198. These codes are also contained in the "idents" for k/f and cc circuits, recorded and stored on the CCU's, as described above. The idents follow a prescribed format to specify the type of circuit, the circuit code, the originating venue, the RHB, and the Commentary Position number at the venue.

这些代码也包含于“评论/返回”和“协调回路”的识别之中，正像上面已经介绍过的，记录并且存储在评论员小盒控制单元内。这个标识遵从指定的格式详细说明回路的类型，回路的代码，来自的场馆，授权转播商和在场馆内评论席座位号码。

199. For example, “This is commentary circuit STA001 from the Olympic Stadium for ARD Radio at Commentary Position #65. ”

比如：“这是评论席回路 STA001，来自奥林匹克体育场用于德国广播联盟电视台，评论席座位号码是 65 号。”

200. The idents are continually looped in playback on the K circuit when there is no on air transmission. It means that the circuits always have a signal on them, and can be checked in either the CSC or RHB facilities at any time without intervention at the venues.

当没有节目播出时，这个标识将在“评论”回路上连续地重复播放。这就是说，各回路上总有一个信号在播放，并可以由评论席系统切换中心或授权转播商的设施在任何时间，没有场馆方面干预的情况下测试回路。

下篇 词汇篇——专业英语词汇
Professional Words and Expressions

第一章 音频设备专业词汇
Words of Audio Equipment

一、调音台面板常用词汇 Front Panel of Mix-Consoles

AFL=After Fade Listen 衰减后监听

Aux. =Auxiliary 辅助的

Aux. return（Aux. RTN/Aux. RET）辅助返回

Aux. send 辅助送出

Balance 平衡

Bus 母线，公共线

Clip 削波

Cue 提示，监听

Direct 直接的（输出）插口

Effect 效果

EQ=Equalizer 均衡器

Fader 衰减器，推子

Fold back 返送

Gain 增益，放大量

Group 编组

HF=High Frequency 高频段

HP=Headphone=Phones 耳机

INS=Insert 插入插口，也称又出又进插口

Level 电平

LF=Low Frequency 低频段

Limit 限制

Line 线路输入插口

LMF=Low-Mid Frequency 中低频段

Low cut 低切，（切去 100Hz 以下频率成分）

L-R=Left-Right 左—右

Main Sum 混合单声

Master 主控

Matrix 矩阵

Meter Assign 表头设定

MF=Mid Frequency 中频段

MHF=Mid-High Frequency 中高频段

Mic. =Microphone 传声器（俗称传声器或麦克风）插口

Mix 混合

Mixer 混合器，混音器

Monitor 监视，监听，监视器，调音台，监听音箱

Mono=Monaural 单声

Music 音乐

Mute 哑音，静音

On 接通

Osc=Oscillator 振荡器

Pad 定值衰减

Pan 声像调节

PFL=Pre-Fade Listen 推子前监听

Phantom+48V 幻象电源+48V

PK. =Peak 峰值指示灯

Power Switch 电源开关

Quartz Oscillator 石英晶体振荡器

Slate 标记

Solo 独奏

Stereo 立体声

Sub. in 附加输入

Tape 磁带输入

TB=Talkback 对讲

Trem 放大量微调节

Unbalance 非平衡

Value 数值

Volume 音量，卷

二、传声器 Microphones

Bidirectional 双向性的

Camera Mounted Microphone 摄影机装传声器

Cardioid 心形传声器

Condenser Microphone 电容传声器

Contact Microphone 接触式传声器

Counteracting，Proximity Effect 抗近距离效应（近讲传声器）

Crowd Microphone 观众（人群）用传声器

Dynamic Microphone 动圈式传声器

Electrets Condenser 驻极体传声器

Fixed Microphone 固定点设置传声器

Frequency Range 频率范围

Hand-held Microphone 手持式传声器

Headset Microphone 头戴式传声器

Mic=Microphone 传声器

Lavaliere Microphone 挂饰传声器

Omni directional 全向性的

Output Impedance 输出阻抗

Parabolic Dish 反射盘

Phantom Power 幻象供电

Pressure Zone Microphone（PZM） 压区传声器

Polar Pattern 极性图

SPL=Sound Pressure Level 声压级

Sensitivity 灵敏度

Shock Mounts 防震架

Shotgun microphone 枪型传声器

Super-cardioid=Hypercardioi 超心形

Talent Microphone 上镜者传声器

Unidirectional 单向性的

Windscreen 防风罩

Wireless Mic 无线传声器

三、功率放大器 Amplifiers

Bridge Mono 桥式单声
Clip 削波
Damping Factor 阻尼系数，阻尼因子
GND=Ground 接地
Input Impedance 输入阻抗
Input Level 输入电平
Output Impedance 输出阻抗
Parallel Mono 并接单声
Power A amplifier 功率放大器
Professional 专业的
Protection 保护
Pate Power 额定功率
Signal 信号指示
Slew Rate 转换率
Stereo Mode 立体声模式
THD=Total Harmonic Distortion 总谐波失真

四、电子分频器、扬声器 Loudspeakers

3-Way Stereo 3 分频立体声
Bass 低音
Crossover Network=Crossove 电子分频器
Divided by10 被 10 除
Enclosure 音箱
Frequency Range 频率范围
HF 高频段
Input Gain 输入增益
LF 低频段
MF 中频段
Mid Range Speaker 中频扬声器
Mid 中音
Mute 哑音（健）
Power Capacity 功率容量
Revere Phase 倒相
Subwoofer 次重低扬声器
Treble 高音
Tweeter 高频扬声器
Woofer 低频扬声器

五、均衡器 EQ's

BPF=Band Pass Filter 带通滤波器
EQ=Equalizer 均衡器
EQ Control Range 均衡控制范围
Graphic Equalizer 图表均衡器
High Cut 高切（切除 6kHz 以上频率成分）
HPF=High Pass Filter 高通滤波器
In/Out 输入/输出
Input Gain 输入增益
Low Cut 低切（切除 200Hz 以下频率成分）
LPF=Low Pass Filter 低通滤波器
Parameter Equalizer 参量均衡器
Room Equalizer 房间均衡器
Sweep Frequency 扫频

六、压限器 Limiters

Attack Time 起动时间

Compress Switch 压缩开关

Compressing Ratio 压缩比

Compressing Threshold 压缩阈

Compressor/Limiter 压限器

Compressor 压缩器

Gain Reduction 增益衰减

Gate Threshold 门阈

Input Gain 输入增益

Limiter 限制器

Output 输出增益

Ratio 比

Release Time 恢复时间

Side Chain 边链电路

Stereo Link 立体声连接

Threshold 阈

七、压缩扩展器 Compander

Attack Time 起动时间

Attenuation 衰减

Check 检查

Dolby-A，B，C，D 杜比 A，杜比 B，杜比 C，杜比 D

Dolby Decode 杜比解码

Dolby Encode 杜比编码

Dolby Reduction System 杜比降噪系统

DNL= Dynamic Noise Limiter 动态噪声限制器

Expander 扩展器

Expanding Ratio 扩展比

Exp. Gate 扩展门

Expanding Threshold 扩展阈

Gate Threshold 门阈

Noise Gate 噪声门

Noise Reduction System 降噪系统

Play 播放

REC. =Recording 记录，录音

Release Time 恢复时间

Side Chain 边链电路

八、效果器 Effect Units

A/D，D/A Conversion 模/数、数/模转换

Afterglow 夕阳时分效果

Ambient 环境（回声）

Analogical 模拟的

Bypass 旁路

Canon 卡浓

Canyon 山谷效果

Cathedral 教室混响效果

Chamber 密室混响

Channel 声道，频道

Chord　和弦

Chorus　合唱

Decay　衰减

Delay　延迟

Delay Effect Processor　延迟效果处理器

Digital　数字的

Dual　双重声，双声轨

Dynamic Doubling　动态双声

Echo　回声

Edit　编辑

Effecter　效果器

Effect Processor　效果处理器

EQ = Equalizer　均衡器

ER = Early Reflection　早期反射

Footswitch Jack　脚踏开关

Fullness　丰满度

Gate　选通混响

Guitar　吉他

Gymnasium　体育馆效果

Hall　厅堂效果

Hold　保持

Interparameter　内部参数

Inversive Rev　逆式混响

Key control　键控

Long　长（回声）

Memory　寄存器，记忆

MIDI = Music Instrument Digital Interface　电子乐器数字接口

Mix　混合

Modulation　调制

Multi-Echo　多重回声

Multi-Top　多轨放音效果

Once Touch　单次触发

Parking Terrace　阶梯式停车场效果

Phase　相位

Piano　钢琴

Pitch　变调，音高

Plate　金属板混响

Point　标点

Pre-delay　预延迟

Preset　预置

Recall　呼叫

Reinforcement　增声效果

Remote Control　遥控

Resonance　共振

Rev. Time　混响时间

Reverberation　混响

Reverberation Effect Processor　混响效果处理器

Reverse Reverberation　颠倒式混响

Room　房间混响

Sample　采样

Saxophone　萨克斯管

Scroll back　往前线

Short　短（回声）

Signal　信号

Slap　拍打（回声）

Slope　斜率

Sound Pressure　声压

Static Doubling　静态双声

Stereo Flange　立体声法兰效果

Store　储存

Tempo　速率

Thru=through 转接

Trigger 触发

九、导线 Cables

Install 安装

Solder 电烙铁

Cable stripper 导线外皮剥离器

Cabling 布线

Microphone and Musical Instrument Cable 传声器和乐器用导线

Single-Conductor 单芯线

Two-Conductor 两芯线

Three-Conductor 三芯线

Four-Conductor 四芯线

Low-Impedance Cables 低阻抗导线

High-Conductivity Copper 高导电率铜芯

Color Code 色码

Length 长度

Unit Weight 单位重量

Thickness 厚度

Insulation 绝缘

Jacket 外皮

Braid 编织物

Strand 一股

Stranded 几股卷起来的

Line Level Analog Audio Cable 线路电平模拟音频导线

Single-Pair Cable 单对导线

Double-Pair Cable 双对导线

Flexible 柔软的

Twisted Pair Cable 双绞线

Shield 屏蔽层

Analog Multi-Pair Snake Cable 模拟多对蛇形导线

Plenum-Rated Cable 耐高压导线

Individually Shielded Twisted Pair 独立屏蔽的双绞对导线

AES/EBU Digital Audio Cable AES/EBU 数字音频导线

AES 美国音频工程协会

EBU 欧洲广播联盟

AES/EBU 数字音频国际标准

Sampling Rate 采样频率

Bandwidth 带宽

Impedance 阻抗

Standard Analog Audio Cable Impedance 模拟音频导线标准阻抗

Audio Wire and Cable 音频线缆

Speaker Cable 扬声器导线

Standard Analog Video Cable 模拟视频标准导线

75 Ohm Miniature Coax 75 欧姆微型同轴电缆

75 Ohm High-Frequency Cables 75 欧姆高频电缆

75 Ohm Coax RG-59/U Type 75 欧姆 RG-59/U 型同轴电缆

75 Ohm Coax RG-6/U Type 75 欧姆 RG-6/U 型同轴电缆

75 Ohm Coax RG-11/U Type 75 欧姆 RG-

11/U 型同轴电缆

Precision Video Cable for Analog and Digital　高精度视频模拟和数字电缆

Analog Video　模拟视频

Digital Video　数字视频

Serial Digital Interface（SDI）　串行数字接口

Video Triax Cable　视频三同轴电缆

Audio and Video Composite Camera Cable　音频和视频复合摄像机电缆

HDTV Fiber/Copper Composite Cable　高清电视光纤/铜质复合电缆

SMPTE 311M HDTV Cable SMPTE　311M 型高清电视电缆

ENG and EFP Cable　电子新闻采集和电子现场新闻制作电缆

Composite Camera Cable　复合摄像机电缆

十、接插件　Connectors

RCA　音频插头

XLR Jack　卡农母插头

XLR Plug　卡农公插头

1/4″/Phone Plug　四分之一英寸电话（大三芯）插头

BNC　视频接插件

F Type Connector　电视机射频插头

BNC-RCA Adaptor 视频转音频插头

King Triax Connector　King 牌同轴三芯插头

Lemo Triax Connector　雷蒙牌同轴三芯插头

Fischer Triax Connector　鱼牌同轴三芯插头

Lemo HDTV Triax Connector　雷蒙牌高清电视同轴三芯插头

DT 12 Plug　美标 DT12 芯插头

‘D’/24 Pin　24 芯数据线插头

‘D’/12 Pin　12 芯数据线插头

‘D’/9 Pin　9 芯数据线插头

RJ 45 IEC　8 线模块化插头（LAN/ISDN 网线接口）

RJ 11 IEC　4/6 线模块化插头（Modem/电话接口）

Barrels/Turnarounds　转接头

XLR Female　卡农母对母转接头

XLR Male　卡农公对公转接头

BNC Barrels　视频转接头

Patch Cables　跳线

‘TT’ Audio　小三芯跳线

Video　视频跳线

1/4″ Audio　大三芯跳线

T-66 Audio Punch Block　T-66 型音频冲压式跳线架

Krone Audio Punch Block　Krone 牌音频冲压式跳线架

十一、其他相关设备　Others

Adapter　转接器

Aerial　天线

Antenna　天线

Beat Signal　差拍信号

Brightness　明亮度

Camera　摄像机

Cases　包装箱

CD=Compact Disc　激光唱机

Clear Button　清除键

Clock　钟脉冲

Compensate　补偿

Connector　连接器

Continued Play　连续播放

Contrast　对比度

De-emphasis　去加重

De-esser　去“咝咝”声

Display　显示

Drum　鼓

Dry　干声

Dynamic Range　动态范围

Erase　抹除

F/B Search Buttons　前后搜索键

Flow Chart　流程图

Forward/Backward Skip Buttons　前后跳跃键

Hum and Noise　“哼哼”噪声

Index Button　索引键

Keyboard　键盘

Knob　旋钮

LD=Laser Disc　大视盘机，镭射机

Multipurpose　多重目的，多轨放声

Pause　暂停

Pedal　踏板

Play Indicator　播放指示器

Pre-emphasis　预加重

Program Play　程序播放

Programmable　可编程序的

Projector TV　投影电视

Pulse　脉冲

Push-Pull　推挽电路

Quantization　量化

Random Play　随机播放

Racks　机框

Receiver　接收机

Remaining Time　剩余时间

Repeat Play　重复播放

RF=Radio Frequency　射频

Scan Play　扫描播放

Selector　选择器

Servo System　伺服系统

Shuffle Play　随机播放

Stage Monitor　舞台监听音箱

Standby　准备

Stands　机架

Stop　停机

Synthesizer　合成器，综合器

Tape Background noise　磁带本底噪声

Theatre　剧场

Time Code　时间码

Timer　定时器

Tip-Ring-Sleeve　芯—环—套筒

Video Signal　视频信号

Wet　湿声

第二章 音频技术词汇

Words of Audio Technique

A-B Test A-B 试验对比
AC = Alternating Current 交流电
accessory 附件
AC mains 交流电电源
acoustic energy 声能
acoustical masking 声掩蔽
acoustical feedback 声反馈
acoustics 声学
AC outlet 交流插座
AC power 交流电源
AC signal 交流信号
active 有源的
active crossover 有源分频器
active filter 有源滤波器
adapter 适配器
adder 混频器，加法器
adjust 调整
aerial 天线
AFL = After Feeder Listening 衰减器后监听
alarm 警报，警告
ampere 安培
AMP = Amplifier 放大器
amplification 放大
amplitude 振幅，幅度
amplitude clipper 限幅器
amplitude peak 最大振幅
analog 模拟
anechoic 无回声的
art 艺术
assi 如分配，指定
attack 建立，启动，上升沿
attenuation 衰减
attenuator 衰减器
audible sound 可听声
audio 声频，音频
audio chain 声频回路
audio channel 声频通路
audio control 声频控制
audio current 声频电流
audio mixing console 调音台
audio signal 声频信号
auditory system 听觉系统
AUTO = Automatic 自动，自动装置
auto match transformer 自动匹配变压器
automatic broadcast system 自动化播出系统
auto tune 自动调谐
AUX = Auxiliary 辅助的，备份的
aux return 扭辅助返回
aux sent 辅助送出
average 平均
axis 轴向的
background noise 背景噪声
back 即备份
balance 平衡

baffle　面板

balanced　已平衡的

balance input　平衡输入

balance output　平衡输出

banana jack　香蕉插座

banana plug　香蕉插头

band　波段，频带

band filter　带通滤波器

band noise　频带噪声

band select　波段选择

band width　带宽

bank　组合

base　基础，底层

bass　低音

bass attenuation　低音衰减

bass boost　低音增强

bass drum　大鼓，低音鼓

base loudspeaker　低音扬声器

bass tuba　低音号，大号

battery　电池

BBD delay unit BBD　斗链式延时器件

bench　工作台

blamp　两路电子分音

blank　空白

boost　升高，升压

bottom　底部，末端

bridge　桥接

bridge-T　桥 T 形网络

broadcast　广播

broadcasting　广播

broadcast transmitting station　广播发射台

BUS=buses　总线，母线

bus pan　母线全景电位器

button　按钮，按键

button switch　按钮开头

BYP（Bypass）　旁路

cable　电缆

calibration　校准

call　唤出，呼叫

capacitance　电容量

capacitor　电容器

cannon　卡侬

cardioid mic　心形传声器

carrier　载波

cartridge　软件卡

cassette　盒式录音机

cassette tape　盒式带

CD（Compact Disc）　激光唱片

cell　电池

center　中心

center Frequency　中心频率

CHAN Fader　声道提升

CHAN Send　声道送出

CHAN Return　声道返回

CH=Channel　信道，声道

chain　链，回路

chamber　室，小室

characteristic　特性

charge　充电

check　校验

chorus　合唱

circuit　电路，线路

clarinet　黑管，竖笛

classical　古典的

clear 消除，消掉

clearness 清晰度

clipping 限幅

clockwise 顺时针方向

cluster 音箱组

code 码

coincidence 两个或多个信号同步或同相位信号集合一起

coloration （染色）频响失真

combining 集合

combining amplifier 合成放大器

compare 比较，对照

compression 压缩

COMP = Compressor 压缩器

compender 压缩扩展器

compression limitcr 压缩限幅器

compression ratio 压缩比

compression threshold 压缩阈

concert 音乐会

condenser mic 电容传声器

conductor 导体

connecter 连接器

control bus 控制总线

connection 连接，接头，接法

console 调音台

consonance 谐振

constant directivity 恒向性

contact 接触

contour 外形，轮廓

control 控制

controlled 被控制的

controller 控制器

control room 控制室

conversion 转换

copy 复制，拷贝

counter 计数器

CPS 周/每秒

crossover 分频

crossover network 分频网络

crosstalk 串音

crystal 晶体

CUE 提示信号（在调音台中即为监听信号）

cueing 提示

current 电流

cursor 合成器显示窗口中的星标

cut 削减，切断

cut switch 切断开关

damp 阻尼，衰减

damping 阻尼的，衰减的

danger 危险

data 数据

date 日期

dB = Decibel 分贝

dbx noise suppressor dbx 降噪器

DC = Direct Current 直流

decay 衰减

deck （录音）座

decibel meter 分贝表

delay 延迟

delay network 延迟网络

delay signal 延迟信号

delay time 延迟时间

delete 删除

depth 深度

density　密度

dialog　对话

digital　数字的

digital delay　数字延迟

digital display　数字显示

digital reverberation　数字混响

diffusion　扩散

direct sound　直达声

direction　方向，命令

direction characteristic　指向性特性

disc　唱片，唱盘

disco　迪斯科

discharge　放电

dispersion　声音分布

distortion　失真

disturbance　干扰

distortion Harmonic　谐波失真

distant Miking　远距离拾音

distribute　分配

distortion inter-modulation　互调失真

distortion transient　瞬态失真

Dolby　杜比降噪系统

double　两倍的，双卡

drive　驱动，激励

drum　鼓

dry　效果处理器的直接信号控制

dual　双重的，对偶的

DUB=Dubbing Double　双

duplication　复制

dynamic　动态的

dynamic Microphone　动圈传声器

earth　地球、接地

earphone　耳机

echo　回声

echo effect　回声效果

echo-pre　前期回声

echo-post　后期回声

echo return　返回回声

echo sent　回声发送

edit　编辑

EFF=effect　效果

EFF/REV　效果/混响

efficiency　效率

EG　包络发生器

eject　出盒

e-mail　电子信箱

electret microphone　驻极体传声器

electromagnetic wave　电磁波

electro-acoustic　电声的

enclosure bass reflex　倒相式扬声器

encoding　编码

endless　循环的

envelope　包络线

equal loudness contours　等响曲线

EQ=Equalizer　均衡器

equalization　均衡

equalizer active　有源均衡

equalizer graphic　图形均衡

equalizer room　房间均衡

equalizer parametric　参量均衡

erase　消除、消磁

error　错误

exciter　激励器

excursion　偏移，漂移

EXP = Expander　扩张门，扩展器

expansion　扩张

EXT = External　外部的

external power jack　外接电源插孔

fan　风扇

fault　故障

factor　系数，因子

fast forward　速进

Fb = Feed back　反馈，反送

feature　特点

feed　馈入

feedback　反馈

fidelity　保真度

field pickup　实况转播

figure　图形，数字

file　文件

film reproduce　电影放音机

film sound　电影声音

film splicer　接片机

fine　微调，精细

finish　完成，结束

fish pole　吊杆

fizz　嘶嘶声

flanging　镶边

flanging effect　镶边效果

flat　平直

floating　悬浮的

flute　长笛

FM = Frequency Modulation　调频

fold back = cue　返送，监听

foot board　脚踏板

frame　帧，框架

frequency assign　频率指配

frequency characteristics　频率特性

frequency distortion　频率失真

frequency divider　分频器

frequency doubling　倍频

frequency range　频率范围

frequency response　频率响应

frequency shifter　频移器

frequency translator station　差转台

front face　面板

full-auto　全自动

full-load power　满载功率

full range　全音域

function　功能

fundamental　原理，基础

fuse　保险丝

fuse box　保险丝盒

FX　效果辅助

gain　增益

gain adjustment　增益调整

gain control　增益控制

gain range　增益范围

gate　门，选通

generator　信号发生器，振荡器

Gigahertz（GHz）　吉赫

GND　接地点

grand piano　三角钢琴

graphic　图示，图形的

graphic EQ　图示均衡

graphic equalizer　图示均衡器

ground　接地，地，基础

ground noise　本底噪声

ground loops　接地回路

group　组，群

guard circuit　保护电路

hall　厅堂

handling　处理，操作

hardware　硬件

harmonic　谐波，谐音

harmonic distortion　谐波失真

head　磁头，头

headroom　动态余量，上限动态范围，峰值储备

headphone/headset　耳机

headset jack　耳机插孔

hearing　听觉

hearing threshold　听闭

hertz　赫（兹）

HF=High Frequency　高频

HF band　高频波段

HF boost　高频提升

Hi-Fi amplifier　高保真放大器

high gain　高增益

high pass　高通

horn　（高音）号筒

horn loaded　号角处理

howling　啸叫

howl-round　声反馈

H. P. F　高通滤波

hub　盘芯，中心（枢）

hum　交流声，哼声

hum bucking　哼声抑制

hum lever　交流声电平

hum noise　交流声

hybrid　混合的

identify　识别

impedance　阻抗

impedance matching　阻抗匹配

impedance mismatch　阻抗失配

importance　重大，重要

impulse　脉冲

indicator　显示器，指示器

indication lamp　指示灯

inductance　电感

inductor　电感器，线圈

in phase　同相位

input　输入

input impedance　输入阻抗

input lever　输入电平

input mix　输入混和

input/output　输入/输出

input sensitivity　输入灵敏度

inset　插入

inset in　插入输入

insertion gain　插入增益

insertion loss　插入损失

instruction　说明书，指令

inspect　检查，审查

instrument　乐器，仪器

integrated　组合，集成

intercom　对讲

interconnect　互相连接

interface　接口

internal　内部的

invert　使反转，翻转

ionosphere　电离层

item　项目

jack　插座

junction box　接线盒

key　键，钥匙

keyboard　琴键，键盘

kill　消去，终止

kilocycle　千赫，千周

kilohertz（kHz）　千赫

kilowatt　千瓦

kit　工具

knob　按钮，旋钮

label　标签

lamp　灯泡

laser disc　激光视盘

lacer disc player　影碟机

lead　导线

LED=Light Emitting Diode　发光二级管

left channel　左通道

left signal　左通道信号

level　电平

level control　电平调节器

level diagram　电平图，电平曲线

level meter　电平表

LF（Low Frequency）　低频

LFO（Low Frequency Oscillation）　低频振荡信号

light　指示灯，照明灯

light control　灯光控制

limit　极限，限制

limiter　限幅器

limiter-compressor　限幅器-压缩器

line cord　电源线

line in jack　线路输入插口

line input　线路输入

line match　线路匹配

linear　线性的

line out　线路输出

link　连接，环

list　目录，表

listener　听众

listening　监听

load　负载

load circuit　负载电路

load impedance　负载阻抗

local　本地的

lock　锁定

locked　同步，锁定

logic　逻辑的

loop　环路，回路

loudness　响度

loudness control　低频增益控制

loudspeaker　扬声器

loudspeaker monitor　监听扬声器

loudspeaker system　扬声器系统

low boost　低音提升

low-pass　低通

low cut　低频部分切除

low frequency　低频

low gain　低增益

low impedance　低阻抗

low level　低电平

low noise　低噪声

maintenance　维修保养

manufacture　制造

match　匹配

matrix　矩阵

magneto-optical　磁光盘的

main　主电源，主通道

main amplifier　主放大器

main control room　主控制室

main signal　主信号

menu　菜单，选单

manual　手动的，手册

manual volume control　手动音量控制

mark　标记

master　总路，主控制器，主要的

matching　匹配

MAX = Maximum　最大

maximal　最大的

media　媒介，媒体

memory　存储，记忆

measure　乐曲的小节，测量

megahertz（MHz）　兆赫

memo　备忘录

metal tape　金属磁带

meter　仪表，表头

meridian　顶点的，峰值

MF = Middle Frequency　中频

MIC = Microphone　传声器，传声器

microphone base　传声器座

microphone cable　传声器电缆

microphone holder　传声器支架

microphone input jack　传声器输入插口

microphone sensitivity　传声器灵敏度

microwave　微波

mid　中间

middle wave　中波

MIDI　乐器数字接口

millisecond　毫秒

MIN = Minimum　最小

minimal（mini）　最小的

mixing　混合

mix down　缩混

mixer amplifier　混合放大器

mixer　调音台

model　型号

mode select　方式选择

modulator　调制器

modulation　调制

module　组件，模块

MON = Monitor　监听

monitor　监视器，监听器

monitor amplifier　监听放大器

monitor speaker　监听扬声器

MONO　单声道

motor　电机，马达

multi-meter　万用电表

multiple　复合的，多路的

mute　哑音

multi-track　多轨

music　音乐

musician　音乐家，乐师，作曲家

multi-track recording　多声道录音

multi-path transmission　多径传输

multiplex technique　多工技术

network　网络

noise　噪声

nominal output　额定输出

note 注解，音符

no=Number 号码

noise control 噪声控制

noise gate 噪声门

noise source 噪声源

nominal 标称的，额定的

none 无

normal 正常，普通

NR=Noise Reduction 噪声降低，降噪声系统

number 数、编号

octave 倍频程

ohm 欧姆

omni directional 无方向性

on air 播出中

on/off switch 通断开关

open 打开

operation 操作

operator 操作器，操作者

option 任选件

oscillator 振荡器

OSC=Oscillator 振荡器

oscilloscope 示波器

output impedance 输出阻抗

output level 输出电平

output 输出

pack 包，包装

packed cell 积层电池

pad 衰减器

page 页

pair 一双，一对

panel 配电盘，面板

panpot 声像电位器

PAN=Panorama 声像控制

panel 面板，配电盘

panotrope 电唱机

parameter 参数

parametric 参数的

parallel 并联，并行

part 部分，部件

patch bay 塞孔盘，插孔盘

patch 临时性线路，节拍，补一片，接插

pattern 模型，模式

pause 暂停

pass 通过

peak 峰值

peak meter 峰值表

peak power 峰值功率

peak level indicator 峰值电平指示器

PFL 衰减器前监听，预监听

phantom image 幻象

phantom powering 幻象供电

phantom 幻象（供电）

phase 相位

phaser 相位器

phasing 相位校正

phone 耳机

phone jack 耳机插座

phone plug 耳机插头

phono 声音，唱机接插口

phon 口方（响度单位）

piano 钢琴

pick up 拾音

pilot stereophony broadcasting 导频制立体声广播

pin 针，插头
pitch 音调
pitch control 音调控制
play 放音，演奏
player 唱机，放音器
playback 重放，放音
play button 放音键
portable 轻便的，便携的
point 接点
point source 点声源
polarity 极性
port 端口，通道
post production 后期制作
position 位置
power 电源
power amplifier 功率放大器
power fuse 电源保险丝盒
power gain 功率增益
power lamp 电源指示灯
power plug 电源插头
power source 电源
power supply 电源
print 打印，印刷
PRE 前置
PRE AMP 前置放大器
precision 精密，精确
press button 按钮开关
process 处理
processor 处理器
professional 专业的
program 节目，程序
produce 制造
production 制作，生产
protect 保护
protection 保护
proximity effect 近距离效果
quantity 数量
pugging 隔音层
pull 拉
pulse 脉冲
push 推
push-button 按钮
Q=Quality factor 品质因数
quiet 安静，寂静
Q-value Q 值
rack 机架
rack/rack mount 机架（19 英寸规定宽度）
rack earth 机壳接地
radio 无线电，收音机
radio broadcasting 声音广播
radio wave 无线电波
RDS=radio data system 无线电数据系统
random 随机的，任意的
range 音域，范围
range of frequency 频率范围
range switch 波段开关
rate 比率，速度
rated output level 额定输出电平
rated power 额定功率
ratio 比率，系数
real time analyzer 实时分析仪
recall 重复呼叫
receive 接收
record 记录，录音

REC=Record 录音

recorded broadcast 录播

recorder 录音机

recording 记录，录音

reduction 缩小，降低

reference level 参考电平

reflection 反射

reject 除去，滤去，弹出

relay 继电器，重放

rely broadcast 转播

relay broadcasting station 转播台

release 回复，释放

release time 恢复时间

remote 远距离的遥控

reset 复位

return 返回

resistance 电阻

resonance 共鸣，谐振

response 响应，反应

rest 休止（符）

RET=Return 回输，输入

REV=Reverb/Reverberation 混响

reverberant sound 混响声

reverberation 混响

reverberant device 混响器

reverberant time 混响时间

reverse 翻转，回复

reversing key 反向键

review 检查，复查

rewind 倒带

rewind button 倒带键

right channel 右通路

right input 右声道输入

ring 环，冷端接点

RMS=Root Mean Square 有效值，均方根值

road rack 专业器材

roll off 滚降

room 房间

room equalizer 房间均衡器

RT（60） 混响时间（量度一个声音衰减 60 分贝的时间）

run 运行

sampling 取样

save 贮存，节省

SCA = Subsidiary Communication Au-thorization 辅助业务通信

screen 屏幕，屏障

screw 螺丝

search 搜索，寻找

section 部分，节，段

select 选择

selector 选择器

send 送出，发送

semi 一半

send 发送

sensitivity 灵敏度

sensor 传感器

series 串联

series-parallel 串联-并联

sequence 排序，序列

setup 构成，设立，设定

shadow area 阴影区

shelving 斜坡

shield 屏蔽

shield wire　屏蔽线

shield cable　屏蔽电缆

short circuit　短路

shortwave　短波

shunt　分路（器），并联的

shunt circuit　并联电路

side chain　副通道

signal　信号

shift　移置，偏移

signal cord　信号线

signal lever　信号电平

signal source　信号源

signal-to-noise ratio　信噪比

silent　无声的

simulate　模拟的

sine wave　正弦波

single source　单音源

single sideband broadcast　单边带广播

size　尺寸

skip　跳过，省略

slate　预定

slave　从动的，从属的

slew rate　旋转

slow　慢

SN=Signal/Noise　信噪比

software　软件

sound　声音，音响

sound console　调音台

sound effect　效果声

sound engineer　音响工程师

sound level Meter　声级表

sound man　调音师

sound mixing console　调音台

sound mixing desk　调音台

sound pressure　声压

sound power　声功率

sound quality　音质

sound unit　放声设备

sound volume　音量

source　声源

sonic　声音的

solo　单独的，独唱的

speaker　扬声器，发言者

speaker output　扬声器输出

speed　速度

spectrum　频谱

SPL=Sound Pressure Level　声压级

sputter　分离器，分相器

spring　弹簧

spring reverberator　弹簧混响器

square wave　方波

stage　舞台

standby　准备（状态），待用（状态）

standing waves　驻波

start　启动

standard　标准

status　状态，情况

stereo　立体声

stereo amplifier　立体声放大器

stereo console　立体声调音台

stereo effect　立体声效果

stereo extend　立体声扩展

stop　停止

store　存储

sub 次，副路

sub carrier 副载波

subgroup 刷组，子组

studio 演播室，录音室，播音室

studio broadcast 直播

studio centre 播控中心

surround sound 环绕声

sun 飞混合，总和

superhet 超外差收音机

supply 电源

SW=Switch 开关

synchro 同步

synchronous satellite 同步卫星

synthesizer 合成器

system 系统

supply 供给，电源

talkback 对讲

tape 磁带

TB=Talkback 对讲回送

techniques 工艺学

teletex 电传

tempo （节奏）速度，拍子

tenor 男高音

terns of sound quality 音质评价术语

test record 测试唱片

test signal 测试信号

technical 技术的，工艺的

telephone 电话

television broadcasting 电视广播

terminal 端点

theme 题目，主题

THD=Total Harmonic Distortion 总谐波失真

theater sound system 剧院扩声系统

threshold 阈，门限

three-way loudspeaker system 三路扬声器系统

three-way speaker system 三路扬声器系统

threshold of audibility 可听阈

threshold of pain 痛阈

THRU（through） 通过，自始至终

thrust 插入

tie 连接符号

time 时间（节拍，速度）

timer 定时器，计时器

timbre 音质，音色

time delay 延时，时间延迟

time delayer 延时器

time code 时间码

tip 插头信号，热端接点

title 标题，题名

tool 工具

tone 声音，音调

total 总的，总数

track 声轨，轨迹

transistor 晶体管

transmission antenna 发射天线

transmitter 发射机

treble 高音的

trim 微调，调整

trouble 故障，干扰

total noise 总噪声

transducer 换能器

transformer 变压器，变调器

transposer 变换器

transient 瞬态

transient distortion 瞬态失真

transient response 瞬态响应

tremor 颤音，震音（装置）

tramp 三路电子分音

trigger 触发器

trombone 长号

trouble 故障

trumpet 小号

tube 电子管

tune 调谐

turn off 关闭

turn on 接通

turn out 断路

turntable （唱机的）转盘

twin cable 双芯电缆

twin channel 双通道

two way speaker system 两路扬声器系统

type 型号，打字

typical 典型的，代表的

unbalance 不平衡

unbalanced cable/line 不平衡电缆线

unbalanced output 不平衡输出

unbalanced input 不平衡输入

unit 单元，部件

unlocked 不同步，不锁定

up 向上，在上面

user 用户

usual 常见的

utility 效用，实用

utility edit/compare 功能剪辑/比较

ultra-high frequency（UHF） 特高频

variable 可变的

version 版本

voltage 电压

velocity 速度

viola 中提琴

violin 小提琴

vocal 发音的，声音的

voice 声音，声色

voice coil 音圈

volt 伏特

voltage 电压

voltage divider 分压器

voltage gain 电压增益

voltage level 电压电平

voltage regulator 调压器

volume 音量

volume control 音量控制

volume indicator 音量指示器

volume meter 音量表

VU = Volume Unit 音量单位

VU Meter 音量单位表

VHF = very high frequency 甚高频

watt 瓦（特）

warning 警告

wave band 波段

waveform 波形

wavelength 波长

weight 重量

width 宽度

windproof 防风的

wire 电线

wired broadcasting 有线广播

wireless 无线的

wireless microphone 无线传声器

woofer 低频扬声器

word 字

workstation 工作站

wow 晃动

write 写入，存入

wrong 错误的

X-FMR，X-Former 变压器

XLR 卡侬，接插件

zero 零，零位

zero adjust button 归零按钮

zero control 零位调整

zero lever 零电平

zone 地带，区域

第三章 音频技术常用英语缩写

Acronyms in Audio and Video

ADC=Analog Digital Converter 模数变换器

ADSL=Asymmetrical Digital Subscriber Line 不对称数字用户线

AE=Adaptive Equalization 自适应均衡

AF=Audio Frame 音频帧

AMT=Auditory Masking Threshold 听觉掩蔽阈

AP=Addressable Point 寻址点

ASIC=Application Specific Integrated Circuits 专用集成电路

AT=Adaptive Template 自适应模板

AT=Authoring Tools 创作工具

ATM=Asynchronous Transfer Mode
异步转移模式

B=Block 块

BER=Bit Error Rate 比特差错率

BF=Bitstream Formatte 位流编组器

B-ISDN=Broadband Integrated Services Digital Network 宽带综合业务数字网

BIP-ISDN=BIP-Integrated Services Digital Network 智能化、个人化综合业务

BMP=Bit Map 位图

BN=Backbone Network 主干网

BL=Base Layer 基础层

BL=Branch Line 分支线

BO=Bus Out 总线输出

BP=Bidirectional Prediction 双向预测

BP=Bidirectional Pictures 双向预测图像，B 帧

BPN=Bandpass Network 带通网络

BPS=Bits Per Second 每秒比特

BRI=Basic Rate Interface 基本数据率接口

BRR=Bit Rate Reduction 比特率降低

BS=Broadcast Satellite 广播卫星

BSS=Broadcast Satellite Service 广播卫星业务（至家庭）

C=Centigrade scale 摄氏度（温标）

CAD=Computer Aided Design 计算机辅助设计

CAI=Computer Assisted Instruction 计算机辅

助教学

CAN=Cable Area Network 电缆区域网

CAP=Carrier less Amplitude/Phase Modulation 无载波幅度相位调制

CATV=Cable TV 电缆电视，有线电视

CBE=Computer Based Education 计算机辅助教育

CBH=Content Based Hypermedia 基于内容的超媒体

CBR=Content Based Retrieval 与内容有关的检索

CBT=Computer Based Training 基到计算机训练

CC=Closed Caption 隐含字幕

CC=Corner Correction 取中

CCD=Charge Coupled Device 电荷耦合器件

CD=Compact Disc 小型激光喂盘

CDDA=Cable Digital Distribution of Audio 电缆数字声分配

CCIR=International Radio Consultative Committee 国际无线电咨询委员会

International Telegraph and Telephone CCITT Consultative Committee 国际电报电话咨询委员会

CD-DA=Compacts Disc-Digital Audio 小型激光数字唱盘

CD-R=CD-Recordable 可记录小型光盘

CD-E（RW）=CD-Erasable（Rewritable）可擦写小型光盘

CDDI=Copper Distributed Data Interface 铜线分布式数据接口

CD-I=Compact Disc-Interactive 交互式光盘

CD-ROM=Compact Disc-Read Only Memory 光盘只读存储器

CEG=Coding Expert Group 编码专家组

CBzG=Computerand Communications 计算机与通信（融合）

CF=Comb Filter 梳状滤波器

CGM=Computer Graphics Metafile Graphics 计算机图形文件

CGRM=Computer Reference Mode 计算机图形参考模型

CIF=Common Intermediate Format 通用中间格式

CII=Global Information Infrastructure 全球信息基础结构

CK=Color Key 色键

CMI=Computer ManagerInstruction Communication 计算机管理教学

CN=Communication Network 通信网络

CNR=C/N Carrier to Noise Ratio 载噪比

CODEC=Coder-Decoder 编解码器

CP=Communication Protocols 通信协议

CPB=Corporation of Public Broadcasting 公共广播公司

CPE=Customer Premise Equipment 用户屋内设备

CS=Crossover Switch 交叉开关

CS=Conversational Services 会话型业务

CSCW=Computer Supported Cooperative Work 计算机支持的协同工作

CT=Chrominance Trap 色度陷波

CT=Computer Telephone 计算机电话

CT=Compuvision/Computer Television 计算机

电视

DAC=Digital Analogue Converter 数模变换器

DAB=Digital Audio Broadcasting 数字声频广播

DAT=Digital Audio Tape 数字声频磁带

DCC=Digital Compact Cassette 小型数字盒式录音机

DCS = Data Communication System 数据通信系统

DCT= Digital Component Technology 数字分量技术

DCT = Discrete Cosine Transform 离散余弦变换

DD=Double Density 双倍密度

DDCE=Digital Data Conversion Equipment 数字数据转换设备

DEM=Demultiplexer 解复用器

DF=Drop Frame 失落帧

DFT=Discrete Fourier Transform 离散余弦变换

DI=Directivity Index 指向性指数

DIC=Digital Integrated Circuit 数字集成电路

DID=Digital Information Display 数字信息显示

DH=Directory Hierarchy 目录树

DLC=Digital Logic Circuit 数字逻辑电路

DM=Data Model 数据模式

DM=Dynamic Memo 动态注释

DMA = Direct Memory Access 直接存储器存取

DMS=Digital Mastering System 数字主系统

DMT=Discrete Multitone 离散多音频

DNIC=Data Network Identification Code 数据网识别码

DNL=Dynamic Noise Limiter 动态噪声限制器

DOB=Data Output Bus 数据输出总线

DP=Deterministic Prediction 确定性预测

DPCM=Differential Pulse Code Modulation 差分脉冲编码调制

DPI=Dot Per Inch 每英寸像素点数

DPX=Diplexer 双工器

DS=Development System 开发系统

DSB=Digital Sound Broadcasting 数字声音广播

DSB=Double Side Band 双边带

DSE=Digital Special Effect 数字特技

DSM=Digital Storage Media 数字存储媒体

DSL=Digital Subscriber Line 数字用户线

DTS=Digital Television Standard 数字电视标准

DTTB = Digital Terrestrial Television Broadcasting 数字地面电视广播

DTH=Direct-To-Home 直播电视

DVB=Digital Video Broadcasting 数字电视广播

DVB-S = Digital Video Broadcasting-Satellite 数字卫星电视广播

DVB-C=Digital Video Broadcasting-Cable 数字有线电视广播

DVB-T = Digital Video Broadcasting-Terrestrial 数字地面电视广播

DVD=Digital Video Disk (MPEG-2) 数字视频光盘

DVI = Digital Video Interactive 交互式数字视频

DVT=Digital Video Tape 数字视频磁带

EA=Extended Architecture 扩展结构

EGA=Enhanced Graphics Adapter 增强型图形适配器

EL=Enhancement Layer 增强层

EP = Edit Point　编辑点

FB = Frame Buffer　帧缓冲器

FC = Fiber Channel　光纤通道

FC = Fractal Coding　分形编码

FDCT = Forward Discrete Cosine Transform　离散余弦正变换

FDR = Fader Reverse　衰减器反向

FDR = Fast Access Disc Subsystem　快速存取磁盘子系统

FDDI = Fiber Distributed Data Interface　光纤分布式数据接

FI = Front End　前端

FI/FO = Fade-In/Fade-Out　淡入淡出

FL = Fluorescent Lamp　荧光灯

FM = Formatted Memo　格式注释

FOLAN = Fiber Optic Local Area Network　光纤局域网

FOM = Figure of Merit　品质因数

FOS = Factor of Safety　安全系数

FP = Frame Packing　帧封装

FS = File Section　文件段

FSN = Full Services Network　全服务网络

GPS = Global Positioning System　全球定位系统

GUI = Graphic Users Interface　图形用户接口

HC = Hierarchical Coding　分层次编码

HDSL = High Digital Subscriber Line　高速数字用户线

HDI = High Definition Imagery　高清晰度成像术

HDTV = High Definition Television　高清晰度电视

HDCD = High Density CD　高密度光盘

HM = Hyper Media　超媒体

HMI = Human Machine Interface　人机界面

HLS = Hue Lightness Saturation　色调、亮度、饱和度

HS = Hybrid Scalability　混合可分级

HS = Home Shopping　居家购物

HS = Home System　家用系统

HTBS = Hypermedia Time Based Structuring　超媒体时序结构

IA = Information Access　信息存取

IB = Interface Bus/Internal Bus　接口总线/内部总线

IBN = Integrated Broadband Network　综合宽带网

ICDN = Integrated Communication Data Network　综合通信数据网络

IDCT = Inverse Discrete Cosine Transform　离散余弦反变换

IDN = Integrated Digital Network　综合数字网

IE = Information Environment　信息环境

IH = Intelligent Hypermedia　智能超媒体

IK = Information Kiosk　信息亭

IP = Intrapictures　帧内图像

IR = Infrared Radiation　红外辐射

IS = Information Superhighway　信息高速公路

ISDB = Integrated Services Digital Broadcasting　综合业务数字广播

ISDN = Integrated Services Digital Network　综合业务数字网络

ISDSLAN = Integrated Switch Data Services Local Area Network　综合交换数据业务局域网

ISM = Interactive Storage Media 交互存储媒体

IS = Information Stop 信息台

ITV = Interactive Television 交互式电视

IU = Information Unit 信息单元

IWU = Interworking Unit 交互工作单元

IWAY = Information Superhighway 信息高速公路

LASER = Light Amplification by Stimulated E-mission of Radiation 激光器

LAN = Local Area Network 局域网

LC = Lossless Coding 无损编码

LD = Laser Disk 激光视盘

LDTV = Low Definition Television 低清晰度电视

LPI = Line Per Inch 每英寸线数

JPEG = Joint Photographic Experts Group 联合图片专家组

JSB = Japan Satellite Broadcasting Incorporation 日本卫星广播公司

LSM = Live Slow-Motion 实况慢动作

MB = Macroblock 宏块

MC = Multiple Component 多分量

MC = Motion Commpensation 运动补偿

MC = Multimedia Comunication 多媒体通讯

MC = Machine Culture 计算机文化

MC = Mass Communication 大众传播

MCB = Multimedia Communication Board 多媒体通信卡

MCI = Media Control Interface 媒体控制接口

MCU = Multipoint Control-Unit 多点控制单元

MDK = Multimedia Development Kit 多媒体开发工具

ME = Motion Estimation 运动估值

MH = Modified Huffman 改进型霍夫曼编码

MHI = Multimedia and Hypermedia Information 多媒体和超媒体信息

MIDI = Musical Instrument Digital Interface 乐器数字接口

MIS = Multimedia Information System 多媒体信息系统

MIN = Minute 分钟

ML = Main Level 主级

MW = Multi Mode Fiber 多模光纤

MOS = Metal-Oxide-Silicon 金属氧化物硅

MP = Motion Picture/Moving Picture 电影/活动图像

MP = Main Profile 主要类，主型

MP = Movie Player 运动层

MPC = Multimedia PC 多媒体计算机

MPEG = Moving Picture Experts Group 活动图像专家组

MR = Modified Relative Element Address Designate 改进型相对地址码

MS = Media Synchronization 媒体同步

MSDL MPEG - 4 Syntactic Description Language MPEG-4 语法描述语言

MT = Model Template 模型模板

MTV = Music Television 音乐电视

MV = Motion Vector/Mean Value 运动矢量/砰均值

NA = Native Audio 本体声频

NTSC = National Television Standards Committee 国家电视制式委员会

NVOD = Near Video-On-Demand 准点播电视

ODA = Office Document Architeeture 办公文献模型

OFC = Optical Fiber Cable　光缆

GIRT = International Radio and Television Organization　国际广播电视组织

OLE = Object Linking and Embedding　对象链接和嵌入

OSI = Open Systems Interconnection　开放系统互联

OOA = Object - Oriented Analysis　面向对象分析

OOA = Object-Oriented Design　面向对象设计

OOL = Object - Oriented Language　面向对象语言

OOP = Object - Oriented Programming　面向对象程序

OPS = Operations Per Second　每秒运算次数

PAC = Personal Activity Centre　个人活动中心

PAL = Phase Alternation Line　逐行倒相

PC = Priority Classification　优先权分类

PC = Personal Computer　个人计算机

PC = Predictive Coding　预测编码

PCI = Peripheral Component Interconnect　外围部件互连

PCR = Program Clock Reference　节目时钟基准

PE = Progressive Encoding　累进编码

PER = Packet Error Rate　包差错率

PF = Power Factor　功率因数

PH = Picture Height　画面高度

PHS = Personal Handy Phone System　手持电话系统

PIP = Picture In Picture　画中画

Pixel Picture Element　像素

PL = Private Line　专用线路

PM = Psychoacoustic Model　心理声学模型

PN = Packet Networks　分组网

PP = Paint Program　画图程序

PP = Predicted Pictures　预测图像

PPV = Pay-Per-View　按次付费电视

PR = Picture Resizing　图像尺寸再现

PRES = Progressive Reduction Standard　逐步降低标准

PS = Presentation System　展示系统

PT = Program Track　节目轨迹

PT = Packet Transfer　分组传递

PTS = Presentation Time Stamp　显示时间标记

PTV = Pay Television　收费电视

PTV = Projection Television　投影电视

PVCS = Personal Visual Communication System　个人视觉通信系统

PU = Pick Up　拾音器

PU = Pluggable Unit　插件

PW = Preview　预监

RAID = Redundant Array of Inexpensive Disc　廉价磁盘冗余阵列

RAM = Random Access Memory　随机存取存储器

QAM = Quadrative Amplitude Modulation　正交幅度调制

QCIF = Quarter CIF　四分之一通用中间格式

QD = Quadrature Demodulator　正交解调器

QFDM = Quadrature Frequency Division Multiplexing 正交频分多路复用

QM = Quadrature Modulator　正交调制器

QMF = Quadrature Mirror Filter 正交镜像滤波器

QPSK = Quadrature Phase-Shift Keying 四相相移键控

RCH = Reserve Channel 备用频道

RI = Real-time Interface 实时接口

RLC = Run Length Coding 游程编码

RMS = Root Mean Square 均方根值

ROM = Read Only Memory 只读存储器

RPC = Remote Procedure Call 远程过程呼叫

RR = Resolution Reduction 分辨率降低

RSC = Reed-Solomon Code RS 码，里德索罗门码

RSI = Runtime Software Interface 运行软件接口

RZ = Return-to-Zero 归零

SB = Screen Builder 屏幕构造器

SC = Sub band Coding 子带编码

SCIC = Semi Conductor Integrated Circuit 半导体集成电路

SCSI = Small Computer System Interface 小型计算机系统接口

SD = Single Density 单密度

SD = Scalable Decoding 可分级译码

SE = Sequential Encoding 顺序编码

SEG = Special Effect Generator 特技发生器

SERF = Super-Extremely High-Frequency 超极高频

SFC = Sampling Frequency Converter 取样频率转换器

SGML = Standard Generalizer Markup Language 标准的通用标记语言

S/H = Sampling/Hold 取样/保持

SI = Side Information 边信息

SIF = Source Input Format 源输入格式

SMF = Single Mode Fiber 单模光纤

SMR = Signal-to-Mask Ratio 掩信比

SMTP = Simple Mail Transportation Protocol 简单邮件传送协议

SNMP = Simple Network Management Protocol 简单网络管理协议

SPA = Signigficant Pixel Area 有效像素区

SQL = Structure Query Language 结构查询语言

SSA = Serial Storage Architecture 串行储存结构

SS/DD = Single Sided/Double Density 单面/双密

STB = Set-Top-Box 机顶盒

STC = System Time Clock 系统时钟

SV = Scientific Visualization 科学可视化

SWAN = Satellite Wide Area Network 卫星广域网

TB = Terrestrial Broadcasting 地面广播

TBPS = Terabits/Second 太比特（1012 bit）/秒

TCI = Timer Clock Input 计时时钟输入

TES = Training Education System 训练教育系统

TM = Interleaved Mode 交错方式

TP = Twisted Pair 双绞铜线对

TVC = TV Computer 电视电脑

VAN = Value Added Network 增值网络

VB = Video Blaster 视霸卡

VC = Virtual Channel 虚通道

UD=Updated Driver 更新驱动器

VGA=Video Graphic Adapter 视频图形适配器

VIRS=Vertical Interval Reference Signal 场消隐基准信号

VLBR=Very Low Bit-Rate 甚低码率

VLC=Variable Length Coding 可变字长编码

VM=Voice Mail 语音邮件

VMC=VESA Media Channel VESA 媒体通道

VME=Windows Multimedia Extension Windows 多媒体扩展卡

VO=Voice-Over 画外音

VOD=Video-On-Demand 点播电视

VCD=Video Compact Disk（MPEG-1） 压缩数字视频光盘

VORMD=Write-Once Read-Many Times Disk 一次写入多次读出型光盘

VP=Virtual Path 虚拟通路

VPI=Virtual Path Identifier 虚拟路径识别符

VPN=Virtual Private Network 虚拟专用网

VQ=Vector Quantization 矢量量化

VR=Virtual Reality 虚拟现实

USB=Universal Serial Bus 通用串行总线

VS=Video Servers 视频服务器

W&F=Wow and Flutter 抖晃

WWW=World Wide Wed 环球网

第四章 体育转播技术英语词汇

Words of Sports Broadcasting

Analogue Signal 模拟信号

Beauty Camera 地标全景

Boundary mic 界面传声器

Broadcast Compound/COMPOUND 广播电视综合区

Broadcast Operations Centre 广播电视营运中心

BVM：Broadcast Venue Manager 广播电视场馆经理

Camera Stickers/RF Stickers 摄像机特许标

Carrier 信号传送单位

Clean Feed 纯画面信号

Clean，Clean Feed 完全纯净画面信号

Codec-Encoder-Decoder 数模转换器

Clip mic 夹式传声器

Com-cam 评论席摄像机

Commentary Circuit 评论声线路

Commentary Position 评论席

Commentator 评论员

Community Antenna Television System（CATV） 大会闭路电视系统

Competition Manager 竞赛经理

Contact mic 接触型传声器

Contribution Network 信号接收网络

Coordination Circuit（Coord. Circuit） 协调通话线

Digital Signal 数字信号

Distribution Network 信号分配网络

Downlink 下行卫星信号

Drop-off point（ENG Drop-off） ENG 下车点

Dry Pairs　预设线路接口

Dual mic　双元件传声器

ENG　单机

ENG Camera Position　单机拍摄机位

Feed　视音频信号

Fiber Optics　光纤

Field Camera　场外摄像机

Fix or Fixed Camera　定位摄像机

Field mixer　现场调音台

Footprint　占用位置

4-Wire　四频线

Hand mic　手持传声器

Hard Camera　座机

Hard stand　座机平台

Head-on position　正面拍摄机位

High-demand events　热门项目

HD or HDTV　高清电视

Host Broadcaster　东道主转播机构

IBC International Broadcast Centre　国际广播电视中心

Injection Point　单边信号传送点

International Federation（IF）　国际体育组织

International Sound　国际声

Information Manager（Venue Information Manager）　场馆信息经理

ITVR Signal　国际电视广播信号

Large mic　大型传声器

Liaison Officer（LO）　信息联络员

Long-shotgun　长型枪式传声器

Long stereo-shotgun　长型立体声枪式传声器

Main Press Centre（MPC）　主新闻中心

MCR Master Control Room　主控机房

Media　媒体

Minicam　微型摄像机

Mini lapel omni　无指向型微型挂饰传声器

Mini lapel directional　指向型微型挂饰传声器

Mini shotgun　小型枪式传声器

Mixed Zone　混合区

Mobile Unit（also called OB-Van）　转播车

Monitor　监视器

Multilateral Signal　共用信号

National Governing Body（NGB）　本国体育机构

Observer Seats　观察席

Off-Tube　非现场评论席

Office Trailers/Cabins　临时工作棚

Official Film　大会电影纪录片

Overlay　透明覆盖图

Phase Alternating Line（PAL）　PAL 制式

Post-Unilateral　赛后单边时段

POV Point-of-View Camera　特殊摄像机

Press　文字媒体

Pre-Unilateral　赛前单边时段

Program（PGM）Circuit　评论声线路

PA Public Address System　场地广播系统

QC Quality Control　质量监控

Rate Card　设备价目表

RF mic　无线传声器

RHB Rights Holding Broadcaster　转播版权拥有者

RF Radio Frequency　无线电频率

Rf transmitter　无线发射机

Rf receiver　无线接收机

Satellite　卫星

Satellite Farm　卫星设备场地

Short stereo-shotgun 短型立体声枪式传声器
Short-shotgun 短型枪式传声器
SDI 串行数字分量接口
SNG Satellite News Gathering 移动卫星系统
SSM 超慢镜头
Stand-Up 出镜现场报道
Start Time 比赛开始时间
Stead cam 稳定移动摄像机
Studio，Bookable 可租用演播室
Studio，Radio 播音室
Studio，TV 演播室
Studio，Unilateral 单边演播室
Sub-Press Centre 场馆新闻中心
Super-shotgun 超指向枪式传声器
Talent Microphone 出镜人员传声器
Technical Power 技术用电
Tracking Camera 轨道摄像机
TX 信号传送
TV Monitor 监视器
TV Receiver 电视接收器
Unilateral 单边制作
Unilateral Broadcaster 单边广播电视用户
Unilateral Camera Platform 单边摄像机平台
Utility Power/Domestic Power 民用电源
Unilateral Transmission 单边传送
Uplink 卫星上行
VandA 视/音频线
Vendor 供应商
Venue 场馆
World Broadcasters 世界转播者（商）
World Broadcasters Briefing（WBB） 世界广播者简明大会
World Feed 公共信号
XY stereo XY 立体声

第五章 体育转播技术英语短文

Essays of Sports Broadcasting

1. 奥运转播音频设计

Television sports coverage, along with the specifications and expectations of its audio and video components, has become increasingly sophisticated. As far as audio is concerned, stereo and surround sound are the main examples of the growing complexity sports TV production presents to audio engineers and operators. Despite the period of time these and other technologies have been on the landscape, it has taken quite a number of years to refine and achieve a transmittable sounds cape with them. This has all been part of a natural evolution in sound production for sports. One of the most significant advancements is the availability of a wide variety of affordable microphones.

Most sporting events had traditionally been covered using shotgun and lavaliere microphones. Audio-Technica had developed a variety of microphones, including a very compact boundary microphone, miniature lavalieres, and contact microphones, which became the basis for significant changes in the approach to sound design for the Olympics.

The goal was to capture the sound of the games as close and as unobtrusively as possible and to separate the foreground sports sound from the background crowd and atmosphere noise. The use of boundary, miniature lavalieres, and contact microphones along with traditional shotgun microphones which are strategically placed around the athletes, sports equipment, coaches, and fans was particularly effective.

Sound coverage for gymnastics has standardized the use of boundary microphones because they are totally unobtrusive, laying directly on the performance deck and podium.

Even if someone stepped on them, there was no damage to either the athletes or the microphones. Officials and producers loved them because, for the first time, camera angles, spectator lines-of-sight and athlete's peripheral vision didn't include rows of shotguns on stands around the perimeter of the events.

2. 创新思维

Going Creative: Now that the right tools are in place, what required is creative thinking to develop new applications, production philosophies, and techniques. The sound design follows certain basic principles that apply to any sporting event. The first objective is to capture the ambience of the venue. Then construct a sounds cape that matches 20, 30, or 40 different cameras are presenting visually.

The close microphone technique is intended to achieve a strong direct sound while minimizing the interference from background noise or acoustic abnormalities. In the gymnastics vault, an array of microphones is positioned at the chalk stand, along the runway, under the runway, at the springboard, inside the horse, and at the landing mat to cover all the natural micro sounds.

In the control room, an engineer then creates a composite mix of the sport's specific and general atmosphere of the event that matches the video feed. In a large event such as the Olympics the sports sound is difficult to separate from the crowd. The best way to accomplish this is to position close microphones on the field of play. Another popular microphone is the contact microphone. The contact microphone is attached to a sound surface that vibrates. Gymnastics is a sport that uses podiums and provides access from underneath. A wooden surface is attached to a frame and carpets or mats are tied to the top. Another significant benefit is that the contact microphone requires a sound surface to vibrate and generate an audible sound. This makes the current application under the podiums in gymnastics perfect because it is not prone to acoustic noise from the crowd and room.

The problem in capturing good sound at gymnastics events is the large crowds responding to simultaneous events. Television coverage may be on the vaults, but the audience is reacting to the floor exercise and they may be confused by the reaction in the arena.

All crowd microphones are connected to and powered by the integrated control room, including surround microphones. The integrated mixing desk feeds each control room its portion of the crowd mix and provides a composite HD and SD mix output.

There are three different control rooms, each covering a particular discipline, and an integrated control room that cuts the control room feeds into a world feed. Each control room has that portion of the atmospheric sound that is associated with its camera coverage. Audio-Technica has refined the performance and the size of the lavaliere microphone and delivers a nice blend of large and small diaphragm microphones. Audio design for the Olympics is the refinement, and re-application of the many ideas from those who shared their knowledge and experience with me.

3. 国际声—概述

International sound is the sports specific and venue atmosphere audio delivered to the Rights Holding Broadcasters for integration into their production. The 2008 Summer Olympics will be the first time the entire production will be presented in High Definition Video and 5.1 surround sound. The goal of the host broadcaster is to deliver an engaging sound track that enhances the entertainment experience of the television viewer. The surround sound field, should sound natural and be used to convey perspective and enhance the sense of depth and space. Host Broadcaster will produce certain sports where the camera perspective lends itself to left to right or rear to front movement depending on the desired effect. With High Definition visuals it is also effective to bringing the sports sound further into the sound field giving not only a left-right orientation but also a front-rear orientation. By bringing the sports sound further into the sound field the perception of depth is significantly improved. Softball lends itself to expanding the listening sound field into the viewing space. The umpire will have a wireless microphone and will give a very close and personal perspective of the sport.

4. 国际声合成

International sound is produced in three layers: Layer 1 is the micro-sports-specific sounds. Layer 2 is the camera microphones and follows the switch of the cameras by the director. Layer 3 is the atmosphere and crowd sounds. Sound layers are established because international sound for television (IS-TV) and international sound for radio (IS - RA) are produced simultaneously and are different in content and image. Additionally layers facilitate sub-mixes for the Rights Holders. International Sound for Television (IS-TV) is a blend of atmosphere and sports-specific sounds that closely follows the camera cuts and athlete action. International Sound for Radio (IS-RA) is a stereo crowd mix and reproduces the natural atmosphere of the venue. IS-RA does not include sports sound so as to provide the Broadcasters with production options.

5. 电视国际声

Surround Sound production for the Host Broadcaster will consist of a discreet 5.1 configuration: Left front, Right front, center, LFE (Low frequency effect), Left surround and right surround. A surround sound mix is the pleasant and proper combination of sound in the front and rear channels, correct bass management and sufficient space in the center speaker for the Rights Holders announce. The front sound field appears from the left, centre and right speakers and follows the image on the television screen. Image placements or movement will be from left to right or right to left. HD Surround atmosphere is generated in the front and rear channels using discrete microphones. The ambient delay in the rear from crowd microphones will achieve an open "in – the – venue" effect. Center channel is that generally reserved for announce or vocals. The Host Broadcaster will include referees and officials and use any relevant PA announce in the center channel that adds to the production value of the coverage. PA announcers are a vital part of the Ceremonies mix and will be featured in the front channels. LFE was initially suggested as Low Frequency Effect so the Low frequency energy is redirected to this channel where the impact is heard and felt and does overload or distort the other channels. The use of the LFE channels is increasing as some of the Rights Holders feel this is an integral element of the production. Microphones that contain good useable low frequency sound are direct to the LFE channels. Host Broadcaster has found the LFE to be particularly effective in boxing, football, weightlifting, basketball, and particularly Ceremonies. Live sound effects such as the Pyrotechnics (Fireworks) will be assigned to the front stereo, rear stereo and LFE channels. The desired effect is to enhance the fireworks to the home viewer without overloading the transmission path. A significant advantage of the LFE channel is that the television mix can operate at a normal level during the loudest part of the program – Fireworks. Music and Pre – recorded tracks–Ceremonies sound coverage and music will be 5. 1 Surround sound. Some music and pre–recorded tracks may be produced in stereo and "up–mixed". Up–mixing is the process of forcing a two–channel source into a 5. 1–channel configuration.

6. 立体声输出

In practice it is rare for people to mix only in 5. 1, stereo or matrix formats as a single requirement. Therefore it is often necessary to consider all delivery formats during a single mix. Although not identical, there are many common elements between surround and stereo which is a good starting point when producing/mixing any multi–channel content. Stereo sound will be a true, unprocessed mix utilizing stereo and mono microphones and using microphone orientation techniques to produce stereo from mono microphones. Every effort must be used to insure mono compatibility of surround and stereo–CATV and Commentary will need a mono program mix.

7. 国际声用于广播电台

International sound for radio is a "stereo venue atmosphere" without any Field of Play (FOP) sound effects.

8. 国际声用于评论员

Analogue stereo and mono IS-TV and IS-RA audio signals are required in each venue CCR. All signals will be provided via main and spare feed. Mono signals will be used for distribution to commentator units and stereo IS-RA will be sent to the IBC. Stereo IS-RA and mono IS-RA should be available without interruption before and after the event. The precise start and end times to be decided. Note that this mix must be independent of the television mix and not be subject to any interruptions or changes in the mix.

9. 传声器

A surround sound mix is comprised of a combination of stereo and mono microphones mounted on hardware and in various arrays. Stereo shotgun microphones on the handheld and crane cameras establish the panorama of sounds and activities around the event and athlete. Handheld shots are often close-ups and fill the screen demanding the audio focuses the audience's attention toward the screen. Stereo Shotgun microphones configured in the X/Y mode and will be assigned to the front stereo speakers. Mono and stereo microphones placed close to the action along with microphone pointers positioned close to the sports action will insure adequate source audio. Proper microphone placement contributes significantly to capturing the variety of subtle sounds present. The close proximity of microphones and aggressive mixing of the Field of Play are essential to keeping the Rights Holders satisfied

10. 前期混合与分配

Some venues will be obligated to generate sub-mixes of FOP sound effects in addition to separate atmosphere mixes to satisfy the requirements of Host Broadcaster's rights holders. Rights Holding Broadcasters may request various mix outputs to facilitate editing and post-production of their coverage. Sound to picture synchronization must be ensured through the signal chain.

Level A Splits are individual surround group mixes.

- Surround effects minus crowd effects
- Surround sound crowd mix minus effects

Level B Splits are stereo effects mixes.

- Sports-specific mix
- Camera cut mix

Level C Splits-Individual microphone outputs or direct outputs from the camera CCU. Microphone splits will be analog, line levels at 0 dBm on XLR connectors at the TOC. All splits are transformer-isolated pre-fader, pre-EQ and before any processing.

Sub-Mixes: These are custom or matrix mixes of individual groups (layers), which include sports-specific sound, camera cut and crowd. They will most likely be used in gymnastics or athletics where an individual apparatus or sport is produced in separate control rooms. Level A spits may be used in wrestling where you have simultaneous competition on three mats. Requested splits will be available at the TOC for Rights Holding Broadcaster use only.

11. 混合采访区

Through the Host Broadcaster Booking Department, broadcasters can book positions within the mixed zone where they can conduct brief interviews with athletes. The Host Broadcaster on-site Information Manager with his/her team of liaison offers will be responsible for managing the mixed zone area and assisting broadcasters as necessary. Audio and Production will work the Information team and the Booking Department to get ensure Rights Holding Broadcasters are on/off air during the scheduled time.

12. 传声器的安装

All microphones must be dressed so as not to obstruct the athlete's performance and participation. Any microphone attached to a piece of equipment must be secured and dressed as appropriate to ensure they do not interfere with the athlete. When a microphone is mounted on a piece of sporting equipment, the international federation must give final approval. The close proximity of microphones and aggressive mixing of the field of play are essential to keeping the Rights Holding Broadcaster satisfied.

13. 扩声音响过大

You may experience problems with excessive PA chatter and volume levels. The television producer and broadcast venue manager（BVM） can have a direct dialogue with the event producer and resolve any issues. Maximum PA levels should not exceed a level to interfere with Host Broadcaster and Rights Holding Broadcaster productions. The PA should not be used at the venue for play-by-play. Additionally， music used at a venue may not be cleared for television re-broadcast.

14. 奥运转播对扩声的要求

The Host Broadcaster is concerned about the placement of any P. A. speaker clusters that impact the following broadcast areas.

1） Sports field of play and finish areas.

2） Mix and pre/post zones.

3） Commentary positions.

The Venuc PA should be designed and installed in a manner that does not interfere with the production of the Broadcast Rights Holders. Excessive Sound Pressure Levels， distortion and over-use of the PA have been issues at past Olympic Games. Sound Pressure Levels have been generally accepted by previous Organizing Committees to be peaking between 85 to 90 db at broadcast locations. Each speaker should have Volume controls so you adjust the individual speaker or cluster after the installation. If you use volume controls on a “zone” of speakers you will have one speaker too load and then one speaker too soft and never properly balance the PA to any ones satisfaction. Legacy systems at Venues must be of adequate performance and proper design to meet the needs of the Olympic Games. Speaker timing at events where you have PA speakers running great distance such as Mountain Biking is necessary because there will be a delayed echo from the first speaker to the last speaker. This becomes an issue when the Broadcasters are switching between the upper part of the hill and the lower part where the “effects microphones” are picking up the PA. If the Broadcast switches from the lower camera to the upper camera you will hear the PA repeat itself. Venue PA is not to be used by Sports

Presentation for "play by play" of the competition. This is disruptive to the athlete, competition and broadcaster. There are Legal issues in the public performance of copy-right music. International Copyright law prohibits the playing of pre-recorded music at pubic venues without proper Licenses from the various copyright agencies. These concerns are for the Protection of our rights holders to insure they can produce the best possible Broadcast coverage.

15. 工程技术指标

The sound mix will be delivered to the TOC in AES/EBU digital with a reference of -18 dBFS = 0 VU. The sound mixes should be free of excessive noise, equalization, and compression or processing.

16. 环绕声—总体概念

Surround Sound production for the Host Broadcaster will consist of a discreet 5.1 configuration: Left front, Right front, center, LFE (Low frequency effect), Left surround and right surround.

Basic sound elements of the Host Broadcaster Sports production are:

1) Sports Sound Effects-mono and Stereo Field of Play Microphones.

2) Atmosphere-HD Surround atmosphere and crowd will consist of a front crowd mix and a rear crowd mix using discrete microphones.

3) Camera Microphones.

4) Video playback - Opening Animation Music is produced as a 5.1 Surround Sound Mix.

5) Music produced as a 2 Channel-Stereo mix. Host Broadcaster will "Up-convert" the music for to 5.1.

Sports Sound Assignments to the Surround Channels:

1) Front left and right channels will consist of the FOP sport effects.

2) Center channel will consist of officials, referees, PA announce only that contributes to the production value of the show.

3) LFE: Low frequency sound that is present in the sport.

4) Surround sound channels will consist of the audience and venue atmosphere and

specific microphones to enhance to depth of the sound field.

17. 环绕声—前声场

Front Sound Field：Sounds should appear from the left，centre and right speakers to follow the image on the Television screen. Localization is ideally not affected by the viewer's seating position. There are three ways to obtain a centrally placed sound image：Create a phantom centre. This is typical of a stereo where sound elements are place in both the left and right channel. This creates a ‘soft’ center that produces poor localization in the listening area. Secondly you can use the Center channel alone. This delivers a “hard” centre which gives the best localization across the listening area. Image placements or movement will be from left to right or right to left. Host Broadcaster is examining certain sports where the camera perspective lends itself to some front to rear or rear to front movement depending on the desired effect. Sports effects have traditionally resided in the front left and right speakers.

As production standards and taste have evolved the practice of using additional speakers for spatial orientation and dept of field has significantly increased. For example the visual production of Tennis consists of over-the-shoulder view of the athlete. This visual orientation lends itself to bringing the sports sound further into the sound field give not only a left-right orientation but also a front-rear orientation. By bringing the sports sound further into the sound field the perception of depth is significantly improved. Additionally the home viewer experiences a greater depth of the sound field and is not forced to sit perfectly in the “sweet spot” to enjoy the surround experience.

Handheld camera will use Stereo Shotgun microphones configured in the X/Y mode and will be assigned to the front stereo speakers. Most handheld shots will probably be close-ups and fill the screen and the desired audio effect is to focus the audience's attention toward the screen. （Note-At certain Venues HOST BROADCASTER is using D-Cam's and there is a delay in the audio with perspective to hardwired cameras）. The greatest advantage to surround sound production is the illusion of depth and dimensional sound. Good surround sound production enhance the viewing experience and interesting creative surround sound production certainly will create the” wow” factor!

18. 环绕声—气氛

Atmosphere：Audience and venue atmosphere is generated in the front and rear channels using discrete microphones. With Surround sound production，the front and rear atmosphere must be generated from separate microphones and placement to insure good channel separation and prevent mono（center channel）build-up. Short Shotgun Microphones will be used in a XY Configuration or Spaced Pair to feed Atmosphere to the front speakers. Additionally Large diaphragm studio microphones will be strategically places around the venue to provide an atmosphere mix for the surround speakers. Some Rights Holders will encode the discrete 5.1 mix to a matrixes Left total right total mix. Matrixed surround sound is a processed sound utilizing phase and delay variation to create a two channel output from up to six channels of input. The front atmosphere level should be at reduced levels to insure that the FOP sports sound does not get buried in the atmosphere of the mix.

19. 环绕声—中间声道

Center Channel：Center channel is generally reserved for announce or vocals. Host Broadcaster has presented microphone plans that will include referees and officials and use any relevant PA announce that adds to the production value of the coverage. PA announcers are a vital part of the Ceremonies mix and should be featured in the front channel（s）with some ambient delay to the rear via crowd microphones to achieve an open "in-the-venue" effect. Host Broadcasting is evaluating placing some general ambiance in the center channel. This solves a problem of complete center channel dropout when the Rights Holders announcers talk back off-air to the OB van.

20. 环绕声—低频效果

LFE-Low Frequency Effect：LFE was initially suggested as Low Frequency Effect so the Low frequency energy is redirected to this channel where the impact is heard and felt and does overload or distort the other channels. The use of the LFE channels is increasing as some of the Rights Holders feel this is an integral element of the production.

Microphones that contain good useable low frequency sound are direct to the LFE channels. Host Broadcaster has found the LFE to be particularly effective in boxing， football, weightlifting, basketball, and particularly Ceremonies. Live sound effects such as the Pyro (Fireworks) will be assigned to the front stereo, rear stereo and LFE channels. The desired effect is to enhance the fireworks to the home viewer without overloading the transmission path. A significant advantage of the LFE channel is the television mix can operate at a normal level during the loudest part of the program-Fireworks.

21. 环绕声—混音

Mixing/Production Issues: In practice it is rare for people to mix in 5. 1 format only; or for engineers to work with matrix formats as a single delivery requirement. Therefore it is often necessary to consider both delivery formats during a single mix. Fortunately, although not identical, there are a lot of common points between the two formats.

The following notes can therefore be useful to get a satisfactory starting point when producing/mixing any multichannel content and to get a better cross-compatibility between the two formats and related applications. Monitor the mix in all of the possible listening modes.

Any matrix surround mix must be listened to via a decoder to hear the effects of the matrix encoder on the mix: This is where the biggest differences between discrete 5. 1-channel audio and matrix encoding systems are evident.

The Host Broadcaster delivers a Sports specific sound mix to the Rights Holders who inject their "On Air" people and produce the broadcast for their home countries.

The Host Broadcaster does not generate an announce track so remember the Rights Holders dialogue will take up most of the space in the Centre channel so do not fill the Center channel too much with non-dialogue elements.

Effects and ambient sounds normally appear in the Left, Right, Left Surround, and Right Surround channels: Wind noise, crowds, and other general ambient sounds are included within the mix to give a sense of realism.

The amount of Surround channel signal added determines how far back the listener is in relation to the front sounds. It is usually better to capture ambience/audience feeds with spaced microphone techniques, in particular when devoting these elements to the Surround field This is a useful way to de-correlate signals, guaranteeing a better and more stable image (especially useful in matrix formats).

Do not place the exact same signal in all three front channels. Mono sound elements can be "widened" toward Left/Right with short delay to offset feed in one side. Can be brought to interior (all channels) by feeding Centre/Surround at same time.

22. 环绕声场

Surround Sound Field: The surround sound field should sound natural and be used to convey perspective and enhance the sense of depth and space. This is often accomplished by using ambient sounds, music and crowd sounds. Some sound mixers believe that the use of the surround channels should not draw attention away from the on-screen action. Constant, high level use of the surround channel can be wearing and distracting to the listener and reduces its overall effectiveness.

23. 配乐与前期录制的声轨

Music and Pre-recorded tracks: Ceremonies sound coverage and music will be 5.1 Surround sound. Some music and pre-recorded tracks may be produced in stereo and "up-mixed" Up-mixing is the process of forcing a two-channel source into a 5.1-channel configuration. As a rule, the "Up-mixed" process is better when being used for stereo elements within a 5.1 mix rather than for "Up-mixed" a whole program. There is no perfect method to extract the music tracks and spread them out to a surround sound mix without causing issues; however The Host Broadcaster is using a process that has been extensively used by NHK Television Tokyo. I have listened to 2 different processes using Ceremonies music and have decided on a TC Electronics processor that not only sound good, but can be programmed for the optimum results for each musical passage.

Stereo: Many people are and will still be listening in stereo, and there is a great number of Dolby Surround Pro Logic Decoders and Dolby Pro Logic II Decoders out there. It doesn't mean that you have to sacrifice a good 5.1 mix, but good consistent compatibility checks are necessary.

Stereo sound will be a true, unprocessed mix utilizing stereo and mono microphones and using microphone orientation techniques to produce stereo from mono microphones. Every effort must be used to insure mono compatibility of surround and stereo–CATV and Commentary will need a mono program mix.

24. 版权商

Rights Holders: Dolby Pro Logic II may be used by Rights Holders because it is a convenient way to deliver matrix–encoded versions of 5. 1–channel mixes to consumers through a regular two–channel analogue or digital pipeline. When using Pro Logic II or any "matrix–based surround technologies it is desirable to keep front crowd and rear crowd sound information different to try and avoid any center channel buildup and insure front/back image stability.

Dolby states that "de–correlation" of the ambiance sound is necessary to avoid this problem. De–correlation essentially means keeping similar or like sound information from feeding the same channels. This is accomplished by having different atmosphere mixes with different microphones in the front and rear speaker.

Additionally Large diaphragm studio microphones will be used at Athletics, Gymnastics and Ceremonies. These microphones will strategically places around the venue to provide an atmosphere mix for the surround speakers. When mixing Dolby recommends using all three front channels in some varied proportion.

You can process the signals to change their spatial character, timbre, or prominence relative to the main center signal. Remember that the use of 'hard' and 'soft' center can cause differences in arrival time can lead to a comb filtering effect. This can be heard by a shift in tone color, or a smearing of the image: The homes Dolby decoder can have problems with X/Y Stereo microphone techniques and cause a problem know as "magic Surround".

Although X/Y Stereo microphone techniques sound good in stereo this method is not completely "phase coherent". "Magic Surround" normally results when out of phase or inverted sound is decoded through a Dolby Pro Logic II and the processor places some of this audio into the surround channel.

Dolby Lab cautions about relying on this effect because the results are unpredictable and further recommends mixing some of the X/Y sound source into the surround channels.

By mixing some of this signal into the surround channels the decoder will correctly decode the desired surround sound and not random out of phase information. The LFE track is not included in the Dolby Digital 5. 1-to-Stereo Down mix; therefore only send audio to the LFE track which is not essential to Stereo and Mono listeners.

Typically shotgun microphones and/or parabolic microphones are used for on-pitch sounds-these are normally pre-mixed as a mono feed to be combined with the Announcers/Commentary elements in the Centre channel mix. In some applications, it is common to premix elements for the final mix (e. g. : sound effects panning through the room): Individual elements may be pre-mixed and encoded as Dolby Surround or Dolby Pro Logic II two-channel elements (Lt/Rt).

Each premixed/pre-encoded element should then be assigned to the Left and Right main mixing busses at the final mixing stage, prior to final encoding If you need to add the Dialogue element to an International Version (Mix Minus) matrix pre-encoded stereo mix, do so by ad/ding the element in exactly equal proportions to the Left and Right Channels (Lt and Rt).

Be careful with side-effects of limiters placed in the production/transmission path: Limiters may cause Surround pumping. This is particularly noticeable during live sporting broadcasts when there is crowd noise in the Surround channel. Either removes the limiters or set them up identically and verifies that they are linked.

Do not rely on Mono to Stereo synthesizers in the production/transmission path: When used properly, according to necessity, stereo synthesizers can be useful for individual mono sources within a Dolby Surround mix and before encoding.

They should not, however, be used when dialogue or vocals are part of the mono element. Finally, when a new sound element is added to the mix the phase characteristics could change as well and alter the decoding process of the Pro Logic II. Proper speaker monitoring and phase monitoring is essential to hear and see any problems.

25. 对5.1通道环绕声的要求/制作间

Mixing Console：6 discrete output buses（L，R，C，LFE，Ls，Rs）Panning between the 5 main channels and routing to LFE channel offer the greatest flexibility of sound placement in the surround field. Note - Need to "A/B" between 6 channel sources：outboard devices offer multichannel audio switching/monitoring capability，if not already provided by the desk.

Processing：There are a number of multichannel outboard audio processors suitable for surround production，ranging from EQ/Dynamics control to Reverbs/Multi-effects units. However，it may also possible to upgrade existing effects units，or to use 'traditional' stereo tools with a bit of creativity.

Dynamics processing-gives better results if performed with all channels controlled together. Do not' kill' the dynamic range of the program，particularly if delivering true 5. 1. One of the big benefits of 5. 1 audio deliveries is the ability to use a much greater dynamic range than in conventional stereo television-occasionally the peaks do reach 0dBFS！（i. e. approaching the maximum peak level on a broadcast PPM meter）

Stereo/Mono compatibility - Dolby Digital：relies on Dolby Metadata，embedded within the digital bit stream，authored during the mixing process（and typically distributed within the Dolby E bit stream up to the final transmission point）. This auxiliary information will interact with consumer decoders in order to create stereo，mono，and matrix Dolby Surround-compatible mixes from the original 5. 1 mix as required，according to a customized method as chosen by the production team. Dolby Surround Pro Logic and Dolby Pro Logic II：these consist of a regular two-channel stereo compatible delivery that can be fully decoded if consumers have a Dolby Surround Pro Logic or Dolby Pro Logic II capable receiver/amplifier. Mono compatibility follows the same rules as any regular stereo-to-mono down mix.

Mono Compatibility：Do not put anything ONLY in the surround channel，as it will disappear completely with a mono down mix！If working with Dolby Pro Logic II，it should be considered that only sound elements placed equally in the two surround channels will disappear completely when down mixing to mono. Care should be taken when panning elements between Left Surround and Right Surround as in a mono down mix this will result in the audible level of the elements dropping to zero at the virtual back centre point. Proper Monitoring is essential to evaluate stereo/mono compatibility. It is necessary to monitor the discrete sound mix, the Pro Logic II sound mix, the stereo and mono mix plus the 6 channel sources and any outboard devices. Many larger Mixing desk offer multi-channel audio switching/monitoring capability built into the desk. Monitoring requires a proper calibrated speaker setup and the use of an encoder/decoder in the signal chain (DP563/DP564) for Dolby Surround/Dolby Pro Logic II production.

Dolby Metadata authored within the Dolby E/Dolby Digital bit streams allows consumer decoders to create stereo, mono, and matrix Dolby Surround mixes from the 5. 1 Dolby Digital audio services in a DTV broadcast

26. 评论席系统在另外一些区域的功能-概述

As mentioned previously, there are other functional areas from which 4 wire audio circuits originate or to which they may be extended besides Commentary Positions. These 4 wire circuits may belong to RHB's or to other HB groups, such as Production and Operations. Aside from the CP Area, RHB circuits may originate from the Mixed Zone, an Announce Platform, a Camera Position or the Broadcast Compound.

The various Coordination Circuits for different HB groups all originate in either the Compound, the Pre/Post Unilateral area or in the CCR.

CSG is responsible for the venue internal telephone installation for the HB (HB) in the CCR, the Compound and certain Commentary Positions. CSG is also responsible for the venue internal CATV network as it pertains to the Host Broadcaster, its clients, and the RHBs' as well.

27. ENG 机位 ENG Camera Position

These positions are available at all venues and are allotted on a first come first serve basis. ENG (Electronic News Gathering) cameras are cameras that record direct to tape and therefore are not used live to air. Tapes from these cameras are used to edit a television program together for air at a later time. CSG will not have any requirements at ENG Camera Positions.

28. 播音员位置 Announce Platform

This is a location that a RHB may order from the HB Booking Department to perform stand-up interviews with the Field of Play in the background or to comment on the event occurring before him or her on the FOP. This location is usually booked for the entire length of the Games although book able Announce Platforms may be available for day to day use. Unlike the Pre and Post Unilateral Area at the venue, this location can be used not only pre or post event but also during the event. The RHB will usually book all services required for this location that the RHB cannot provide on his own.

29. 赛前/赛后单边区域 Pre/Post Unilateral Area

The pre/post area is an area where commentators and other personalities may conduct interviews, or do pieces to camera, usually with the Field of Play in the background. A HB camera and microphone are provided, and the signal from them is sent to the IBC on a video and audio circuit (VandA). Before and after each event there are book able time slots (pre-unilateral and post-unilateral), and any RHB who books the time slot may also book a 4 wire coordination circuit to the pre/post area from CSG. This circuit also comes through the CCR, and is called the "unilateral coordination circuit" (UCC). It firstly terminates in a belt-pack worn by a HB liaison officer in the pre/post area, who uses the circuit to contact personnel in CSC, and then it extends to a belt-pack and earpiece worn by the reporter or interviewer.

The liaison officer and reporter are connected by a cable which carries power and a two wire circuit. The liaison officer has 4 wire capability (he or she can talk to the CSC and hear the coordination), but the reporter has only 2 wire capability and can only hear the coordination in his earpiece. To talk to his studio he just talks into the microphone and that signal is carried on the VandA.

30. 混合区 Mixed Zone

The Mixed Zone is an area which is usually close to the Field of Play where athletes are directed to walk through after they complete the competition. Accredited media representatives (including commentators) can conduct interviews with athletes and officials in this area. RHB's can also book positions for their own. Unilateral, cameras, and

ENG and radio commentators may also use the mixed zone. CSG may have 4 wire coordination circuits used in this area.

31. 授权转播商单边摄像机位 RHB Unilateral Camera Position

This is a camera position that is ordered through booking. From this platform a RHB may produce a unilateral TV signal which can be added, or "cut into" the multilateral coverage in their studio, or their facility in the compound, to enhance their own program. CSG may have 4 wire audio circuits extended to unilateral camera positions.

32. 综合区 Broadcast Compound

The broadcast compound is a fenced, secure area in which a number of operational structures and vehicles are housed. These include the Technical Operations Centre (TOC) for the venue, Venue Technical Manager's (VTM) office, the Broadcast Venue manager's (BVM) office, the Production control room, Production office, RHB's unilateral trucks or cabins, as well as support services and power generators.

A compound may be for a single venue, or may be shared by two or more venues. CSG has 4 wire coordination circuits, audio and video tie lines, commentary circuits, and power connections with the broadcast compound.

33. 授权转播商单边转播车 Rights Holder Unilateral Production Unit

Some RHB's will have their own production units located in the broadcast compound. These units contain facilities for the production of unilateral coverage. RHB's might create a unique program on site at the venue utilizing the HB TVIS (television international signal), mixed with commentary and signals from com-cams, RHB camera platforms, the mixed zone, etc.

Video and audio signals may be carried to the IBC on a VandA, and some 4 wire audio circuits may be extended to the CCR from a RHB production unit and on to commentary positions or the IBC, so the CSG may have requirements in these locations.

34. 场馆转播技术运行中心 Technical Operations Centre (TOC)

The TOC is the HB signal quality control and transmission hub at a venue. It is also the Telecommunications Service Provider's (TSP) interface and transmission point for VandAs to and from the IBC, and possibly the interface for SNG (satellite uplink) trucks. Personnel from both the TSP and HB will operate in this area, and CSG will have requirements in the TOC.

35. 主转播机构转播车 HB Production Unit

The Production Unit or Outside Broadcast Van (OB Van) is comprised of all the technical facilities necessary to produce the International Radio and Television coverage of the event. Video signals from all HB cameras along with timing, graphics and video replay machines are connected to the Video Mixer or Mixers, which create the final visual image of the event.

All HB microphones positioned at strategic points on the Field of Play are connected to the sound console which separates sound images (International Sound) for radio and television.

These images in the form of audio and video signals are transported on a VandA, via the TOC to Contribution and Distribution Control (CDT) at the IBC. CSG will have a coordination circuit extended to the production unit.

36. 主转播机构场馆到 IBC 的联络网络 HB Broadcaster Venue to IBC coordination Network

To coordinate the activities directly related to the production of the International Signal, as well as the RHB feeds and operations at the venue, the HB establishes coordination networks based on point-to-point 4 wire circuits, venue terminal equipment and intercom systems.

Telephones and other means of communication are used in some situations. In principle, the systems are implemented only to provide HB point-to-point communication between different functional areas at the Venue and the corresponding HB centers in the IBC.

In some situations, conference type communication may also be required. All five networks are fully separated and the communication is restricted to venue and IBC communication only.

评论席联络回路 CCC-Commentary Coordination Circuit:

The CCC is a 4 wire coordination circuit linking the CCR to the CSC. The CCC in each CCR is connected to a communication terminal, called a 4 wire box. Every CC circuit is connected to the CSC intercom matrix and to intercom panels installed in the CSC.

In case of problems with the 4 wire circuit, telephones installed in the CCR or cell phones may be used as back-up.

制作部门联络回路 PCC-Production Coordination Circuit:

The PCC is a 4 wire coordination circuit that provides communication between a HB Coordinating Producer in Production Quality Control at the IBC and the Corresponding Producer/Director at the venue.

技术部门联络回路 TCC-Technical Coordination Circuit:

The TCC is a 4 wire coordination circuit that is used for the technical coordination of broadcast operations and related issues (i. e. VandA circuits). Therefore, communication is established between the IBC contribution control room (CDT) and the venue Technical Operations Centre (TOC).

运行管理部门联络回路 OCC-Operational Coordination Circuit Network

The OCC is a 4 wire coordination circuit that is used for communication between the HB Operations centre at the IBC and HB Broadcast Venue Manager (BVM) at the venue.

单边联络回路 UCC-Unilateral Coordination Circuit

The UCC establishes a communication link between the supervising Liaison Officer in the P/P area and the RHB studio via the CCR and CSC. The LO wears a 4 wire terminal belt pack unit (CPBU).

The commentator wears a different type of belt pack (RPBU). The LO wears a headset with an attached microphone while the Commentators wear an earpiece (IFB). Both are on the same UCC though only the LO has access to the "k" side of the 4 wire circuit. Prior to each pre or post transmission, CSC patches the UCC circuit in sequence to the appropriate RHB premise in the IBC on one of its tie-lines.

Book able facilities for pre-and post-unilateral (P/P) transmissions are available from a "stand up" position with a HB operated camera and microphone at each competition venue. Three (3) 10-minute pre-unilateral slots are offered before and three (3) post-unilateral slots are offered after each event transmission window. Such a unilateral transmission alternatively may originate from the playback facilities at the injection point in the TOC. This injection point allows RHB's to play out their own previously recorded material.

In case of problems with the UCC, mobile phones may be used as back-up for P/P and telephones for a unilateral injection point.

37. 赛时场馆运行条例 Notes on Games Time Operations at the Venues

During each event, there will usually be some members of the CCR crew in the CP Area, as directed by the Venue Commentary Manager or the AVCM.

The rest of the crew will be in the CCR. Also in the CP Area will be one or more Liaison Officers (LO's). LO's interface between the HB and RHB's at the venue. They are representatives of the Broadcast Information Office. Their primary responsibility is to distribute information to RHB's and to provide support for the P/P transmissions just prior and immediately after events.

Each Commentator should know that if he or she has any questions about the set-up at the CP or is experiencing any technical difficulties, he or she should call the CCR by pressing the TECH button on the CCU. It will sometimes happen that just because the LO is a visible HB representative, the Commentator will first seek attention from the LO in the CP area. However, LO's are not familiar with the set-ups for Commentary and are familiar with CSG in only the most rudimentary sense.

They will avoid getting involved in these situations beyond conveying requests made for assistance to the appropriate person. As in all such matters, the qualified and responsible person in charge should be contacted immediately.

This is the person formally responsible, and a person who will not risk causing unnecessary complications with uninformed guessing. Additional confusion can be created by well intended but incorrect information.

The VCM will also immediately refer on questions which are not a part of CSG's duties and responsibilities. In this way neither CSG nor any of its crew becomes responsible for matters which are outside the scope of our authority or capacity. In time each group from HB performs its own duties, and each person is helpful only to the extent that he or she is qualified or is within the scope of their job. This is the best way to achieve smooth operation for the benefit of all.

In a live broadcast situation at an important event like the Olympics, emotions may easily flare. If a commentator becomes upset, his or her panic does not have to become CCR crew's panic.

A sense of urgency about a RHB running late or some other pressure can become infectious and exaggerate the problems in any situation. It is important to maintain a calm and measured response, to soothe anxiety, help to focus on the problem, and to identify a sometimes obvious and simple solution. For example, a call may come to the CCR from an RHB studio at the IBC that they can't hear their commentator from the CP.

It could be happend. Because the commentator has not arrived yet. That would be the first thing to check. Every problem is important, but not every problem requires a-larm.

A commentator might complain that the equipment is not working, but in their hurry they may not have pushed the correct switch, or the headset may have become unplugged. Equipment malfunctions do happen, but most often faults are simple-me-chanical or human and solutions are also simple. Be aware of this.

The lead up to an event provides time for the regulated testing of equipment and the complete continuity of each circuit between its origin and destination before the commen-tators arrive. Each day, the CCR crew will complete the systematic checks. CP's are open to the commentators well in advance of the transmission so that they have time to settle in.

Supervisors and crews in CCR and CSC are qualified and experienced. Equipment reliability and integrity are high. Technical problems do happen, but they can be dealt with in a controlled manner. Procedures are in place to deal with any anticipated prob-lems.

There are system backups and there is spare equipment. If the usual lack of crisis can make event time seem a little boring, but this is not from complacency. It is the result of good preparation, careful execution and focused attention.

38. 评论席控制室员工职位描述 CCR Crew Job Descriptions

Venue Commentary Manager/Assistant Venue Commentary Manager: The VCM supervises the installation of the CCR and all wiring and equipment related to the commentary system at the venue. During games time, the VCM supervises the CCR operators and it is responsible for any problems that occur with the commentary systems. When competition is finished at the venue the VCM oversees the striking of the cables and equipment.

At some venues, particularly those with many commentary positions or long operating days, there will also be an assistant VCM who works with the VCM and takes his or her responsibility when the manager cannot be there.

CCR Installer/Operator: The installer/operator is responsible for assisting in the later stages of installation (and in most cases the striking) of the commentary equipment and cable, under the supervision of the VCM or AVCM.

These tasks can include installing cables between the CP's and CCR, or to other areas at the venue, and placing of equipment (e. g. CU's and monitors) at commentary positions, checking CU connections and the continuity of circuits between CP's and the CCU.

During the games the installer/operator also serves as a CCR operator.

CCR operator: CCR Operators begin their assignments during the final preparation phase. At this point, the installation of CCR equipment, the installation of cables and the cross-connecting and establishment of 4 wire circuits between the CCR and the CSC will be complete or nearly so.

CU's may still need to be set out at the CP and the final leg of each circuit, between the CCR and CP's, tested. Around this time Commentators will be allowed to visit the venue on a given day to check the set-ups and to be come familiar with the site. Operators use this time to refamiliarize themselves with equipment and procedures and to become acquainted with the rest of the CCR crew.

At the beginning of each day's competition at the venue, the Operator will help to assure that the system remains in good working order, as directed by the VCM or AVCM. One daily task involves checking the k/f circuits and cc between the CP and the CCR before the CP area is open to Commentators.

During events, the Operator will monitor one of the CCU's or will be stationed in the CP Area. The Operator will be on the alert for any TECH calls on the CCU from a Commentator regarding technical problems. Otherwise, he or she will watch that his or her CCU is functioning properly.

While stationed in the CP Area, the Operator may be called upon by the Manager or Assistant to help troubleshoot any problems that might arise between or in the CP Are-a. The Operator may also be sent to one or another of the areas of the venue from which a 4 wire circuit originates, for example to take or retrieve equipment (e. g. , the belt packs used by the LO in P/P). At some outdoor venues, it may be necessary to return certain exposed equipment to the CCR at the end of the day's events. This equipment will have to be replaced the next event day.

After competition has come to an end at the venue, the Operator may also be asked to help in some of the tasks of un-installing the Commentary Systems Equipment.

39. 工作态度、守时、处理关系 Attitude, Punctuality, Relationships:

The job of Operator is very much a part of the broadcast. It is important to appreci-ate the importance of the impression that we give to Commentators. Commentators work on-air and under pressure. They want the Commentary Position and Operators to meet their expectations. The equipment must work, and be ready at the time when they want it.

Preparation starts 90 minutes before the event start time, and during the first hour the system must be tested. Any problems that are identified must be put right. Operators are an essential part of this process. Because this is a live broadcast, there are no re-takes, and punctuality is of the essence.

The commentators are preoccupied with the event, and probably do not know or care about the technical aspects of the broadcast. They may ask for help, either in person from the Liaison Officers and/or from the Operators who are in the commentary area. Operators stationed in the CP area should make themselves visible. They should pay attention to what is happening in the CP area, not the FOP. Operators in the CCR monitoring the CCU's must be present and responsive.

The Commentator seeking help may be a former athlete turned broadcaster and/or someone whose technical knowledge is minimal. He or she may not be very proficient in English. The Commentator is going to be on the air to an audience of millions in ten minutes, needs to speak urgently to his studio producer, and doesn't know why he can't do so. The Operator must remain calm, be reassuring, and unpatronizing-and, most of all, effective.

CCR Operators will not initiate any conversation with commentators during the broadcast. A Commentator's concentration is great and may be easily disrupted.

Some events can be very long, but an Operator must remain attentive. He or she should not leave the assigned CCU without receiving the manager's approval, because that may be the precise time that a Commentator may call with an urgent request or enquiry. The broadcasters may have traveled long distances, and will have certainly paid a great deal of money for the broadcasting rights. For many of them, this will not be their first Olympic Games. A great broadcast is the result of great teamwork.

第六章　奥运会英语词汇

Words of Olympic Games

奥运村　Olympic Village

奥林匹克火炬　Olympic Torch

奥林匹克标志　Olympic Symbol

夏季奥运会比赛项　Olympic Summer Sports

奥林匹克体育场　Olympic Stadium

奥运会比赛项目　Olympic Sports Programme

奥林匹克五环　Olympic Rings

奥运会纪录　Olympic Record (OR)

奥林匹克广播和电视组织　Olympic Radio and Television Organization (ORTO)

奥林匹克项目委员会　Olympic Programme Commission

奥林匹克全球合作伙伴计划　The Olympic Partner Programme (TOP)

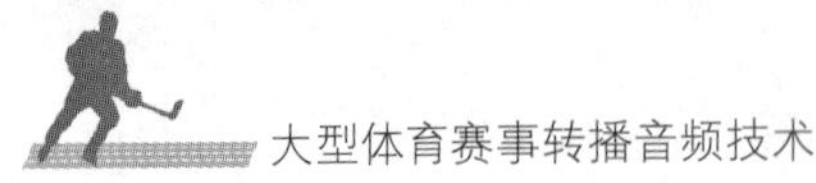

奥林匹克运动　Olympic Movement

奥林匹克格言　Olympic Motto

奥林匹克标识　Olympic Marks

奥运会形象　Olympic Image

奥林匹克会歌　Olympic Anthem

奥运会选手　Olympians

官方用语　Official Languages

奥组委标志　OCOG Marks

奥运会身份和注册卡　Olympic Identity and Accreditation Card（OIAC）

奥林匹克颂词　Olympic Hymn

奥林匹克运动会　Olympic Games（OG）

奥林匹克圣火　Olympic Flame

奥林匹克会旗　Olympic Flag

奥林匹克大家庭　Olympic Family

奥林匹克徽记　Olympic Emblem

亚洲奥林匹克理事会　Olympic Council of Asia（OCA）

奥林匹克俱乐部　Olympic Club

奥林匹克宪章　Olympic Charter

奥运会转播协议　Olympic Broadcast Agreement

非竞赛场馆　Non-Competition Venue（NCV）

国家奥委会标志　NOC Marks

国家奥委会的客人　NOC Guests

国家奥委会代表团　NOC Delegation

场馆开发　Venue Development

场馆通信中心　Venue Communications Centre（VCC）

场馆转播经理　Venue Broadcasting Manager（VBM）

场馆改建　Venue Adaptation

场馆注册中心　Venue Accreditation Centers

场馆通行代码　Venue Access Codes

场馆　Venue

车辆检查站　Vehicle Check Point（VCP）

美国国家电视系统委员会　US National Television Systems Committee（NTSC）

联合国　The United Nations（UN）

联合国机构　United Nations Organizations

联合国教科文组织　United Nations Educational, Scientific and Cultural Organization（UNESCO）

联合国儿童基金会 UNICEF　United Nations Children's Fund（UNICEF）

非洲国家广播和电视组织联盟　Union of National Radio & Television Organizations of Africa（URTNA）

国际摩托艇联盟　Union International Motonautique（UIM）

联盟　Union

不间断电源　Uninterrupted Power Supply（UPS）

单边报道　Covertures unilateral

单边转播机构　Unilateral Broadcaster

超高频率　Ultrahigh Frequency（UHF）

二类门票　Type II tickets

一类门票　Type I tickets

电视及互联网权利委员会　TV and Internet Rights Commission

国际拔河联合会　Tug of War International Federation（TWIF）

三大支柱委员会邀请 Tripartite Commission Invitations

三大支柱委员会 Tripartite Commission

国际健身大众体育协会 Trim and Fitness International Sport For All Association (TAFISA)

传输控制室 Transmission Control (TxC)

铁人三项 Triathlon

交通 Transport

传输 Transmission

笔译 Translation

过渡期 Transition Period

转让政策 Transferability Rules

知识转让 Transfer of Knowledge (TOK)

蹦床 Trampoline

训练场馆 Training Venue

训练期 Training Period

训练伙伴 Training Partners

商标 Trademark

场地自行车赛（残疾人奥林匹克运动会） Track Cycling (Paralympics)

场地自行车赛 Track Cycling

田赛和径赛 Track & Field

全球合作伙伴 TOP Partners

计时和计分系统 Timing & Scoring

计时 Timekeeping

票务 Ticketing

门票 Ticket

代表队 Team

跆拳道 Taekwondo

乒乓球 Table Tennis

花样游泳 Synchronized Swimming

游泳 Swimming

非洲体育最高理事会 Supreme Council for Sport in Africa (CSSA)

供应商 Suppliers

奥运分村 Sub-Village

标准设备清单 Standard Equipment List

员工管理系统 Staffing System

工作人员类别 Staff Type

体育科学与教育专门委员会 Sports Science and Education Sub-Committee (SSESC)

中美洲与加勒比地区体育组织 Sports Organization for Central America and the Caribbean (ODECABE)

体育医学和科学协会 Sports Medicine and Sciences Associations

体育设备与设施协会 Sports Equipment and Facilities Associations

竞赛志愿者 Sport Volunteers

竞赛训练 Sport Training

竞赛服务 Sport Services

竞赛出版物 Sport Publications

竞赛咨询台 Sport Information Desk (SID)

大众体育委员会 Sport for All Commission

竞赛报名表 Sport Entry Form

竞赛报名终止日期 Sport Entries Deadline

竞赛报名 Sport Entries

体育竞赛 Sport Competition

竞赛指挥中心 Sport Command Centre (SCC)

竞赛级别 Sport Class

体育与法律委员会　Sport and Law Commission

体育与环境委员会　Sport and Environment Commission

赞助商　Sponsors

赞助商研讨会　Sponsor Workshop

赞助商服务　Sponsor Services

赞助商说明会　Sponsor Orientation

分段计时　Split Time

观众服务　Spectator Services

国际特殊奥林匹克委员会　Special Olympics Inc.（SOI）

南太平洋地区残疾人奥林匹克委员会　South Pacific Paralympic Committee

南美洲体育组织　South American Sports Organization

观众　Spectators

特别活动　Special Events

垒球　Softball

主媒体中心　Main Media Center

磁性检测机　Magnetometer

安检　Mag & Bag

马加比世界联盟　Maccabi World Union(MWU)

景观融合　Look Integration

封馆　Lockdown

本地赞助商　Local Sponsors

技术实施　Technology Implementation

技术运行　Technology Operations

技术官员　Technical Officials

技术代表　Technical Delegates

成绩系统　Results Systems

出版物　Publications

国际奥委会技术手册　IOC Technical Manuals

环境　Environment

赞助商鸣谢　Sponsor Recognition

安保　Security

市场开发权　Marketing Rights

接待服务　Hospitality Services

运动会服务　Games Services

解散　Dissolution

总体市场开发　General Marketing

奥运会新闻服务　Olympic News Service(ONS)

家具、固定装置和设备　Furniture，Fixtures and Equipment(FF&E)

医学分级　Medical Classification

反兴奋剂　Doping Control

重要赛事限制　Prime Event Limitation(PEL)

其他技术　Other Technologies

技术　Technology

市场开发宣传　Marketing Communications

交通　Transport

场地管理　Site Management

赞助商接待中心　Sponsor Hospitality Center

赛事服务　Event Services

小项　Event

客户服务　Client Services

设施　Facility

新闻准入规则　News Access Rules

新闻运行　Press Operations

非转播权持有者广播组织　Non-Rights Holding Broadcast Organizations(ENR)

场馆通信　Venue Communications

清洁与废弃物　Cleaning and Waste

公共区域　Public Domain

转播权持有者广播组织　Rights Holding Broadcast Organizations(RHB)

招聘　Recruitment

费率卡 Rate Card
运行就绪阶段 Operational Readiness Planning
测试赛计划阶段 Test Event Planning
运行计划阶段 Operational Planning
INFO 系统 INFO System
互联网服务 Internet Services
政府关系 Government Relations
竞赛场地 Field of Play(FOP)
信息发布 Info Diffusion
总计划进程 Generic Planning Process
基础计划阶段 Foundation Planning
制服 Uniforms
餐饮 Catering
场馆群 Venue Cluster
场馆工作区 Back of House (BOH)
场馆公众区 Front of House (FOH)
制证 Accreditation
机场运行 Airport Operation
洁净场馆 Clean Venue
指挥与控制 Command and Control
奥运会会期 Games Time
奥运会期间 Games Period
场馆特许商品零售点 Concessions
职能部门 Functional Areas(FA)
竞赛运行 Sport Operations
竞赛报名和资格审查 Sport Entries & Qualification(SEQ)
财务计划 Financial Planning
财务管理 Financial Management
物流 Logistics
主运行中心 Main Operations Centre (MOC)
法律 Legal
特许经营和纪念品销售 Licensing and Merchandising
市场开发合作伙伴 Marketing Partners
国际广播中心 International Broadcast Center (IBC)
主新闻中心 Main Press Centre (MPC)
教育 Education
奥林匹克广播服务公司 Olympic Broadcasting Services (OBS)
奥林匹克广播组织 Olympic Broadcasting Organization(OBO)
奥运会景观 Look of the Games
形象 Image
文化活动 Cultural Programme
观察员计划 Observer Programme
风险管理 Risk Management
竞赛管理 Competition Management
竞赛 Competition
奥运会管理系统 Games Management System
奥运会编码系统 Games Codes System
总体进度表 Master Schedule
火炬接力 Torch Relay
采购 Procurement
场馆管理 Venue Management
总体战略计划 Global Strategic Plan